城镇污水处理厂咨询设计实践及要点

李国金　李霞　主编

中国建筑工业出版社

图书在版编目（CIP）数据

城镇污水处理厂咨询设计实践及要点/李国金，李霞主编.—北京：中国建筑工业出版社，2022.6
ISBN 978-7-112-27562-5

Ⅰ.①城…　Ⅱ.①李…②李…　Ⅲ.①城市污水处理—污水处理厂—设计　Ⅳ.①X505

中国版本图书馆CIP数据核字（2022）第110720号

责任编辑：刘婷婷　石枫华
责任校对：姜小莲

城镇污水处理厂咨询设计实践及要点
李国金　李霞　主编
＊
中国建筑工业出版社出版、发行（北京海淀三里河路9号）
各地新华书店、建筑书店经销
北京雅盈中佳图文设计公司制版
河北鹏润印刷有限公司印刷
＊
开本：787毫米×1092毫米　1/16　印张：17　字数：368千字
2022年8月第一版　2022年8月第一次印刷
定价：66.00元
ISBN 978-7-112-27562-5
（39132）

序
——实践出真知

城镇污水处理厂是重要的环境基础设施，是复杂的系统工程。近十年来，我国快速建设了数千座城镇污水处理厂，发挥了巨大生态环境效益。未来，除了需要新建大批设施外，许多现有处理厂需要提标改造，且所有处理厂面临低碳改造。工程建设领域多年来有一个"三分建、七分管"的说法，而许多城镇污水处理厂则是咨询设计框住了运行：设计水量水质与实际不符、工艺流程与处理要求不匹配、设施设备配置不能满足运行调度的要求……凡此种种，说明咨询设计极其重要。

上个月，几位工作在咨询设计第一线的年轻工程师们联袂完成了一本《城镇污水处理厂咨询设计实践及要点》专著。主编李国金总工将手稿送我，请我提些意见。这段时间，我都在看这个书稿，感觉本书不同于传统讲述污水处理厂工艺原理、设计计算的专著或手册，而是关注污水处理工程建设过程的具体咨询设计内容与流程，站在项目负责人的角度抓要点，并通过理论分析、工程总结，同时结合行业未来发展要求，对各要点提出有深度的思考以及可直接采用的结论。

本书按照污水处理工程建设程序，对立项、可研、设计、施工以及运营等各阶段的咨询设计任务的要点进行了阐述；基于高效、低碳、绿色等原则或理念，对建设规模、设计水质、工艺流程以及设施设备配置方案的论证进行了深入讨论，并提出可参考、可复制的一系列结论。

本书联系实际紧密、思考角度独特、可参考性强，因此我愿意把它推荐给正在从事污水处理行业的科技工作者，尤其是身负重任的工程项目建设负责人、设计负责人以及运营负责人。相信本书的出版，可对我国城镇污水处理行业高水平发展起到积极的推动作用。

中国人民大学环境学院　教授、博士生导师
中国人民大学低碳水环境技术研究中心　主任
住房和城乡建设部科技委城镇水务委员会 委员

前　言

近年来，随着经济水平的提升和社会的进步，污水处理行业获得了长足的发展。作为一名普通的设计工作者，我恰巧赶上了污水处理厂提标改造、高标准排放的浪潮。

回首这些年污水处理厂咨询设计的从业经验，深深地感觉到作为一名合格的项目负责人，需要掌握的不仅仅是污水处理厂咨询、设计的相关专业知识，还需要了解项目决策与前期策划的要点；明晰可行性研究报告及与项目申请报告的异同；熟悉规划体系；掌握项目的规模、水质、工艺论证、关键设备比选的方法；了解相关的电气、自控、结构等专业的基本知识；清楚如何配合项目建设单位做好项目前期相关报审手续等工作流程……对于刚刚接触污水处理厂咨询设计工作的设计人及项目负责人，上述内容均可以在本书中找到相关的论述。

本书由天津市政工程设计研究总院有限公司李国金、天津理工大学李霞主编。参加编写工作的有天津市政工程设计研究总院有限公司的乔波、张云霞、宋欣欣（第2章），王旭阳（6.4节），王拓（7.7节），张泳、李伟波（8.1、8.2节），张国彬、张铭（8.3节）；上海市市政工程设计研究院（集团）有限公司高陆令、北京市市政工程设计研究总院有限公司戴明华（7.8节），郑州市污水净化有限公司的董海涛、李升、姜峰、黄海涛（第9章），其余编写工作均由天津市政工程设计研究总院有限公司李国金、天津理工大学李霞编写。本书部分内容参考了天津市政工程设计研究总院有限公司、上海市市政工程设计研究院（集团）有限公司、北京市市政工程设计研究总院有限公司的部分研究成果；部分参考了郑州市马头岗污水处理厂厂内培训的相关资料、上海昊沧精确曝气资料；部分参考了亿晟、阿特拉斯鼓风机、尚川水务SSGO、格兰富水泵及电解食盐水装置、新大陆臭氧发生器、卫盾防腐材料等厂家的技术资料；在写作和出版过程中得到了天津市政工程设计研究总院有限公司、中国建筑工业出版社等各级领导、同事和朋友的帮助，在此一并致以诚挚的感谢！

限于编者水平，书中难免有疏漏和不妥之处，恳望读者指正。

编者
2021年9月

目　录

第1章 项目决策与前期策划

一座污水处理厂在设计、建设、试运行、正式投运之前，其项目决策与前期策划不可或缺。项目前期策划是不断完善项目合规性和可行性的一个过程，其中可行性研究是建设项目前期工作的重点。

可行性研究是在项目投资决策前，通过对拟建项目有关的政策、工程、技术、经济、社会等各方面情况进行深入细致的调查、研究、分析；对各种备选的技术、建设方案进行认真的经济分析和比较论证；对项目建成后的经济、环境和社会效益进行科学的预测和评价，在此基础上，综合研究论证项目的政策适应性、技术先进性和有效性、经济合理性以及建设的可能性和可行性。由此确定该项目是否投资和如何投资，为项目投资者和决策者提供可靠的、科学的决策依据，并作为开展下一步工作的基础。

在工程项目投资建设的过程中，项目决策及前期策划的过程尤为重要。其是论证工程项目是否符合国家环保要求、产业发展政策、企业发展战略以及相关法律法规要求的一个过程。同时在技术方面需要论证工艺、装备是否成熟、可靠；在财务指标方面需要论证利润是否最大化，从而为政府或企业的投资决策提供科学依据。因此，项目前期工作做得扎实可靠与否将直接影响到项目的投资收益，所以做好建设项目前期工作对提高投资效益，保持经济持续、快速、健康发展意义重大。

项目决策与策划的主要过程分为投资机会研究、项目规划、项目建议书（初步可行性研究）、可行性研究或项目申请书、资金申请报告等阶段。

本章主要介绍不同投资主体项目决策方面的区别及确定项目的决策及前期策划所必需的手续及必要成果。

1.1 不同投资主体项目决策的区别

根据《国务院关于投资体制改革的决定》和《中共中央、国务院关于深化投融资体制改革的意见》，政府投资项目与企业投资项目主要有四点不同：

1. 投资主体和资金来源不同

政府投资项目的投资主体是政府有关投资管理部门，使用政府性资金，投资方式主要分为政府直接投资、注入资本金、投资补助、转贷和贷款贴息等。目前我国市政水行业类项目投资方式主要是政府直接投资、注入资本金两种。

企业投资项目适用于企业投资，包括国有企业、民营企业或混合型合作企业，采用直接投资、合作投资等方式，不使用政府性资金（政府奖补资金除外）的项目。

2. 决策依据和目的不同

目前国家将项目管理分为审批、核准、备案三类。

审批制：政府直接投资或资本金注入的项目需采用审批制。项目建议书（初步可行性研究报告）及可行性研究报告是政府投资项目决策的依据，以项目建议书（初步可行性研究报告）批复作为立项标志；以可行性研究报告的批复作为项目决策标志。项目建议书（初步可行性研究报告）的批复一般称为立项；可行性研究报告的批复一般称为决策。之后，转入实施准备阶段。

核准制：企业投资《政府核准的投资项目目录》内的固定资产投资项目（含非企业组织利用自有资金、不申请政府投资建设的固定资产投资项目）采用核准制，需要编制申请书，最终由政府投资主管部门进行核准后，方可实施。

备案制：企业投资《政府核准的投资项目目录》外的固定资产投资项目（含非企业组织利用自有资金、不申请政府投资建设的固定资产投资项目）采用备案制。随着国家对投资市场"放、管、服"力度不断加大，项目备案的前置条件已几乎不存在，给企业更强的自主性，政府更多的是扮演指导角色。《项目备案通知书》和项目备案代码是开启后续行政许可工作的直接依据。

3. 投资范围和关注内容不同

政府投资只投向市场不能有效配置资源的社会公益服务、公共基础设施、生态环境保护、科技进步、社会管理、国家安全等公共领域的项目，以非经营性项目为主，原则上不支持经营性项目。

企业投资则以经营项目为主。应符合维护国家经济安全、合理开发利用资源、保护生态环境、优化重大布局、保障公共利益、防止出现垄断等方面要求。企业投资项目中属于核准类项目的申请报告应达到可行性研究的深度，但需要增加项目申报单位及项目概况、发展规划、产业政策、行业准入分析，重点对资源开发及综合利用、节能方案、建设用地、征地拆迁及移民安置、环境和生态影响、经济社会影响等外部条件进行分析论证。

4. 决策与管理方式不同

政府投资项目实行项目审批制。对经济社会发展、社会公众利益有重大影响或者投资规模较大的，要在咨询机构评估、公众参与、专家评议、风险评估等科学论证的基础上，严格审批项目建议书、可行性研究报告、初步设计。加强政府在项目中事后监管，完善政府投资监管机制；实行政府投资项目代理建设、项目审计监督、重大项目稽查、竣工验收和政府投资责任追究等制度，建立后评价制度。

企业投资实施核准、备案制度。实施核准制的投资项目，只保留选址意见书、用地（用海）预审以及重特大项目的环评审批作为前置条件；实施备案制的投资项目，不再设置任何前置条件。

1.2　项目决策的程序

根据项目的决策程序分类，项目可分为审批制项目、核准制项目、备案制项目、政府和社会资本合作（PPP）项目、投资补助和贴息项目、国外贷款项目、外商投资项目、境外投资项目等八类。

目前市政项目多为前四类。

1.2.1　审批制项目

政府投资项目实施审批制。政府投资主管部门需审批项目建议书、项目可行性研究报告、初步设计。除影响重大的项目需要审批开工报告外，一般不再审批开工报告，同时应严格审批政府投资项目的初步设计及概算文件等成果。

1. 编制项目建议书（初步可行性研究报告）

审批制项目，必须依据国民经济和社会发展规划及国家宏观调控总体要求，编制三年滚动政府投资计划，明确计划内的重大项目，并与中期财政规划相衔接，建立政府投资项目库，未入库的原则上不安排政府投资。项目建议书应委托有相关资质的工程咨询机构编制，主要论述项目建设必要性、主要建设内容、建设地点、规模、技术路线、投资匡算、资金筹措以及初步分析社会效益和经济效益等。

2. 项目建议书的受理与审批

编制完成的项目建议书按有关规定由项目建设单位报政府投资主管部门进行审批；政府投资主管部门对符合有关规定且确有必要建设的项目进行批复；批复后的项目即立项，并将批复文件抄送相关政府、财政、自然资源、生态环境等部门。

3. 编制可行性研究报告

项目建议书批复后，项目建设单位即可委托有相关资质的工程咨询单位编制可行性研究报告，对项目的技术经济等方面进行详细研究论证，并按有关规定取得相关行政许可或审查意见，在规定时间内向自然资源、生态环境等部门申请办理规划选址、用地预审、环境影响评价、节能审批等手续。

可行性研究报告的内容、格式、深度等应满足相关行业的规定要求。

4. 可行性研究报告受理与审批

可行性研究报告由建设单位向原项目建议书审批部门申请批复，并应附自然资源部门出具的选址意见书和用地预审意见。

对符合有关规定、具备建设条件的项目，项目审批部门批复其可行性研究报告，并将批复文件抄送相关政府、财政、城市管理、自然资源、生态环境等部门。

5. 项目实施准备阶段、组织初步设计

经批准的可行性研究报告是确定建设项目的依据。

项目单位可依据批复文件，按照规定要求向自然资源等部门申请办理规划许可、正式用地手续等，并招标或者委托有资质的设计单位进行设计工作。具体可参考本书第9章建设项目前期相关手续。

1.2.2　核准制项目

不使用政府性资金的、列入国务院颁发的《政府核准的投资项目目录》中的企业项目，实施核准制。

这类项目一般属于企业依法依规自主投资决策类，但关乎国家安全、生态安全、涉及全国重大生产力布局、战略性资源开发和重大公共利益。

实施核准制的项目，应当向核准机关提交项目申请书，不再经过批准项目建议书、可行性研究报告和开工报告等手续。

1. 编制项目申请书

《政府核准的投资项目目录》中涉及的企业投资的重大项目和限制类项目在完成企业内部决策（一般都是内部的投资机会研究、预可行性研究、可行性研究等）之后，企业可自主编制也可委托中介服务机构编制项目申请书。核准单位应当制定项目申请书的示范文本，明确项目申请书的编制要求。

一般来说，项目申请书主要包括如下内容：

（1）企业基本情况；

（2）项目概况：包括项目名称、建设背景、建设地点、建设内容、服务范围、建设规模、工艺流程、厂区布置、相关专业设计、人员配置、工程投资、工程进度、资金来源及筹措等；

（3）发展规划、产业政策、行业准入分析；

（4）资源开发及节能利用分析；

（5）节能分析；

（6）环境和生态影响分析；

（7）经济影响分析：含财务分析及评价、行业影响分析、区域经济影响分析、宏观经济影响分析等；

（8）社会影响分析等。

若法律、行政法规规定的相关手续需作为项目核准前置条件的，企业应当提交已办理相关手续的证明文件。一般的前置条件主要有选址意见、用地（用海）预审以及重大项目的环评审批。

2. 项目申请书报送、受理与核准

根据相关规定的级别，项目申请书应分级报送核准。受理后，主要从以下方面对项目进行审查：

（1）是否危害经济安全、社会安全、生态安全等国家安全；

（2）是否符合相关发展规划、技术标准、产业政策；

（3）是否合理开发并有效利用资源；

（4）是否对重大公共利益产生不利影响。

1.2.3　备案制项目

根据《中共中央、国务院关于深化投融资体制改革的意见》和《企业投资项目核准和备案管理条例》（国务院令第 673 号），除《政府核准的投资项目目录》范围以外的企业投资项目一律实行备案制。

备案制项目无前置审批条件。申请单位依据《项目备案通知书》和项目备案代码，办理规划、土地、施工、环保、消防、市政、质量技术监督、设备进口和减免税确认等后续手续。

1.2.4　PPP 项目

PPP 项目的决策，一般仍应纳入正常的基本建设程序。按照审批制项目决策程序要求，编制项目建议书、可行性研究报告，进行相应的立项、决策审批。在此基础上，按照 PPP 模式的内涵、功能作用、适用范围和管理程序等规定，完善决策程序。PPP 项目主要程序如下：

（1）识别筛选 PPP 模式备选项目，列入年度和中期开发计划。

（2）项目准备、编制实施方案、交联审机构审查。

实施方案主要内容包括：项目概况、风险分配基本框架、项目运作方式、交易结构、合同体系、监管架构、采购方式等方面。应重点明确项目经济技术指标、经营服务标准、投资概算构成、投资回报方式、价格确定及调价方式、财政补贴及财政承诺等核心事项。

第2章 可行性研究报告与项目申请书

市政工程设计领域的工作者，接触最多的咨询工作就是编制政府投资项目可行性研究报告、企业投资项目可行性研究报告及项目申请书。可行性研究报告、项目申请书编制的重点内容视投资主体的不同而不同。

本章首先介绍政府投资及企业投资的概念；随后主要介绍可行性研究报告的定义、作用、依据、基本要求、重点内容、深度要求，可行性研究报告与项目申请书的异同；最后重点介绍市政污水处理行业可行性研究报告编制的内容、深度等要求。

2.1 投资类别

本书 1.1 节介绍了不同投资主体项目决策的区别。本节主要论述政府投资及企业投资的异同。

2.1.1 政府投资

政府投资项目主要指为了适应和推动国民经济或区域经济的发展，为了满足社会文化、生活需要，以及出于政治、国防等因素的考虑，由政府通过财政投资、发行国债或地方财政债券、利用外国政府赠款以及国家财政担保的国内外金融组织贷款等方式独资或合资兴建的固定资产投资项目。

政府投资工具主要有四大方面内容，即财政投资（包括财政拨款与资本金注入）、财政补助（如财政补贴、基金补助、研发委托费等）、政策性金融（如低息贷款、贴息及贷款担保等）和税收优惠（如特别折旧、进口设备税收减免、所得税减免、税前扣除研发费用等）。

2.1.2 企业投资

企业投资是企业作为一级投资主体所进行的投资。

企业投资主要有企业的改建、扩建、技术改造等生产性设施投资和职工住宅、文化娱乐等非生产性设施的投资。企业投资主要靠自筹资金，如企业的生产发展基金、折旧基金、大修理基金和职工福利基金等，也可采取多种方式筹资，如采取银行贷款，争取产品购买者预付货款，向社会及本企业职工发行股票、债券，与其他企业合资，通过商业信用赊购设备、租赁设备等。

2.2 可行性研究报告

2.2.1 定义

可行性研究是在项目建议书批复后，对项目在技术和经济上是否可行所进行的科学分析和论证。

可行性研究大体研究三个方面：工艺技术、市场需求、财务经济状况。具体是指企业或政府在从事一项投资活动之前，在深入调查的基础上，就投资项目的市场、技术、经济、生态环境、能源、资源、安全等影响可行性的要素，结合国家、地区、行业发展规划及相关重大专项建设规划、产业政策、技术标准及相关审批要求进行分析、研究和论证，对所投资项目的技术可行性与经济合理性进行的综合评价，为投资者提供决策依据和建议，并满足项目审批上报要求。

可行性研究报告就是完整体现可行性研究过程及结论的文本，是招商引资、投资合作、政府立项、银行贷款等领域常用的专业文档。

2.2.2 作用

2.2.2.1 投资决策的依据

对于政府投资项目，可行性研究报告的结论是政府投资主管部门审批决策的依据；对企业投资项目，可行性研究报告的结论既是企业内部投资决策的依据，同时，对属于《政府核准的投资项目目录》范围以内需要政府投资主管部门核准的项目，可行性研究报告又可以作为编制项目申请书的依据。

2.2.2.2 资金筹措和申请贷款的依据

银行等金融机构一般都要求项目提交可行性研究报告，通过对其评估，分析项目的市场竞争力、采用技术的可靠性、项目财务效益和还款能力，然后作为对项目提供贷款的参考。

2.2.2.3 编制初步设计文件的依据

政府类投资项目，初步设计文件应该在可行性研究报告批复后，根据批复的可行性研究报告进行编制。

2.2.3 依据

可行性研究的主要依据有：

（1）项目建议书，政府投资项目还需要项目建议书的批复文件；

（2）国家和地方的经济和社会发展规划，如总体规划、专项规划等；

（3）有关的法律、法规、政策；

（4）工程建设方面的标准、规范、定额、办法等；

（5）项目所在地的自然、经济、社会概况等基础资料；

（6）项目上下游所需产品或者产品出路等的协议书或者合同文件；

（7）合资、合作项目各方签订的协议书或意向书。

2.2.4 基本要求

2.2.4.1 预见性

可行性研究报告不仅应对历史、现状资料进行研究和分析，更重要的是应对未来的市场需求、投资效益或效果进行预测和分析。

2.2.4.2 客观公正性

可行性研究报告必须以现状基础资料为依据，注重调查研究，要坚持实事求是，按照客观情况进行论证和评价。

2.2.4.3 可靠性

可行性研究报告的基础资料、论证过程、可研结论必须可靠。

2.2.4.4 科学性

可行性研究报告必须用现行科学可靠的技术进行预测、比选、优化等。运用科学的评价指标体系和方法分析项目的财务效益、经济效益和社会影响等，为项目决策提供科学依据。

2.2.4.5 合规性

可行性研究报告必须符合相关法律、法规和政策；必须重视生态文明、环境保护和安全生产；必须充分考虑与建设和谐社会和美丽生活相适应。

2.2.5 重点内容

项目可行性研究报告的具体内容，因项目的类别、特点、性质不同而不同，重点是研究论证项目是否有建设的必要性和可行性。主要内容包括：项目建设的必要性，项目建设的规模，技术方案，工程设计，投资估算与融资方案，财务评价与经济分析，经济影响分析，资源利用分析，土地利用与移民搬迁安置方案分析，社会评价或社会影响分析，风险分析等。

2.2.6 深度要求

可行性研究的成果是可行性研究报告，应达到以下深度要求：

（1）报告内容齐全、数据准确、论证充分、结论明确。

（2）以经济效益或者投资效果为中心，最大限度地优化方案，提高投资效益，对可能的风险作出提示建议。

（3）所选技术路线科学合理，所选主要设备的规格、参数应能够满足预订货的要求；引进技术设备的资料应能满足合同谈判的要求。

（4）重大技术、财务方案应有两个及以上方案的比选。

（5）主要技术数据应能够满足开展初步设计的要求。

（6）对投资和成本的估算应采用分项详细估算法，以满足投资决策的要求。

（7）报告应符合国家、地方、行业等法律、法规、政策的要求。

（8）可行性研究确定的融资方案应能满足资金筹措及使用计划对投资数额、时间和币种的要求，并能满足银行等金融机构信贷决策的需要。

（9）应反映可行性研究过程中出现的某些方案的重大分歧及未采纳的理由。

2.3　项目申请书

企业投资建设实行核准制的项目，需向政府提交项目申请书。项目申请书是为获得项目核准机关对拟建项目的行政许可，按核准要求报送的项目论证报告。

按照企业投资性质的不同，项目申请书主要分为企业投资项目申请书、外商投资项目申请书、境外投资项目申请书。

本节主要探讨企业投资项目申请书。

2.3.1　作用

项目申请书的作用，是从政府公共管理的角度回答项目建设的外部性、公共性事项，包括维护国家经济安全、合理开发利用资源、保护生态和环境、优化重大布局、保障公共利益、防止出现垄断等，为核准机关对项目进行核准提供依据。

2.3.2　编制要求

按照《企业投资项目核准和备案管理条例》（国务院令第673号）的要求，项目申请书应当由项目单位自主编制，项目单位不具备项目申请书编写能力的，应当委托具有相关经验和能力的工程咨询单位编写。

项目申请书有通用文本和行业示范文本供编写者参考。

2.3.3　主要内容

申请书应达到可行性研究深度，但需要增加项目申报单位及项目概况、发展规划、产业政策、行业准入分析、重点对资源开发及综合利用、节能方案、建设用地、征地拆迁及移民安置、环境和生态影响、经济社会影响等外部条件并分析论证，申请书不必详细分析和论证项目本身的市场前景、经济效益、资金来源、产品技术方案等企业自主决策的内容。

批复项目申请书的前置条件见本书第1章论述。

2.4 可行性研究报告与项目申请书的区别

项目可行性研究报告与申请书两者的区别主要体现在以下五个方面：

（1）目的不同

项目申请书不是企业从自身角度考察项目是否可行所进行的研究，而是在企业认为从企业自身发展的角度看项目已经可行的情况下，回答政府关注的涉及国计民生、公共利益等有关问题，目的是为了获得政府投资管理部门的行政许可；可行性研究报告的目的是要论证企业投资项目的可行性，包括市场前景可行性、技术方案可行性、财务可行性、融资方案可行性等，也包括对是否满足国家产业准入条件、环保法规要求等方面的论述。

（2）角度不同

项目申请书是从公共利益的代言人——政府的角度进行论证，因此侧重于从宏观的角度、外部性的角度进行经济、社会、资源、环境等综合论证；企业项目可行性研究报告是从企业角度进行研究，因此侧重于从企业内部的角度进行技术经济论证。

（3）内容不同

项目申请书是对维护国家经济和安全、合理开发利用资源、保护生态环境、优化重大项目布局、保障公共利益、防止垄断等方面进行论证，回答政府所关心的问题；项目可行性研究报告主要对市场预测、厂址选择、工程技术方案、设备选型、投资估算、财务分析、企业投资风险分析，以及是否符合国家有关政策法规要求等进行研究论证，回答企业所关心的各类问题。

（4）时序不同

项目获得企业内部决策机构——董事会同意后，应在此基础上编写项目申请书，申请政府部门的行政许可。因此，就研究的逻辑顺序而言，可行性研究报告的编写应先于项目申请书；可行性研究报告与项目申请书是两个不同性质的文件，项目申请书不是在可行性研究报告基础上的简单补充。对于一个理性的企业投资主体，在进行项目投资决策之前，应首先从企业自身角度进行详细的可行性研究。

（5）法律效力不同

项目申请书的编写和报送具有政府行政的强制约束，是企业必须履行的社会义务，受国家有关法律法规（如《行政许可法》）及国家行政主管部门有关项目投资管理规定的约束。企业投资项目的可行性研究报告用于企业内部的投资决策，对企业内部股东及董事会负责，遵循企业内部管理规定及法人治理结构的约束；政府投资项目的可行性研究报告是政府投资主管部门审批项目的要件之一。

2.5 污水处理厂类可行性研究报告的编制内容及深度

污水处理厂类工程属于市政工程类项目，其编制内容及深度应满足住房和城乡建设

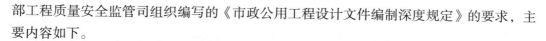

部工程质量安全监管司组织编写的《市政公用工程设计文件编制深度规定》的要求，主要内容如下。

（1）概述：主要说明工程概况（工程建设目的、提出背景、简述编制过程及文件组成），编制依据，采用的标准规范，编制原则、范围，采用工艺及主要技术经济指标。

（2）城市概况：主要介绍城市自然条件，性质及规模，总体规划，给水排水、再生水现状，给水排水、再生水专项规划情况。

（3）项目建设的必要性：主要介绍排水系统等存在的主要问题及不利影响，城市总体规划、排水或者再生水等专项规划实施提出的要求，国家或地方对社会经济、城市建设发展提出的要求，项目建设的重要意义。

（4）方案论证：主要包括建设规模预测、处理程度论证，项目选址论证，污水处理工艺、污泥处理工艺论证，排放水体、污泥出路论述，主要设备形式论证、总平面布置论证、设计地面高程、水力流程论证；改扩建项目应描述已建项目的设计、运行情况，必要时要分析现状工程存在的问题。

（5）推荐工程方案：主要包括平面布置，工艺流程，水力流程，市政管线接口情况，各处理构筑物单体工艺设计，办公及附属设施，建筑及结构设计，电气自控仪表设计，供暖通风设计，厂区给水排水设计，厂区消防设计，除臭设计等。

（6）主要工程量：列出构筑物一览表、各个处理工艺段主要工艺设备、电气自控仪表设备、供暖通风设备、化验室设备、车辆等。进口设备需要列出进口设备清单。

（7）管理机构、人员编制及项目实施计划。

（8）土地利用、征地与拆迁。

（9）环境保护。

（10）水土保持。

（11）节能。

（12）劳动保护、职业安全与卫生。

（13）投资估算及经济评价。

（14）项目招投标。

（15）结论及存在的主要问题。

（16）附件：主要包括自然资源部门出具的选址意见书和用地预审意见。

（17）附图：主要包括工程位置示意图，比选工艺总体布置图，比选工艺、水力流程图等。

randum RM-3680-RC. Santa Monica, CA: RAND Corporation, 1963.

Homes and Narver, Inc. *Engineering Study of Underground Highway & Parking Garage & Blast Shelter for Manhattan Island.* Oak Ridge, TN: Oak Ridge National Laboratory, 1966.

Hunt, F. R. "Underground Power Transmission." *Underground Space* 3 (1978): 19-33.

Meyer, Kirby. "Utilities for Underground Structures." In *Alternatives in Energy Conservation, the Use of Earth-Covered Buildings,* edited by Frank L. Moreland, 165-81. Washington, DC: National Science Foundation/USGPO,1978.

Mitchell, Ansel. "Operation and Maintenance of Underground Facilities." In *Underground Utilization,* edited by Truman Stauffer, Sr., 1: 74-76. Kansas City, MO: University of Missouri, 1978.

Odgård, Anders, David G. Bridges, and Steen Rostam. "Design of the Storebælt Railway Tunnel." *Tunnelling and Underground Space Technology* 9, no. 3 (1994): 293-307.

Paulson, Boyd C., Jr. "Research and Development Needs for Systems and Management in Underground Transportation Construction." *Underground Space* 2 (1977): 81-89.

Rosander, A. "Underground Sewage Treatment Plant." *Underground Space* 2 (1977): 39-45.

Rosengren, Lars. "Preliminary Analysis of the Dynamic Interaction Between Norra Länken and a Subway Tunnel for Stockholm, Sweden." *Tunnelling and Underground Space Technology* 8, no. 4 (1993): 429-439.

Sherman, Richard G., et al. "Boston Harbor Outfall Tunnel: An Environmental Imperative." *Tunnelling and Underground Space Technology* 9, no. 3 (1994): 309-322.

Sikkel, H. A. "An Underground Bus Terminal in Amsterdam: Legal and Policy Issues." *Tunnelling and Underground Space Technology* 8, no. 1 (1993): 31-36.

Smith (Wilbur) and Associates. *Transportation and Parking for Tomorrow's Cities.* New Haven, CT: Automobile Manufacturers Association, 1966.

van Hengstum, L. A., et al. "Railway Projects Move Dutch Transport into the Twenty-First Century." *Tunnelling and Underground Space Technology* 9, no. 3 (1994): 343-351.

第 3 章 规划相关知识

污水处理厂的设计及建设，是在规划引领之下进行的。设计、建设过程与规划息息相关，但规划的落地过程又受到城市发展情况的制约，会造成城市的发展与规划不匹配。

本章主要介绍规划的基本知识，重点介绍与污水处理厂工程关系最为紧密的城市排水专项规划；介绍污水处理厂工程建设过程中，作为设计部门及建设部门与规划部门衔接时需要办理手续的类别及相互关系。

3.1 规划的定义

规划，是融合多要素多人士看法的某一特定领域的发展愿景，是比较全面的长远的发展计划，是对未来整体性、长期性、基本性问题的思考、设计整套行动的方案。

规划引领发展，规划的实际意义简单说就是在遵循一定要求的前提下，为今后一段时间内要做的事情制定一个可行的计划。

规划具有综合性、系统性、时间性、强制性的特点。

提及规划，部分政府部门工作同志及学者都会视其为城乡建设规划，把规划与建设紧密联系在一起。因此，自然考虑到土地征用、设计图纸等一系列问题。这样理解虽然有失偏颇，但也体现了规划的目的、体现了设计与规划的关系。

3.2 规划体系、级别、类型

从规划运行方面来看，规划分为四个子体系；从规划流程角度可以分成编制审批体系、实施监督体系；从支撑规划运行角度可以分成政策法规体系、技术标准体系。

从规划层级来看，可分为"五级"。"五级"是从纵向看对应的行政管理体系，分别为国家级、省级、市级、县级、乡镇级。不同层级规划的侧重点和编制深度各不相同。国家级规划侧重战略性，省级规划侧重协调性，市县级和乡镇级规划侧重实施性。

3.3 城市规划

从规划编制的阶段和层次看，我国城市规划编制的完整过程由两个阶段、六个层次组成：两个阶段即总体规划阶段和详细规划阶段；六个层次即城市总体规划纲要、城市总体规划（含相关专项规划）、详细规划、分区规划、控制性详细规划和修建性详细规划。

3.3.1 总体规划

城市总体规划，即为了实现一定时期内城市的经济和社会发展目标，确定一个城市的性质、规模、发展方向，合理利用城市土地，协调城市空间进行各项建设的综合布局和全面安排，也包括确定规划定额指标，制订城市目标及其实施步骤和措施等工作。

总体规划强调规划的综合性，是对一定区域涉及的国土空间保护、开发、利用、修复的全局性的安排。

3.3.2 专项规划

国务院有关部门、设区的市级以上人民政府及其有关部门，对其组织编制的工业、农业、畜牧业、林业、能源、水利、交通、城市建设、旅游、自然资源开发的有关专项规划简称为专项规划。

专项规划强调的是专门性。城市的给水专项规划、排水专项规划、再生水专项规划等与市政污水处理行业关系最为密切。

以一座城市为例，规划可分为城市、乡镇等地区规划，也可按专业分为科教文卫、给水排水、环卫等专项规划。一般情况下应先编制地区规划，制定一个框架和边界要求，然后再根据地区规划去编制该地区内的专项规划。

3.3.3 详细规划

详细规划强调实施性，一般在市县及以下层级组织编制，是对具体地块用途和开发强度等作出的实施性安排。详细规划是开展国土空间开发保护活动，包括实施国土空间用途管制、核发城乡建设项目规划许可、进行各项建设的法定依据。

详细规划一般分为控制性详细规划和修建性详细规划。

1. 控制性详细规划

控制性详细规划是城市、乡镇人民政府城乡规划主管部门根据城市、乡镇总体规划的要求，用以控制建设用地性质、使用强度和空间环境的规划。

根据《城市规划编制办法》（建设部令第 146 号）第二十二条至第二十四条的规定及城市规划深化和管理的需要，一般应当编制控制性详细规划，以控制建设用地性质、使用强度和空间环境，作为城市规划管理的依据，并指导修建性详细规划的编制。

控制性详细规划主要以对地块的用地使用控制和环境容量控制、建筑建造控制和城市设计引导、市政工程设施和公共服务设施的配套，以及交通活动控制和环境保护规定为主要内容，并针对不同地块、不同建设项目和不同开发过程，应用指标量化、条文规定、图则标定等方式对各控制要素进行定性、定量、定位和定界的控制和引导。

控制性详细规划是城乡规划主管部门作出规划行政许可、实施规划管理的依据，并指导修建性详细规划的编制。

2. 修建性详细规划

修建性详细规划是以城市总体规划、分区规划或控制性详细规划为依据，制订用以指导各项建筑和工程设施的设计和施工，是城市详细规划的一种。

编制修建性详细规划的主要任务是满足上一层次规划的要求，直接对建设项目作出具体的安排和规划设计，并为下一层次建筑、园林和市政工程设计提供依据。

3.4 城市排水专项规划

城市排水工程是城市重要的基础设施，具有系统性、整体性强的特点。伴随着社会经济的发展以及外部环境的急剧变化，城市建设尤其是城市排水工程建设面临着一系列的机遇和挑战。

排水设施的配置是否合理完善关系到城市各项事业的长远发展。尤其是近年来多个城市遭受暴雨导致的城市内涝，造成了巨大的经济损失和恶劣的社会影响，拷问着城市排水系统的可靠性。

因此对城市管理者来说，编制整体性强、可操作性强的排水专项规划显得重要而紧迫；而对于城市污水处理工程的设计者、建设者而言，城市排水专项规划是其工作的重要基础资料。

3.4.1 定位

城市排水专项规划是城市总体规划的重要子项。

排水专项规划是在城市总体规划的框架下进行的。一方面，城市排水专项规划从属于城市总体规划，因此排水专项规划中所采用的一些基础指标如规划范围、用地规模、人口规模、规划期限等均是依据城市总体规划而来；另一方面，由于排水专项规划需待总体规划完成后才能进行编制，而在总体规划的编制过程中，城市也在发展变化，一些具体的指标，如规划期限、规划人口、用地规模等也会相应地发生改变，因此在进行排水专项规划时，这些基础指标必须根据城市的发展，结合城市规划主管部门的预测进行调整核实。

3.4.2 编制深度要求

城市排水专项规划的内容，在《城市排水工程规划规范》（GB 50318—2017）中已做明确规定：确定规划目标与原则，划定城市排水规划范围、确定排水体制、排水分区和排水系统布局，预测城市排水量，确定排水设施的规模及用地、雨水滞蓄空间用地、初期雨水与污水处理程度、污水再生利用和污水处理厂污泥的处理处置要求。

由于受资料的广度、深度限制，总体规划中专项规划难以提出量化指标（如给定管径、标高等），即便提出量化指标，由于没有进行深入分析和广泛论证，结果也可能不会切合实际，且在实施过程中可能造成误导，从而带来许多实际问题。总体规划阶

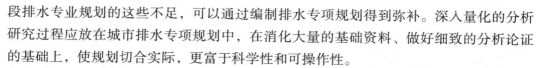

段排水专业规划的这些不足，可以通过编制排水专项规划得到弥补。深入量化的分析研究过程应放在城市排水专项规划中，在消化大量的基础资料、做好细致的分析论证的基础上，使规划切合实际，更富于科学性和可操作性。

城市排水专项规划在深度上除要满足《城市排水工程规划规范》(GB 50318—2017)要求外，还应在城市基础资料调查分析、排水系统建设规模论证、排水分区划分、近远期规划结合等方面做更深入的工作。

3.4.3　编制基础要求

在编制城市排水专项规划之前要充分掌握多方面的基础资料，主要包括：现状城市排水管渠资料、城市水文地质条件、城市排水受纳水体的水文条件、防洪标准、环境容量等，在此基础上编制的排水专项规划才有理有据。

3.4.4　与其他专项规划的衔接

城市基础设施中除排水管线外，还包括给水、电力、通信、燃气、供热等多种工程设施。在城市建设中由于各类管线归属主管部门多，往往不能同步实施，造成地下管线工程错综复杂、纵横交叉，给城市建设和管理带来非常复杂的问题，城市道路"拉链"现象极为普遍。因此，应注重各类工程规划相互协调、相互衔接，统筹兼顾是解决此类问题的根本所在。

3.5　工程规划的相关手续

众所周知，一个工程项目从酝酿到实施直至竣工，要经历几个规划阶段、办理数个与规划相关的手续。这其实是使得工程项目本身逐渐符合城市规划要求的一个过程。

3.5.1　规划手续的类别

以污水处理厂工程为例，需先后办理建设项目选址意见书、控制性详细规划、建设用地规划许可、建设工程规划许可。这些手续的相互关系详见本书第9章。

1. 建设项目选址意见书

建设项目选址意见书是项目取得的第一个规划类行政审批文件，是建设工程在办理规划手续过程中，由城乡规划行政主管部门出具的该建设项目是否符合规划要求的意见，是项目可行性的重要支撑，同时也是项目开展后续用地、环保等手续工作的前置条件。建设项目选址意见书中明确的主要内容有：建设项目名称、项目所在区位、拟用地面积、建设单位名称以及所需遵循的事项。

2. 控制性详细规划

控制性详细规划是以城市总体规划或地区规划为依据，确定建设地区的土地使用性质、位置、范围、建筑密度、建筑高度、绿地率、配套设施等控制指标以及道路和工程管线控制性位置及空间环境控制的规划。

控制性详细规划是城乡规划主管部门作出的行政许可,是在城市总体规划的基础上,对每个地块进行规划管理的重要依据,同时也是建设单位实施设计和建设的重要依据,必须遵循。

3. 建设用地规划许可

建设用地规划许可是建设单位在向国土资源管理部门申请征用、供应土地前,经城乡规划行政主管部门确认建设项目位置和范围符合城乡规划的法定凭证,是建设单位用地的法律凭证。

4. 建设工程规划许可

项目取得国有土地使用权后,向项目所在地的城乡规划部门申请办理建设工程规划许可证。该证件主要是确定项目用地内的总平面布置,各单体建(构)筑物的平面、立面、剖面设计。

3.5.2 规划手续的关系

自然界中事物的发展总是遵循由简入繁的过程,如初步设计是在可行性研究基础上的深化细化,工程项目的规划手续也遵循这一规律。

建设项目选址意见书主要是确定工程项目拟选位置符合当地规划的原则要求,用地面积基本合适,不做过多的其他要求。控制性详细规划是在项目已确定选址的基础上对用地范围内的建设计划提出边界性的要求,如建筑密度、容积率、建设高度、建筑边界等。建设用地规划许可是在已确定控制性详细规划的基础上,精确核定项目用地具体坐标界址点。建设工程规划许可是在用地边界和建设计划边界都确定的前提下,确定用地内各单体建(构)筑物布置形式、位置、尺寸。

不难看出,建设项目选址意见书、控制性详细规划、建设用地规划许可、建设工程规划许可这四项手续是从简单到复杂、从粗犷到细致的一个过程,这个过程是伴随工程项目设计的不断深入而深入的。因此,可以总结出一个关于项目规划手续和各设计阶段相匹配的客观规律:依据项目建议书深度来确定项目选址,依据可行性研究报告提供控制性详细规划所要确定的各种边界条件,依据施工图提供建设工程规划许可所需要确定的总图布置及各单体位置、尺寸。所以,办理规划手续和项目方案深化一样,需要一个过程,而且是一个不断相互约束和匹配的过程。

第4章 污水处理基本知识

作为污水处理工程类项目负责人，需要掌握多种知识。污水处理相关的知识是最基本，也是最重要的。要想掌握这些知识，就要充分掌握污水的组成和特性以及各种特性的内在关联，不能孤立地看待其某一特定方面，只有从整体上把握某一特定污水处理厂收水范围内污水的性质，才能设计出有针对性的工艺处理流程。另外，纵观我国污水处理的发展，排放标准也不是一成不变，其根据排污状况、经济发展水平、生态环境容量的变化而变化。随着排放标准的变化，污水处理的主要技术手段也在不断完善发展，但这些发展离不开我们对污水特性及微生物的整体把握和认知。

4.1 污水的组成和特性

4.1.1 污水的定义和来源

《室外排水设计规范》（GB 50014—2006）（2016 年版）中明确了"城镇污水"的定义：城镇污水是综合生活污水、工业废水和入渗地下水的总称。《室外排水设计标准》（GB 50014—2021）在此基础上，进一步明确城镇污水处理厂的旱季设计流量为晴天时最高日最高时的城镇污水量。

综合生活污水由居民生活污水和公共建筑污水组成。居民生活污水指居民日常生活中的洗涤、冲厕、洗澡等产生的污水；公共建筑污水指娱乐场所、宾馆、浴室、商业网点、学校和办公楼等产生的污水。

工业废水指工业生产过程中排出的废水。

在地下水位较高的地区，由于管道的破损，检查井的裂缝，地下水会进入污水管网系统，这部分入渗地下水也成为城镇污水的一部分。随着污水处理厂提质增效的建设，在污水处理厂收水管网建设过程中，应该通过各种技术手段减少地下水入渗量。

除了上述综合生活污水、工业废水和入渗地下水外，在实际工程中，污水处理厂收纳的污水还可能包括两部分雨水：合流制排水系统中被截留至污水管网中的雨水、分流制排水系统中排入市政污水管网中的弃流初期雨水。

4.1.2 污水特性及指标

污水是各种污染物的混合物，其性质复杂。

污水特性与居民饮食习惯、气候条件、工业企业生产过程中的原材料、产品生产工艺及污水处理厂收水范围内的排水体制有关。由于其组成及性质的复杂性，单一分类标准不足以对污水进行分类定性，一般可按照物理性质、化学性质及生物性质分类。

4.1.2.1 物理性质及指标

表示污水物理性质的主要指标有：温度、色度、嗅味、固体物质及泡沫。

1. 温度

温度是污水中最容易测定的物理指标之一。我国幅员辽阔，南北纬度差别大、同一纬度海拔高差大，造成了多样的气候类型；同一气候类型中，人们的生活水平、城市乡村发展差异，市政管网的规模、完善程度、敷设质量不同，均影响污水温度。

一般来讲，我国污水温度在 8 ~ 30℃之间。特别寒冷的地区，居住分散、经济水平低、管网不完善的地域冬季水温较低。

工业废水的温度与生产工艺有关，差别较大。

温度是关乎污水处理厂工艺选择、污水处理效果的重要指标，也是咨询、设计人员最容易忽视的指标之一。重视这一基础性指标对工程咨询及设计至关重要。

《室外排水设计标准》（GB 50014—2021）中规定：污水处理厂内生物处理构筑物进水的水温宜为 10 ~ 37℃。目前，城镇污水以生物处理为主处理工艺，要发挥生物处理的最佳效能，需要保持较好的微生物生存环境，微生物在生物处理过程中最适宜的温度是 20 ~ 35℃。随着国家水环境综合整治力度的加大，污水处理厂的排放标准也日趋严格，尤其是氮磷指标成为污水处理的重点，那么在设计过程中要考虑到脱氮除磷优势菌种在生境方面的需求。

郑兴灿在《污水除磷脱氮技术》中指出：生物硝化反应可在 4 ~ 45℃的温度范围内进行，最适宜温度为 25℃左右，理由是硝化作用所产生之化学能与进行生理代谢所消耗之化学能两者相抵消，在这个温度下可能有最大的净余值。亚硝化菌的最佳生长温度为 35℃，硝化菌的最佳生长温度为 35 ~ 42℃。有研究表明，亚硝酸菌的最大比增长速率 μ_N 与温度的关系遵从 Arrhenius 方程，温度每升高 10℃，μ_N 增加 1 倍。在 5 ~ 30℃的范围内，随着温度升高，硝化反应速率也增加。温度超过 30℃时，蛋白质的变性降低了硝化菌的活性，海南部分污水处理厂夏季高温时氨氮出水指标增高也验证了这一结论。

至于温度的变化对硝化活性之影响，其他多位学者通过研究，同样发现在温度低于 5℃或高于 42℃时，硝化作用已经无法进行（Painter，1970），后又有学者发现硝酸菌忍耐高温的门槛要比亚硝酸菌高约 7℃，原因是亚硝酸菌的活性若从 7℃开始测定，则随温度升高越来越强，并呈现一种直线正比关系向上攀升，直到达 35℃后随即开始急速下降，但硝酸菌的活性必须高至 42℃后才有急速下降的情形（Wortman and Wheaton，1991）。硝化细菌在低温无法进行硝化作用之原因，可能是由于生理代谢受到低温的干扰发生代谢失常的现象，而在高温无法进行硝化可能是由于高温使细胞发生瓦解（disruption）之故（Alle-man，1994）。

当温度低于 4 ~ 5℃时，硝化菌的生命活动几乎停止。对于同时去除有机物和硝化

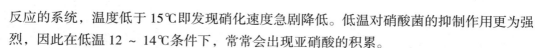

反应的系统，温度低于 15℃即发现硝化速度急剧降低。低温对硝酸菌的抑制作用更为强烈，因此在低温 12 ~ 14℃条件下，常常会出现亚硝酸的积累。

但对于反硝化脱氮来讲，反硝化菌最适宜生长温度为 20 ~ 40℃，温度降低对反硝化菌的影响要低于对硝化菌的影响，5℃反硝化作用依然可以进行。

在生物除磷过程中，释磷菌为低温菌种，温度高影响释放。这一现象在郑州马头岗污水处理厂实际运行中也得到了体现：冬天除磷效果好。但由于冬天碳源比例要高些，所以目前还未判别出低温及碳源对除磷效果影响的权重。

2. 色度

色度属于感官性指标。一般污水呈灰、黑褐色。

色度分为表色、真色，由悬浮固体、胶体和溶解性物质形成，其中悬浮固体形成表色，胶体及溶解物质形成真色。

污水处理过程中，色度去除的难易程度取决于工业废水的比例和性质：一般综合生活污水的色度容易去除，通过生物处理后一般可满足排放标准；工业废水的色度成分较为复杂，需要在前期咨询及后期设计中引起注意。

3. 嗅和味

嗅和味也属于感官性指标。一般综合生活污水的嗅味是由有机物腐败产生的气体造成的，工业废水的嗅味主要由废水中溶解的容易挥发的诸多化合物造成的。

4. 固体物质

水中的固体物质是指污水中所有残渣的总和。残渣分为总残渣、可滤残渣和不可滤残渣。污水处理行业一般称为总固体（TS）、悬浮固体（SS）、胶体和溶解固体。

水中悬浮物的理化特性、所用的滤器及孔径的大小、滤片面积和厚度以及截留在滤器上物质的数量等均能影响不可滤残渣与可滤残渣的测量结果。鉴于这些因素复杂且难以控制，因而目前残渣的测定方法是为了实用而规定的近似方法，具有相对评价意义。测定过程中的烘干温度和时间，对结果有重要影响：可能由于有机物挥发，吸着水、结晶水的变化和气体逸失等造成减重，也可能由于氧化而增重。

通常有两种烘干温度可供选择：103 ~ 105℃烘干的残渣，保留结晶水和部分吸着水，重碳酸盐部分转化为碳酸盐，有机物挥发逸失甚少，在 105℃不易赶尽吸着水，达到恒重时较慢；在 108±2℃烘干时，残渣的吸着水全部除去，可能存留某些结晶水，有机物挥发逸失，但不能完全分解，重碳酸盐全部转化为碳酸盐，部分碳酸盐可能分解为氧化物及碱式盐，某些氯化物和硝酸盐可能损失。

污水处理行业的悬浮固体是指水样通过孔径为 0.45μm 的滤膜，截留在滤膜上并于 103 ~ 105℃烘干至恒重的固体物质。

从化学性质来分，悬浮固体可分为有机物和无机物。把悬浮物在 600℃下灼烧，失去的重量称为挥发性悬浮固体（VSS），残留的称为非挥发性悬浮固体（NVSS）。生活污水中 VSS 约占 70%。

4.1.2.2 化学性质及指标

从污水中含有的化学成分来看，污水中组分可分为无机物和有机物。无机物主要有：酸、碱、氮磷及其化合物，无机盐、重金属离子等；有机物主要有碳水化合物、蛋白质、尿素及脂肪等。

衡量无机物的主要指标有酸碱度、碱度、氮磷及其化合物浓度、盐分及金属离子浓度；衡量有机物的主要指标有生物化学需氧量、化学需氧量、总需氧量、总有机碳。

1. 无机物指标

（1）酸碱度（pH）

《室外排水设计标准》（GB 50014—2021）中规定：pH 宜为 6.5～9.5。其原因是污水处理过程中最适宜的 pH 为 7～8，当 pH 低于 6.5 或者高于 9.5 时，微生物的活动能力下降。且，当污水 pH 过低或过高时，对构筑物及设备也产生不利影响，需要着重考虑管道、设备、土建等的防腐措施。

（2）碱度

碱度是表示水吸收质子能力的参数，通常用水中所含能与强酸定量作用的物质总量来标定。这类物质包括强碱、弱碱、强碱弱酸盐等。

碱度也常用于评价水体的缓冲能力及金属在其中的溶解性和毒性等。工程中用得更多的是总碱度，一般表征为相当于碳酸钙的浓度值：

$$[碱度] = [OH^-] + 2[CO_3^{2-}] + [HCO_3^-] - [H^+] \qquad (4-1)$$

式中：[ ]——浓度，mmol/L。

通常城镇污水中的碱度为 150～350mg/L（以碳酸钙计，下同）。污水中的碱度，对于外加的酸碱有一定的缓冲作用，可使污水的 pH 维持在适宜于好氧菌或厌氧菌生长繁殖的范围内；污泥厌氧消化处理时，要求碱度不低于 2000mg/L，以便缓冲有机物分解时产生的有机酸，避免 pH 降低。

污水处理过程中的硝化作用需要消耗碱度，1mg/L 的氨氮硝化为 1mg/L 的硝酸盐氮，需要消耗 7.1mg/L 的碱度；反硝化作用产生碱度，1mg/L 的硝酸盐氮反硝化为氮气，产生 3.5mg/L 的碱度。一般生化反应过程碱度不应低于 70mg/L，过低则影响生物反应进程。

（3）氮、磷及其化合物

氮、磷是植物的重要营养物质，主要来源于人类排泄物及某些工业废水。氮、磷也是导致湖泊、水库、海湾等缓流水体富营养化的主要原因。目前有研究表明，磷对富营养化的贡献要高于氮，在污水生物处理过程中磷的去除相对容易，因此目前污水处理厂高标准排放均严格控磷。

污水进行生物处理时，氮、磷是微生物所必需的营养物质，《室外排水设计标准》（GB 50014—2021）中规定营养组合比（五日生化需氧量：氮：磷）可为 100：5：1。生活污水中的氮、磷一般足够，生物处理过程中无须另外投加，但工业废水进入时，有可能比例失调，在设计时应引起足够的注意。

1）氮及其化合物

污水中含氮化合物有四种：有机氮、氨氮、亚硝酸盐氮与硝酸盐氮。四种含氮化合物的总量称为总氮（TN，以 N 计）：

$$总氮（TN）= 有机氮 + 氨氮 + 亚硝酸盐氮 + 硝酸盐氮 \tag{4-2}$$

有机氮是植物、土壤和肥料中与碳结合的含氮物质的总称，包括含氨基和不含氨基的化合物，如蛋白质、氨基酸、酰胺、尿素、脂肪胺、有机碱等。有机氮一般很不稳定，容易在微生物的作用下，分解成其他三种：在无氧条件下，分解为氨氮；在有氧条件下，分解为氨氮，再分解为亚硝酸盐氮与硝酸盐氮。但某些行业排放的有机氮，如果胶、甲壳质和季胺化合物等很难生物降解。这些物质可以在臭氧氧化或催化氧化时，进一步转化为氨氮，这也可能是某些污水处理厂深度处理段经过与臭氧反应后氨氮浓度上升的原因。此种情况下，随着臭氧投加量的继续提高，可将其进一步氧化至硝态氮。

有机氮和氨氮之和称为凯式氮（KN），是以凯式法（Kjeldahl）测量而得名。

$$凯式氮（KN）= 有机氮 + 氨氮 \tag{4-3}$$

凯氏氮指标可以用来判断污水在进行生物法处理时，氮营养是否充足的依据。生活污水中凯氏氮含量约 40mg/L（其中有机氮约 15mg/L，氨氮约 25mg/L）。

氨氮在污水中存在的形式有游离氨（NH_3）与离子状态铵盐（NH_4^+）两种。

$$氨氮 = NH_3 + NH_4^+ \tag{4-4}$$

污水进行生物处理时，氨氮不仅向微生物提供营养，而且对污水的 pH 起缓冲作用。但氨氮过高时，如超过 1600mg/L（以 N 计），则对微生物产生抑制作用。

氨氮检测分析方法可采用蒸馏中和滴定法，测定下限 0.2mg/L；总氮检测分析方法可采用碱性过硫酸钾消解紫外分光光度法，测定下限 0.05mg/L。

2）磷及其化合物

磷是一种活泼元素，在自然界中不以游离状态存在。污水中含磷化合物可分为有机磷与无机磷两类。

有机磷的存在形式主要有：葡萄糖 –6– 磷酸、2– 磷酸 – 甘油酸及磷肌酸等；无机磷都以磷酸盐形式存在，包括正磷酸盐（PO_4^{3-}）、偏磷酸盐（PO_3^-）、磷酸氢盐（HPO_4^{2-}）、磷酸二氢盐（$H_2PO_4^-$）等。

有机磷主要来源于农药生产过程，一般通过臭氧氧化、湿式氧化、氯氧化、水解和生化法等方法去除；无机磷主要来源于动物排泄物、食物残渣及以磷酸盐为增洁物质的洗涤剂。污水处理过程中，部分有机磷转化为正磷酸盐，聚合磷酸盐也被水解成正盐形式，用化学方法除磷时，这种现象非常有利，因为正磷酸盐是最容易进行化学沉淀的磷。

一般生活污水中有机磷含量约为 3mg/L，无机磷含量约为 7mg/L，进水 TP 约 10mg/L。

总磷检测分析方法可采用钼酸铵分光光度法，测定下限 0.01mg/L。

（4）硫酸盐与硫化物

污水中的硫酸盐用硫酸根（SO_4^{2-}）表示，硫化物主要来源于工业废水和生活污水。

工业废水的硫酸盐主要来源于硫化染料废水、人造纤维废水，洗矿、化工、制药、造纸和发酵等工业，部分工业废水含有较高的硫酸盐，浓度可达 1500 ~ 7500mg/L；生活污水的硫酸盐主要来源于人类排泄物。

硫化物在污水中的存在形式有硫化氢（H_2S）、硫氢化物（HS^-）与硫化物（S^{2-}）。当污水 pH < 6.5 时，以 H_2S 为主（H_2S 约占硫化物总量的 98%）；pH > 9 时，则以 S^{2-} 为主。硫化物属于还原性物质，会消耗污水中的溶解氧，并能与重金属离子反应，生成金属硫化物的黑色沉淀。

污水中的 SO_4^{2-}，在缺氧的条件下，由于硫酸盐还原菌、反硫化菌的作用，释放出 H_2S，H_2S 与管顶或池体内壁附着的水珠接触，在噬硫细菌的作用下形成 H_2SO_4，浓度可高达 7%，有严重的腐蚀作用，甚至可能造成管壁塌陷、池体腐蚀。污水生物处理的 SO_4^{2-} 允许浓度为 1500mg/L。污水处理中硫酸盐在污泥的后续厌氧消化过程中，会还原成硫化氢，沼气利用前需要脱硫。

（5）氯化物

生活污水中的氯化物主要来自人类排泄物，每人每日排出的氯化物约 5 ~ 9g。工业废水（如漂染工业、制革工业等）以及沿海城市采用海水作为冷却水时，都含有很高的氯化物。

氯化物含量高时，对管道及设备有腐蚀作用；灌溉农田，则会引起土壤板结；在生物处理过程中，氯化物浓度过高时对微生物有抑制作用。

污水中无机盐浓度在 5000mg/L 以下时，对污泥活性影响不大，在 20000mg/L 以下且浓度较为稳定的条件下，微生物必须经过驯化后方可进行生物处理，无机盐浓度日变化超过 2000mg/L 时，污泥容易解体。

（6）非重金属无机有毒物质

非重金属无机有毒物质主要是氰化物与砷。此类物质一般来源于工业。

1）氰化物

污水中的氰化物主要来自电镀、焦化、高炉煤气、制革、塑料、农药以及化纤等工业废水，含氰浓度约在 20 ~ 80mg/L 之间。氰化物是剧毒物质，人体摄入致死量 0.05 ~ 0.12g。

氰化物在污水中的存在形式是无机氰（如氢氰酸 HCN、氰酸盐 CN^-）及有机氰化物（称为腈，如丙烯腈 C_2H_3CN）。

2）砷化物

污水中的砷化物主要来自化工、有色冶金、焦化、火力发电、造纸及皮革等工业废水。

砷化物在污水中的存在形式是无机砷化物（如亚砷酸盐 AsO_2^-、砷酸盐 AsO_4^{3-}）以及砷化物（如三甲基砷）。对人体的毒性排序为有机砷 > 亚砷酸盐 > 砷酸盐。砷会在人体内积累，属致癌物质（致皮肤癌）之一。

（7）重金属离子

重金属指原子序数在 21 ~ 83 之间的金属或相对密度大于 4 的金属。

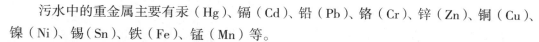

污水中的重金属主要有汞（Hg）、镉（Cd）、铅（Pb）、铬（Cr）、锌（Zn）、铜（Cu）、镍（Ni）、锡（Sn）、铁（Fe）、锰（Mn）等。

生活污水中的重金属离子主要来自人类排泄物；冶金、电镀、陶瓷、玻璃、氯碱、电池、制革、照相器材、造纸、塑料及颜料等工业废水，都含有不同的重金属离子。上述重金属离子在微量浓度时，有益于微生物、动植物及人类；但当浓度超过一定值后，即会产生毒害作用，特别是汞、镉、铅、铬、砷以及它们的化合物，称为"五毒"。

污水中含有的重金属难以净化去除。污水处理的过程中，一定浓度范围内的重金属离子对生物处理作用无害，甚至在污泥厌氧消化作用中可抑制硫化氢的生成，但过高的重金属离子浓度对生物反应及污泥厌氧消化均有一定的抑制作用；污水处理过程中重金属离子浓度的 60% 左右被转移到污泥中，若污水原水重金属离子浓度高，则可使污泥中的重金属含量超过《农用污泥污染物控制标准》（GB 4284—2018）所列限值指标。

《污水排入城镇下水道水质标准》（GB/T 31962—2015）对工业废水排入城市排水系统的重金属离子最高允许浓度有明确规定，超过此标准者，必须在工矿企业内进行处理达标后方可排放至下水道。

2. 有机物

生活污水中的有机物主要来源于人类排泄物及生活活动产生的废弃物、动植物残片等，其主要成分是碳水化合物、蛋白质、脂肪与尿素等有机化合物，组成元素是碳、氢、氧、氮和少量的硫、磷、铁等。食品加工、饮料等工业废水中有机物成分与生活污水基本相同，其他工业废水所含有机物种类繁多，如酚类、有机酸碱、表面活性剂、有机农药等有机污染物。

这些有机物的特点简述如下：

（1）碳水化合物

污水中的碳水化合物包括糖、淀粉、纤维素和木质素等。主要成分是碳、氢、氧。其中淀粉较为稳定，但都属于可生物降解有机物，对微生物无毒害或抑制作用。

（2）蛋白质与尿素［CO（NH$_2$）$_2$］

蛋白质由多种氨基酸化合或结合而成，分子量可达 2 万 ~ 2000 万。主要成分是碳、氢、氧、氮，其中氮约占 16%。蛋白质不很稳定，可发生不同形式的分解，属于可生物降解有机物，对微生物无毒害或抑制作用。

蛋白质与尿素是生活污水中氮的主要来源。由于尿素分解很快，故在城市污水中很少发现尿素。

（3）脂肪和油类

脂肪和油类是乙醇或甘油与脂肪酸形成的化合物。主要成分是碳、氢、氧。生活污水中的脂肪和油类来源于人类排泄物及餐饮业洗涤水（含油浓度可达 400 ~ 600mg/L，甚至 1200mg/L），包括动物油和植物油。脂肪和油类比碳水化合物、蛋白质更稳定，属于难降解有机物，对微生物无毒害或抑制作用。

脂肪在污水中存在的物理形态有 5 种：漂浮油（约占油脂总量的 60% ~ 80%）、机械分散态油、乳化油、附着油、溶解油。前 4 种可用隔油、气浮或沉淀等物理方法去除，溶解油主要可用生物法或气浮法去除。

（4）酚

炼油、石油化工、焦化、合成树脂、合成纤维等工业废水都含酚。苯酚、甲酚、二甲苯酚等，属于可生物降解有机物；间苯二酚、邻苯三酚等多元酚，属于难生物降解有机物。酚类对微生物有毒害或抑制作用。

（5）有机酸、碱

有机酸、碱都属于可生物降解有机物，但对微生物有毒害或抑制作用。

（6）表面活性剂

生活污水与表面活性剂制造工业废水中含有大量表面活性剂。表面活性剂有部分属于难生物降解有机物，部分属于可生物降解有机物，但均含磷。

（7）有机农药

有机农药有两大类，即有机氯农药与有机磷农药。

目前普遍采用有机磷农药（含杀虫剂与除草剂），约占农药总量的 80% 以上，如敌百虫、乐果、敌敌畏、甲基对硫磷、马拉酸磷对硫磷等，毒性大，属于难生物降解有机物，对微生物有毒害与抑制作用。

（8）取代苯类化合物

苯环上的氢被硝基、氨基取代后生成的芳香族卤化物称为取代苯类化合物。主要来源于染料工业废水、炸药工业废水以及电器、塑料、制药、合成橡胶等工业废水。这类有机物均难生物降解，对微生物有毒害或抑制作用。

上述（4）~（8）均属于人工合成高分子有机化合物，这类化合物使城市污水的净化处理难度大大增加。这类物质中已被查明的三致物质（致癌、致突变、致畸形）有聚氯联苯、联苯氨、稠环芳烃、二噁英等多达 20 多种，疑似致癌物质也超过 20 种。

有机物按被生物降解的难易程度，可分为两类四种：

第一类是可生物降解有机物，根据对微生物有无毒害或抑制作用分为两种；第二类是难生物降解有机物，也根据对微生物有无毒害或抑制作用分为两种。

上述两类有机物的共同特点是都可被氧化成无机物。第一类有机物可被微生物氧化，第二类有机物可被化学氧化或被经驯化、筛选后的微生物氧化。

3. 有机物指标

可生物降解的有机污染物在微生物的作用下能够分解为二氧化碳和水等简单无机物质，但在分解过程中需要消耗大量氧气，这也是目前我国黑臭水体产生的主要原因。

由于有机物种类繁多，现有的分析技术难以区分并定量，在污水处理过程中也没有必要分类计量。实际工作中根据可被氧化这一共同特性，用氧化过程所消耗的氧量作为有机物总量的综合指标，进行定量。这些指标主要有：生物化学耗氧量（BOD）、化学耗氧量（COD）、总需氧量（TOD）、总有机碳（TOC）等。

（1）生物化学需氧量 BOD

在水温 20℃的条件下，由于微生物（主要是细菌）的生活活动，将有机物氧化成无机物所消耗的溶解氧量，称为生物化学需氧量或生化需氧量。生物化学需氧量代表了可生物降解有机物的数量（包括碳源等有机污染物，有机氮及氨氮等无机污染物）。

在有氧的条件下，可生物降解有机物的降解，可分为两个阶段：第一阶段是碳氧化阶段，即在异养菌的作用下，发生碳化和氨化反应，同时合成新细胞（异养型）；第二阶段是硝化阶段，即在自养菌（亚硝化菌和硝化菌）的作用下，发生亚硝化及硝化反应，同时合成新细胞（自养型）。一般是碳氧化之后才发生亚硝化、硝化作用。

碳氧化及硝化均能够释放出供微生物生活活动所需要的能，合成新细胞，在其生命活动中进行着新陈代谢，即自身氧化的过程，产生 CO_2、H_2O、NH_3，并释放出能及氧化残渣，这种过程叫作内源呼吸。

异养菌作用下有机物碳化、合成新细胞所需要的氧气量为第一阶段生化需氧量（或称为总碳氧化需氧量、总生化需氧量、完全生化需氧量）用 S_a 或 BOD_u 表示；好氧菌作用下的亚硝化、硝化及合成新细胞需要的氧气量为第二阶段生化需氧量（或称为氮氧化需氧量、硝化需氧量），用硝化 BOD 或 NOD_u 表示。

由于有机物的生化过程延续时间很长，在 20℃水温下，完成两阶段约需 100d 以上，实际工作中难以操作。实验数据显示，5d 的生化需氧量约占总碳氧化需氧量 BOD_u 的 70% ~ 80%，20d 以后的生化反应过程速度趋于平缓，因此常用 20d 的生化需氧量 BOD_{20} 作为总生化需氧量 BOD_u，用符号 S_a 表示。在工程实用上，20d 时间太长，故用 5d 生化需氧量 BOD_5 作为可生物降解有机物的综合浓度指标。由于硝化菌的世代（即繁殖周期）较长，一般要在碳化阶段开始后的 5 ~ 7d，甚至 10d 才能繁殖出一定数量的硝化菌，并开始氮氧化阶段，因此，硝化需氧量不对 BOD_5 产生干扰。

（2）化学需氧量 COD

以 BOD_5 作为有机物的浓度指标，也存在着测定时间长、难以反映污水中难生物降解有机物浓度、某些抑制微生物生长的有毒有害物质影响测定结果等缺点。

COD 的测定原理是用强氧化剂（我国法定用重铬酸钾），在酸性条件下，将有机物氧化成 CO_2 与 H_2O 所消耗氧化剂中的氧量，称为化学需氧量，国际标准化组织（ISO）和我国规定为 COD。

化学需氧量 COD 的优点是较准确地表示污水中有机物的含量，测定时间仅需数小时，且不受水质限制；缺点是不能像 BOD 那样反映出可生物降解有机物的量，此外，污水中存在的还原性无机物（如硫化物）被氧化也需消耗氧，所以 COD 值也存在一定误差。

COD 的数值大于 BOD_5，两者的差值可体现难生物降解有机物的量。差值越大，难生物降解的有机物含量越多，越不宜采用生物处理法。因此 BOD_5/COD 的比值可作

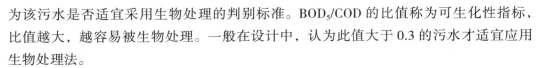

为该污水是否适宜采用生物处理的判别标准。BOD_5/COD 的比值称为可生化性指标，比值越大，越容易被生物处理。一般在设计中，认为此值大于 0.3 的污水才适宜应用生物处理法。

（3）其他指标

总需氧量 TOD：有机物主要组成元素 C、H、O、N、S 等被氧化后分别产生 CO_2、H_2O、NO_2 和 SO_2 所消耗的氧量。

理论需氧量 ThOD：如果有机物的化学分子式已知，则可根据化学氧化反应方程式计算出需氧量。

总有机碳 TOC 是目前国内外开始使用的另一个表示有机物浓度的综合指标，TOD 和 TOC 的测定原理相同，但有机物数量的表示方法不同，前者用消耗的氧量表示，后者用含碳量表示。

水质比较稳定的污水，BOD_5、COD、TOD 和 TOC 之间有一定的相关关系，数值大小的排序为 $ThOD > TOD > COD > BOD_u > BOD_5 > TOC$。生活污水的 BOD_5/COD 比值相对稳定，约为 0.4 ~ 0.65，BOD_5/TOC 约为 1.0 ~ 1.6，工业废水的比值决定于工业性质，变化极大。一般认为该比值大于 0.3 可采用生化处理法，小于 0.3 不宜采用生化处理法。

4.1.2.3　生物性质及指标

污水中的有机物是微生物的食料，污水中的微生物以细菌与病菌为主。污水中的寄生虫卵，约有 80% 以上可在沉淀池中沉淀去除，但病原菌、炭疽杆菌与病毒等不易沉淀，在水中存活的时间很长，具有传染性。

污水生物性质的检测指标有大肠菌群数（或称大肠菌群值）、大肠菌群指数、病毒及细菌总数。

1. 大肠菌群数

大肠菌群数作为污水被粪便污染程度的卫生指标，原因有两个：①大肠菌与病原菌都存在于人类肠道系统内，它们的生活习性及在外界环境中的存活时间都基本相同。每人每日排泄的粪便中含有大肠菌约 1×10^{11} ~ 4×10^{11} 个，数量大大多于病原菌，但对人体无害；②大肠菌的数量多且容易培养检验，病原菌的培养检验十分复杂与困难。故此，常采用大肠菌群数作为卫生指标。水中存在大肠菌，就表明受到粪便的污染，并可能存在病原菌。

2. 病毒

污水中已被检出的病毒有 100 多种。检出大肠菌群，可以表明肠道病原菌的存在，但不能表明是否存在病毒及其他病原菌（如炭疽杆菌），因此还需要检验病毒指标。

3. 细菌总数

细菌总数是大肠菌群数、病原菌、病毒及其他细菌数的总和，以每毫升水样中的细菌菌落总数表示。细菌总数越多，表示病原菌与病毒存在的可能性越大。

因此用大肠菌群数、病毒及细菌总数等 3 个卫生指标来评价污水受生物污染的严重程度就比较全面。

4.1.3 污水水质替代参数研究

描述污水水质的参数分为两类：一类仅表示水中一种成分的浓度；另一类表示一组成分的浓度。表示一组成分的浓度也称为水质替代参数。

目前污水处理厂排放标准中的污染控制指标大部分为替代参数。因为替代参数是表示一组成分的浓度，其描述水质并不精确，当然，在一定程度上也不需要将水质描述得特别精确。比如 SS 中含有 BOD、COD、氮磷等，COD 中也包含氨氮等还原性物质。

BOD 也是一种不精确替代参数，是用生物降解过程中氧的需要量作为有机物的当量代表，但其测定方法具有不确定性，主要因为：

（1）测定过程与微生物实际处理污水的环境不同。

（2）BOD_5 与 BOD 无精确数量关系。

（3）BOD 体现的污水中各有机物的总体，不能具体体现各种类有机污染物生化过程差别。

（4）根据 BOD 的化验方法，不同接种方法测得 BOD 数值不同。

用替代参数并不能精确描述水处理过程。但从某种意义上来讲，污水处理过程是各不同种属、不同浓度微生物遵循一定规律下的统计学表现，所以目前表示污水污染程度的指标均为替代参数。随着检测手段的进步，污水的污染指标可进一步分类、进一步精细化，根据各种污染物去除的动力学规律总结出来的活性污泥模型描述的处理过程将更为科学、严密。

4.2 我国污染物排放标准的演变

近 20 年来，随着经济的发展、污染程度的加重、环境容量的减少，我国污水排放标准越来越严格。部分区域在国家排放标准的基础上，某些排放指标从严，颁布了适用于地方实际情况的地方排放标准。

本节回顾了国家排放标准的变化情况，也列出了一小部分地方排放标准，以便从整体上把握这种标准的变化，更好地理解目前污水处理工艺的发展变革。

4.2.1 国家排放标准

从 1994 年开始，我国污水处理厂污染物国家排放标准已经出台了 3 部，部分标准已经废止，部分依然执行。主要有：

《城市污水处理厂污水污泥排放标准》（CJ 3025—1993）1994 年开始执行，2013 年废止。其主要排放指标见表 4–1。

《城市污水处理厂污水污泥排放标准》主要排放指标　　　　表4-1

项目	一级处理（mg/L）	二级处理（mg/L）
COD_{Cr}	250	120
BOD_5	150	30
SS	120	30

其二级排放标准 COD_{Cr} 为120mg/L，BOD_5 为30mg/L，SS 为30mg/L。可简称"双30及120标准"。

《城市污水处理厂污水污泥排放标准》（CJ 3025—1993）只考虑有机污染物的去除，未考虑营养物质的去除，也没有卫生学指标。此标准强调传统活性污泥法处理工艺，是个处理标准，不是严格意义上的排放标准。

《污水综合排放标准》（GB 8978—1996），于1998年执行，暂未废止。《污水综合排放标准》（GB 8978—1996）是对《污水综合排放标准》（GB 8978—1988）的修订。此标准在标准使用范围上明确了综合排放标准与行业排放标准不交叉执行的原则，造纸工业、船舶、船舶工业、海洋石油开发工业、纺织染整工业、肉类加工工业、合成氨工业、钢铁工业、航天推进剂使用、兵器工业、磷肥工业、烧碱、聚氯乙烯工业所排放的污水执行相应的国家行业标准，其他一切排放污水的单位一律执行本标准。

此标准规定，排入《地面水环境质量标准》（GB 3838—1988）Ⅲ类水域（划定的保护区和游泳区除外）和排入《海水水质标准》（GB 3097—1997）中二类海域的污水，执行一级标准；排入《地面水环境质量标准》（GB 3838—1988）Ⅳ、Ⅴ类水域和排入《海水水质标准》（GB 3097—1997）中三类海域的污水，执行二级标准。其主要排放指标见表4-2。

《污水综合排放标准》（GB 8978—1996）主要排放指标　　　　表4-2

项目	一级标准（mg/L）	二级标准（mg/L）	三级标准（mg/L）
COD_{Cr}	60	120	—
BOD_5	20	30	—
NH_3-N	15	25	—
TP	0.5	1.0	—
SS	20	30	—

可以看出，此标准中最严格标准将"双30及120标准"改为"双20及60标准"，增加了氨氮和磷酸盐指标，未考虑总氮及卫生学指标，强调提高活性污泥工艺的处理效果，增加硝化与除磷功能，但不要求反硝化。

在污水处理厂的设计中，这个阶段，与此排放标准对应的"倒置AAO工艺"开始大规模应用。

《城镇污水处理厂污染物排放标准》（GB 18918—2002），于2003年7月1日执行，暂未废止。

此标准规定：本标准自实施之日起，城镇污水处理厂水污染物、大气污染物的排放和污泥的控制一律执行本标准；排入城镇污水处理厂的工业废水和医院污水，应达到现行国家标准《污水综合排放标准》（GB 8978）、相关行业的国家排放标准、地方排放标准的相应规定限制及地方总量控制的要求。其标准分级规定：根据城镇污水处理厂排入地表水域环境功能和保护目标，以及污水处理厂的处理工艺，将基本控制项目的常规污染物标准分为一级标准、二级标准、三级标准。一级标准分为一级A标准和B标准，部分一类污染物和选择控制项目不分级。一级标准的A标准是城镇污水处理厂出水作为回用水的基本要求；当污水处理厂出水引入稀释能力较小的河湖作为城镇景观用水和一般回用水等用途时，执行一级标准的A标准；城镇污水处理厂出水排入现行国家标准《地表水环境质量标准》（GB 3838）地表水Ⅲ类功能水域（划定的饮用水水源保护区和游泳区除外）、现行国家标准《海水水质标准》（GB 3097）海水二类功能水域和湖、库等封闭或半封闭水域时，执行一级标准的B标准；城镇污水处理厂出水排入现行国家标准《地表水环境质量标准》（GB 3838）地表水Ⅳ、Ⅴ类功能水域或现行国家标准《海水水质标准》（GB 3097）海水三、四类功能海域，执行二级标准。主要的一级A、一级B排放标准限值见表4-3。

《城镇污水处理厂污染物排放标准》（GB 18918—2002）主要排放指标　　表4-3

项目	一级A标准	一级B标准
COD_{Cr}（mg/L）	50	60
BOD_5（mg/L）	10	20
SS（mg/L）	10	20
TN（mg/L）	15	20
NH_3-N（mg/L）	5（8）	8（15）
TP（mg/L）	1	1.5
	0.5	1.0
色度（稀释倍数）	30	30
粪大肠菌群数（个/L）	1000	10000

可以看出，此标准中最严格的一级A排放标准，由"双20及60标准"提高到"双10及50"，增加了总氮指标和卫生学指标，强调了有机污染物、营养物和病原微生物的全面去除。此标准颁布执行后，在2007、2008年左右，国内大部分二级排放标准的污

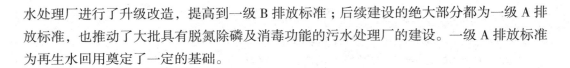

水处理厂进行了升级改造，提高到一级 B 排放标准；后续建设的绝大部分都为一级 A 排放标准，也推动了大批具有脱氮除磷及消毒功能的污水处理厂的建设。一级 A 排放标准为再生水回用奠定了一定的基础。

4.2.2　地方排放标准

《城镇污水处理厂污染物排放标准》（GB 18918—2002）为最基本的排放标准，在其基础之上，部分地方根据自身的环境质量、经济发展情况，制定了地方的排放标准：如天津市《城镇污水处理厂污染物排放标准》（DB 12/599—2015）、北京市《城镇污水处理厂水污染物排放标准》（DB 11/890—2012）、《厦门市水污染物排放标准》（DB 35/322—2018）、《鄱阳湖生态经济区水污染排放标准》（DB 36/852—2015）、《省辖海河流域水污染物排放标准》（DB 41/777—2013）、《惠济河流域水污染物排放标准》（DB 41/918—2014）、《四川省岷江、沱江流域水污染物排放标准》（DB 51/2311—2016）、《太湖地区城镇污水处理厂及重点工业行业主要污染物排放标准限值》（DB 32/1072—2017）（江苏省环保厅）等等。

4.2.3　污水处理厂排放标准发展趋势

污水处理主要污染物控制指标是与我们对水污染的认识、环境容量大小、经济发展水平相关的。

现阶段除有地方排放标准的地区实行地方排放标准外，大部分城市执行《城镇污水处理厂污染物排放标准》（GB 18918—2002）的规定，其根据污染物的来源及性质，将污染物控制项目分为基本控制项目（19 项）和选择控制项目（43 项）两类。基本控制项目主要包括影响水环境和城镇污水处理厂一般处理工艺可以去除的常规污染物（12 项），以及部分一类污染物（7 项）。其中，基本控制项目必须执行；选择控制项目由环境保护行政主管部门根据污水处理厂接纳的工业污染物的类别和水环境质量要求选择控制。

在《城镇污水处理厂污染物排放标准》（GB 18918—2002）的基础之上，部分地方执行地方排放标准。地方标准污染物指标的种类及排放限值均严于国家标准；水质监测分析方法进一步完善，比如化学需氧量 COD 的测定由《水质—化学需氧量的测定—重铬酸盐法》（GB 11914—89）更改为《水质—化学需氧量的测定—快速消解分光光度法》（HJ/T 399—2007）、《高氯废水—化学需氧量的测定—氯气校正法》（HJ/T 70—2001），进一步降低了测定下限，提高了测定精确度。

2015 ~ 2018 年，国家相继发布了《水污染防治行动计划》、《城市黑臭水体整治工作指南》等文件，如图 4-1 所示。

随着这些文件的出台，部分地方排放标准有进一步从严的趋势，甚至有的城镇污水处理厂将处理出水标准确定为《地表水环境质量标准》（GB 3838—2002）中的类Ⅳ、类Ⅲ类标准。这几类标准的主要对比如表 4-4 所示。

图4-1 2015～2018年国家颁布的水环境污染防治工作文件

部分排放标准与《地表水环境质量标准》（GB 3838—2002）对比　　表4-4

项目	《城镇污水处理厂污染物排放标准》GB18918—2002 一级A 标准	《贾鲁河流域水污染物排放标准》（DB 41/908—2014）	天津市A 标	北京市B 标	北京市A 标	地表Ⅳ类	地表Ⅲ类
COD$_{Cr}$（mg/L）	50	40	30	30	20	30	20
BOD$_5$（mg/L）	10	10	6	6	4	6	4
SS（mg/L）	10	10	5	5	5	—	—
NH$_3$-N（mg/L）	5（8）	3	1.5（3）	1.5（2.5）	1（1.5）	1.5	1
TN（mg/L）	15	15	10	15	10	1.5	1
TP（mg/L）	0.5	0.5	0.3	0.3	0.2	0.3（湖库0.15）	0.2（湖库0.05）
粪大肠菌群数（个/L）	1000	1000	1000	1000	500	20000	10000
色度（稀释倍数）	30	30	15	15	10	—	—
阴离子表面活性剂（mg/L）	0.5	0.1	0.3	0.3	0.2	0.3	0.2
石油类（mg/L）	1	1	0.5	0.5	0.05	0.5	0.05
动植物油（mg/L）	1	1	1	0.5	0.1		

　　通过所列几个标准的对比，可以看出地方排放标准的限值有所降低，但也主要体现在COD、SS、氨氮、TP等指标上，总氮排放限值并没有明显的下降，因为目前阶段，城镇污水处理中采用硝化反硝化的技术路线去除硝酸盐氮经济代价较高。但总的来说，目前地方排放标准逐渐向《地表水环境质量标准》（GB 3838—2002）中的地表Ⅳ类、地表Ⅲ类标准靠拢，也就是说由单纯重视污染物、营养物、病原微生物指标，过渡到同样重视感官性指标上来，人民群众对污水排放的直观感受将作为更重要的考核点。

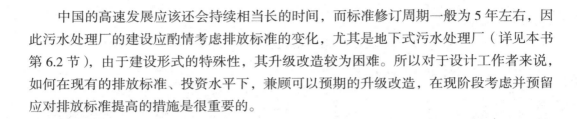

中国的高速发展应该还会持续相当长的时间，而标准修订周期一般为 5 年左右，因此污水处理厂的建设应酌情考虑排放标准的变化，尤其是地下式污水处理厂（详见本书第 6.2 节），由于建设形式的特殊性，其升级改造较为困难。所以对于设计工作者来说，如何在现有的排放标准、投资水平下，兼顾可以预期的升级改造，在现阶段考虑并预留应对排放标准提高的措施是很重要的。

4.3 微生物的基本知识

无论是活性污泥工艺还是生物膜工艺，微生物都是生物处理段的主角。

作为污水处理行业的从业者，要适当了解一些微生物的基本知识，以便在设计及运行过程中，能够尽量创造适合微生物生长繁殖的环境，最大限度地提高污染物的去除能力。

4.3.1 微生物分类

以活性污泥为例，微生物按生理特性可分为 4 类：

（1）在好氧条件下，利用含碳有机物进行生长繁殖的异养微生物。包括细菌、原生动物和后生动物。

（2）在好氧条件下，将氨氮氧化为亚硝酸盐，将亚硝酸盐氧化为硝酸盐的自养菌。包括氨氧化菌、亚硝酸氧化菌，这些细菌统称为硝化菌。

（3）在缺氧条件下，进行硝酸性呼吸或亚硝酸性呼吸的兼性厌氧菌，属异养菌，称为脱氮菌。

（4）在厌氧和好氧交替条件下，积聚大量聚磷酸的细菌，属异养菌，称聚磷菌。

4.3.2 常见的镜检图片

活性污泥中的任何一种工艺，其处理污水的根本原理基本相同：利用活性污泥中微生物的新陈代谢作用降解污水中的各种污染物质。污水中的各种污染因子被微生物降解利用后，形成新的微生物个体，并以剩余污泥的形式排出系统。

污水处理中最常见的有草履虫、漫游虫、累枝虫、楯纤虫、钟虫、吸管虫、变形虫、太阳虫等原生动物，轮虫、线虫等后生动物以及丝状菌等一些常见细菌类。这些微生物中的绝大部分都可通过常用光学显微镜观察，通过这些微生物的形态、数量、种群、活跃性的变换作为活性污泥运行状况的指示信号。当溶解氧、污泥负荷等重要工艺参数控制发生偏差，或者是受到来水冲击、重金属中毒等，微生物最先有不良反应，其次菌胶团的颜色、密实性、闭合开放性开始发生变化，最后出水水质可能恶化。

经常做镜检微生物观察可以提前发现一些不正常现象，以便运行时及时采取有效措施，保证工艺稳定、出水达标。例如，当镜检发现丝状菌突然变长、变粗、变多，

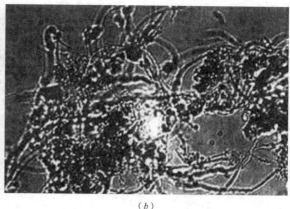

图 4-2　菌胶团典型图

（a）正常菌胶团；（b）污泥膨胀时的菌胶团

应立即采取措施，以防丝状菌膨胀发生；当发现大量钟虫由开口变为不开口，并且大部分变得不活跃时，有可能是溶解氧过低已不利于钟虫生存；当经常能发现线虫时，有可能是生物池存在死角过多，生物池出水口溶解氧控制偏低等等。菌胶团典型图见图 4-2。

4.3.3　菌胶团和丝状菌

菌胶团有四种形态：球形、不规则形、开放型、封闭型。在一个封闭的菌胶团中几乎没有开放的空间；相反，在一个开放的菌胶团中，菌胶团的一部分通过一个空间清晰地与另一部分分离。

在紧密度较强的菌胶团中，细菌细胞的结合度强，菌胶团与液体间有明显的界限，形成尺寸较大的、结实的颗粒状体，在显微镜下观察时由于污泥粒径大、透光率低，所以呈现出黑暗图像。菌胶团形状及大小从一定程度上也反映了菌胶团细菌种类的丰富，种类丰富的菌胶团在水质发生变化时具有更高的抗冲击力；菌胶团的颜色能够反映运行时进水及曝气条件：菌胶团颜色发黑，可能是生物池 DO 值不足，菌胶团颜色转淡发白，则可能是生物池 DO 过高或进水污染物浓度过低、负荷过低，污泥中微生物因缺乏营养而自身氧化。

污泥中丝状菌数量越多，其沉降性能越差，与丝状菌比表面积大这一物理性质有关。此外，丝状菌的形态对沉降已有一定的影响，长而直的丝状菌对污泥沉降压缩的阻力更大，污泥更难于沉降。

4.3.4　生物项的指示作用

生物是由低等向高等演化的。低等生物对环境适应能力强，对环境因素的改变不甚敏感。在活性污泥的培养过程中，遵循细菌—植物型鞭毛虫—肉足类（变形虫）—动物型鞭毛虫—游泳型纤毛虫、吸管虫—固着型纤毛虫—轮虫的出现次序。原生动物及微型后生动物的指示作用主要有以下几个方面：

（1）可根据上述原生动物和微型后生动物的演变规律判断水质和污水处理程度，还可判断活性污泥培养成熟程度。

（2）根据原生动物种类判定活性污泥和处理水质的好坏。如固着型纤毛虫的种虫属、累枝虫属、盖纤虫属、楯纤虫属、漫游虫属、吸管虫属、轮虫虫属等出现，说明活性污泥正常，出水水质好；当豆形虫属、草履虫属、眼虫属等出现，说明活性污泥结构松散，出水水质差；出现线虫说明缺氧。

（3）根据原生动物遇恶劣环境改变个体形态及其变化过程判断进水水质变化和运行中出现的问题。以钟虫为例，当溶解氧不足或其他环境条件恶化时，钟虫则由正常虫体向胞囊演变，其尾柄先脱落，随后虫体后端长出次生纤毛环呈游泳生活状态（通常叫游泳钟虫），或虫体变形，生殖成长圆柱形，前端闭锁，纤毛环缩到体内，依靠次生纤毛环向着相反方向游泳；如果废水水质不加以改善，虫体将越变越长，最后变成胞囊，甚至死亡；如果废水水质加以改善，虫体可恢复原状，恢复活性。

第5章 水量水质的论证

污水处理工程可行性研究报告编制中，一项重要的内容就是论证规模、水质。条理清晰地论述规模、水质的确定依据是高质量可行性研究报告的基础。

论述水量水质首要工作就是前期调研。作为一名合格的报告编制人员，在开展咨询工作之前，应知道所需信息的类别、数量规模，以及采集、取得信息的渠道。对于取得的信息，应知道数据整理、加工、处理的基本方法、手段、工具。

本章主要内容就是指导污水处理厂工程可行性研究报告编制负责人如何收集、分析所需要的数据并给出具体的规模、水质分析的实际工程案例以供参考。

5.1 前期调研

污水处理厂工程项目所采用的技术手段大都较为成熟，拟建工程一般都可参考借鉴同类工程的经验。现状同类工程的经验能多大程度上给予拟建项目相应的指导，取决于项目负责人的知识储备、工程经验积累、前期调研的范围及细致程度。

本节从现阶段污水处理厂工程的类别出发，介绍了不同类别项目资料搜集的内容和分析的方法。

5.1.1 资料搜集

对于污水处理厂咨询设计类工作，在开始具体工作之前，首要任务是要分清污水处理厂的建设类别：新建、改扩建。建设类别不同，需要搜集的资料不同。搜集资料主要采用实地调查法、报刊调查法等。

5.1.1.1 新建工程需要搜集的资料

1. 工艺专业资料

（1）工程所在城市的总体规划、给水排水专项规划、气象资料等。

具体包括：规划年限、地理区位、城市性质、功能分区、人口、社会经济发展总体情况、水文地质、气象资料、基础设施建设情况。

气象资料包括气温、降雨量、蒸发量资料、土壤冰冻资料和风向玫瑰图等；基础设施情况包括现状城镇内给水厂及附属设施、现状污水处理厂及附属设施，给水工程专项规划、排水工程专项规划等。

（2）工程收水范围内近几年的自来水供应水量，是否有自备井、自备井的开采量等。给水量是污水量的基础，尽量调研清楚污水处理厂收水范围内的供水情况是十分重要的。

（3）工程收水范围内的收水面积、泵站规模、工业企业类别等情况。主要包括：企业类型、用水量、排污水量、水质、预处理的情况，以及现状工业污水和生活污水的比例，水质监测资料包括 BOD、COD、SS、NH_3-N、TN、TP 以及其他指标。

（4）工程收水范围内的管网情况。主要包括：收水范围内的污水收集管网系统完善程度，现状管网覆盖率及规划，污水收集系统分区以及相互的关系，进入污水处理厂的污水干管的方位、管径、标高等详细资料。

（5）收水范围及选址的地形图（有无备选厂址）：城镇 1∶5000 地形图，污水处理厂厂址 1∶1000 地形图。

（6）有无污水地方排放标准，污泥处理处置的基本要求；污水、污泥排放出路。尾水排放的出路决定了污水处理标准、厂区高程布置。对于排放出路的资料，主要搜集河流功能、过流断面、过水量（常水量、枯水量、丰水量）、水位资料（常水位、枯水位、20 年一遇洪水位、50 年一遇洪水位）、水体功能区划、现状水质监测资料、防洪等级等。

（7）本区域或者邻近区域是否有现状污水处理厂。新建污水处理厂可以借鉴参考现状污水处理厂的成功经验，也可以避免其失败的教训。在区域或者周边有现状污水处理厂，一定要调研其收水范围、规模、进出水水质、所采用的工艺、主要设备使用情况等，以便为新建污水处理厂提供借鉴。

（8）可用地面积、场地限高。调研清楚用地面积有无限制要求，是否邻近机场等有场地的限高要求，另外还需要调研清楚宿舍等配套设施，建设单位有无其他特殊要求等。

2. 其他专业资料

（1）污水处理厂地质情况（地勘察资料），地震设防等级资料。

（2）污水处理厂周围地区水暖电等设施的配套情况，包括交通情况、给水水源、雨水出路、电源情况、供暖方式。

（3）拟建厂址处拆迁征地、移民等情况。

（4）拟建厂址用地的水土保持评估和矿产压覆评估等信息。

（5）拟建厂址周边现有房屋建筑情况。

（6）当地最新的材料价格信息。

（7）当地工人工资及福利费标准。

（8）是否计取供水增容费、高可靠用电保证金等费用。

（9）水、电、煤气的价格。

（10）现行排污收费情况。

（11）资金筹措方式，贷款比例、利率等。

（12）设备采购来源的相关要求等等。

5.1.1.2　改扩建工程需要搜集的资料

改扩建工程搜集的基础资料除上述内容外，需着重调研已建工程的运行情况主要包括现状所采用的工艺流程、实际进水量、实际进出水水质运行数据及所采用的设备形式、品牌及运行维护情况。

在此基础上，重点分析改扩建工程收水范围与现状工程收水范围的关系，是否含有不同类别工业企业的废水，重点分析现状工程的工艺及其实际运行效果，在改建工程中有针对性地提出应对措施。

5.1.2 资料分析

资料分析的过程就是咨询人员消化搜集资料、逐步形成咨询结果的过程。

主要采用对比分析法、综合评价法、经济数学方法等进行咨询。规模确定、水质确定、处理厂形式选择、工艺比选、总图布置等过程均需采用上述分析方法进行分析。

5.2　规模确定

规模确定是污水处理厂的基础。主要依据城市总体规划、给水排水专项规划、现状供排水情况，对将来进行合理预测以确定规模。

给水量预测可以根据《室外给水设计标准》（GB 50013—2018）第4章及《城市给水工程规划规范》（GB 50282—2016）中所列的城市综合用水量指标法、综合生活用水比例相关法、不同类别用地用水量指标法等进行预测。

污水来源于给水，在给水量预测基础上，根据供水情况、产污率、截污率进行污水量预测。预测时不可拘泥于总体规划、给水排水专项规划等资料，应通过各种公开途径搜寻基础数据进行分析论证。

本节给出几个给水、污水水量预测的实例供参考。

5.2.1 给水量预测实例

5.2.1.1 预测依据及方法

需水量预测的主要依据为《××市城市总体规划》和相关标准、规范中规定的中等城市城镇居民综合用水量标准，同时考虑城市供水现状及发展规模。预测的近期为2015年，远期为2020年。

由于原始数据的完整性和准确性较差，本可研以2007年底统计数据和正在修编总体规划指标为基础，经过插值计算并做适当修正，对《××市城市总体规划》的人口和建设用地指标进行了调整，以《城市给水工程规划规范》（GB 50282—1998）中的"城市单位人口综合用水量指标"和"城市单位建设用地综合用水量指标"对××市城区的需水量进行预测，并且以《室外给水设计规范》（GB 50013—2006）关于设计供水量的确定方法进行复核。

××市城区的人口和用地规模如表5-1所示。

××市城区的人口和用地规模   表5-1

项目 \ 年限	2007 年	2015 年	2020 年
人口（万人）	18	22	25
建设用地（km²）	19	21.89	25.78

5.2.1.2 需水量预测指标及结果

2015 年，城市单位人口综合用水量指标采用 0.35 万 m³/（万人·d），城市单位建设用地综合用水量指标采用 0.40 万 m³/（km²·d），需水量预测结果分别为 7.7 万 m³/d 和 8.8 万 m³/d。

2020 年，城市单位人口综合用水量指标采用 0.40 万 m³/（万人·d），城市单位建设用地综合用水量指标采用 0.45 万 m³/（km²·d），需水量预测结果分别为 10.0 万 m³/d 和 11.6 万 m³/d。

上述两种预测结果平均后的 ×× 市城区近、远期的最高日需水量分别为：

2015 年，8.3 万 m³/d；

2020 年，10.8 万 m³/d。

5.2.1.3 预测结果复核

依据《室外给水设计规范》（GB 50013—2006）和 ×× 市自来水公司提供的数据，以设计供水量的各项组成对预测水量进行复核，如表5-2所示。

需水量复核   表5-2
单位：万 m³/d

项目 \ 年限	现状 2007 年	近期预测 2015 年	远期预测 2020 年	备 注
1 综合生活水量	2.52	3.96	5.50	包括居民生活用水和公共建筑用水，指标分别取 140L/（人·d）、180L/（人·d）和 220L/（人·d）
2 工业用水量	2.02	2.77	3.30	现状年占综合生活水量的 80%，2015 年占 70%，2020 年占 60%
3 浇洒道路绿化	0.40	0.46	0.53	考虑辽东地区降雨量，指标小于规范指标
4 管网漏损水量	0.99	0.86	0.93	现状年为上述水量之和的 20%，2015 年为 12%，2020 年为 10%
5 未预见水量	0.59	0.81	1.03	为上述水量之和的 10%
6 消防用水量	0.06	0.08	0.08	为《建筑设计防火规范》（GB 50016—2006）规定指标
最高日用水量	6.52	8.86	11.29	1～5 项最高水量之和
自备水源供水量	3.52	1.00	—	自备水源井将逐年关停
自来水公司供水量	3.00	7.94	11.37	自来水公司现状供水能力为 3 万 m³/d

注：1. 工业用水量预测值按万元产值耗水量测算，用 50% 循环使用率进行校核。
　　2. 工业用水量中不包括热电厂、酿酒厂、造纸厂、丝绸厂等用水大户的生产用自备井水量。

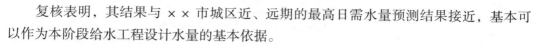

复核表明，其结果与××市城区近、远期的最高日需水量预测结果接近，基本可以作为本阶段给水工程设计水量的基本依据。

5.2.1.4　预测水量采用

按适当留有余地的原则，本可研采用的××市城区现状水平年需水量为 7 万 m^3/d，设计水平年（2015 年）需水量为 9 万 m^3/d，规划水平年（2020 年）需水量为 12 万 m^3/d。

经过与《××市城市总体规划》及给水专项规划的比较，2015 年和 2020 年的预测需水量均比规划需水量高出 3 万 m^3/d，主要原因，一是人均生活综合用水指标根据实际情况做了提高；二是近年来自备井的水质污染加剧，关停进度需要加快。

5.2.2　新建工程污水量预测实例

5.2.2.1　预测基础数据

根据《××市域总体规划（2007～2020 年）》，××市中心城区（含更楼、新安江、洋溪三个街道）规划近期（2010 年）人口规模为 16.4 万，城镇建设用地规模为 20.5km^2，人均 125m^2；远期（2020 年）人口规模为 22 万，城镇建设用地规模为 24.6km^2，人均 112m^2。

根据市域总体规划中确定的各时期人口和建设用地规模按照差值法确定中心城区 2015 年和 2020 年的人口和建设用地面积，如表 5-3 所示。

人口和用地规模一览　　　　　　　　　　　　　　　　表5-3

工程分期	2006 年	2015 年	2020 年
规划人口（万人）	13.2	19.2	22
城镇建设用地规模（km^2）	13.8	22.55	24.6
人均用地面积（m^2/人）	105	117	112

5.2.2.2　预测方法

污水量的测算通常采用先测算需水量，然后按一定比例折算为污水量的方式进行预测。

需水量的预测有多种计算方法，根据规范的要求并结合××市实际，本工程采用人口综合用水量法、生活用水量比例相关法、单位建设用地面积指标法和用水量递增法四种方法进行测算。

5.2.2.3　指标的选择

1. 现状指标分析

根据现状相关用水量资料，可以分析现状（2006 年）平均日用水量指标如下：

（1）单位人口综合用水量指标［（年供水量 + 自备水取水量 - 自行处理排放水量）÷ 2006 年人口］：0.29 万 m^3/（万人·d）；

（2）单位建设用地综合用水量指标［（年供水量 + 自备水取水量 - 自行处理排放水量）÷

2006 年建设用地面积〕：0.27 万 m³/（km²·d）；

（3）人均综合生活用水量指标〔（生活用水量＋公建用水量）÷2006 年人口〕：116L/（人·d）；

（4）生活及公建用水量与工业用水比例〔（生活用水量＋公建用水量）：（工业用水量＋自备水取水量－自行处理排放水量）〕：4.5：5.5；

（5）市政用水和漏失水量占总用水量比例〔（供水量－售水量＋其他用水量）/供水量〕：12.3%；

（6）2002 ～ 2008 年年平均用水量增长率：6.15%。

2. 预测指标的选用

根据以上统计的现状用水指标数据，对照本省其他城市的指标数据，可以得出以下结论：

（1）随着城市化水平的提升和居民生活水平的提高，人均用水量指标将有一定幅度的增长；

（2）随着居民用水量的增长和节能减排的推进，工业用水量占总用水量的比例将有一定幅度的下降；

（3）随着管材质量的提高和管理、维护工作质量的提升，管网漏失水量所占的比例将有所降低；

（4）随着××市的发展，用水量年增长率将在经历一段时间的快速增长后有所降低。

根据以上分析，结合规范要求和现状用水量指标，确定××市一、二期用水量指标值，如表 5-4 所示。

用水指标汇总　　　　　　　　　　表5-4

工程分期	2006 年	2015 年	2020 年
单位人口综合用水量指标〔万 m³/（万人·d）〕	0.29	0.4	0.55
单位建设用地综合用水量指标〔万 m³/（km²·d）〕	0.27	0.35	0.5
人均综合生活用水量指标〔L/（人·d）〕	116	160	200
生活及公建用水：工业用水	4.5：5.5	5：5	5：5
市政用水及漏失水量占总用水量比例（%）	12.3	10	10
未预见用水量占总用水量比例（%）	—	15	15
产污率（%）	—	80	80
截污率（%）	—	70	90
年用水量递增率（%）	6.15	10	8
地下水渗入比例（%）	—	10	10

注：1. 表中所有用水量指标均指平均日用水量指标；
　　2. 工业企业自行处理排放的工业废水量不计入用水量指标；
　　3. 根据规划，中心城区居住＋公建用地与工业用地的比例约为 62：38，取单位工业用地用水量为居住和公建用地的 1.5 倍，则预测 2015 年和 2020 年生活及公建用水量与工业用水的比例为 5：5。

5.2.2.4 污水量测算

1. 人口综合用水量法

人口综合用水量法计算结果如表 5-5 所示。

表5-5

人口综合用水量法计算结果

规划分期	近期（2015 年）	远期（2020 年）
规划人口规模（万人）	19.2	22
单位人口综合用水量［万 m^3/（万人·d）］	0.4	0.55
平均日用水量（万 m^3/d）	7.68	12.1
产污率（%）	80	80
平均日用水量（万 m^3/d）	6.14	9.68
截污率（%）	70	90
收集污水量（万 m^3/d）	4.30	8.71
地下水渗入比例（%）	10	10
总污水量（万 m^3/d）	4.73	9.58

2. 单位建设用地面积指标法

单位建设用地面积指标法计算结果如表 5-6 所示。

表5-6

单位建设用地面积指标法计算结果

规划分期	近期（2015 年）	远期（2020 年）
规划建设用地规模（km^2）	22.55	24.60
单位建设用地综合用水量［万 m^3/（km^2·d）］	0.35	0.5
平均日用水量（万 m^3/d）	7.89	12.30
产污率（%）	80	80
平均日污水量（万 m^3/d）	6.31	9.84
截污率（%）	70	90
收集污水量（万 m^3/d）	4.42	8.86
地下水渗入比例（%）	10	10
总污水量（万 m^3/d）	4.86	9.74

3. 生活用水量比例相关法

生活用水量比例相关法计算结果如表 5-7 所示。

生活用水量比例相关法计算结果　　　　　　　　　　　　表5-7

规划分期	近期（2015年）	远期（2020年）
规划人口规模（万人）	19.2	22.0
综合生活用水量指标［L/（人·d）］	160	200
综合生活用水量（万 m^3/d）	3.072	4.40
生活用水量：工业用水量	5：5	5：5
工业用水量（万 m^3/d）	3.072	4.40
市政、浇洒用水量（万 m^3/d）	0.61	0.88
未预见用水量（万 m^3/d）	1.01	1.45
平均日用水量（万 m^3/d）	7.77	11.132
产污率（%）	80	80
平均日污水量（万 m^3/d）	6.22	8.91
截污率（%）	70	90
收集污水量（万 m^3/d）	4.35	8.02
地下水渗入比例（%）	10	10
总污水量（万 m^3/d）	4.79	8.82

4. 用水量递增法

用水量递增法计算结果如表5-8所示。

用水量递增法计算结果　　　　　　　　　　　　表5-8

规划分期	近期（2015年）	远期（2020年）
基准年用水量（万 m^3）	1473（2008年）	2524（2015年）
用水量年增长率（%）	10	8
预测年用水量（万 m^3）	2870	4218
平均日用水量（万 m^3/d）	7.86	11.56
产污率（%）	80	80
平均日污水量（万 m^3/d）	6.29	9.24
截污率（%）	70	90
收集污水量（万 m^3/d）	4.40	8.32
地下水渗入比例（%）	10%	10%
总污水量（万 m^3/d）	4.84	9.15

5. 计算结果汇总

四种方法的计算结果汇总于表5-9中。

污水量计算结果汇总   表5-9

工程分期	2015 年	2020 年
人口综合用水量法（万 m³/d）	4.73	9.58
单位建设用地面积指标法（万 m³/d）	4.86	9.74
生活用水量比例相关法（万 m³/d）	4.79	8.82
用水量递增法（万 m³/d）	4.84	9.15

根据污水量预测结果并结合 ×× 市实际，确定 ×× 中心城区污水工程规模为：

近期（2015 年）：4.9 万 m³/d；

远期（2020 年）：10.0 万 m³/d。

5.2.3 扩建工程污水量预测实例一

5.2.3.1 按照相关规划、规范预测污水量

城市污水量包括城市生活污水量、部分工业废水量和地下水渗入量及部分雨水排入量，其与城市用水量密切相关，通常根据城市用水量预测结果乘以综合折减系数进行估算。

本次污水量预测采用两种方法进行预测，具体如下：

1. 人口综合用水量法及生活用水比例相关法

根据《室外给水设计规范》（GB 50013—2006），郑州属二区特大城市，其平均日综合生活用水定额为 150 ~ 240L/（人·d）。

2007 年 3 月，河南省环境保护科学研究院对龙子湖区内省中医学院及省民航学院污水泵站进行水质水量检测，日检测水量分别为 1400m³ 和 1550m³。目前省中医学院学生、教职员工及家属约 8500 人，省民航学院学生、教职员工及家属约 10000 人，则省中医学院人均污水量约 162L/d，省民航学院人均污水量约 155L/d，两所学校人均污水量约 158L/d，折合用水标准为 186L/d。

综合考虑郑州建设"三化两型"城市的要求，老城区综合生活用水量标准（平均日）取 240L/（人·d），外围片区综合生活用水量标准（平均日）取 210L/（人·d），与《郑州市给水工程专项规划》中提出的郑州市 2020 年最高日综合生活用水量指标 250L/（人·d）基本一致；工业用水根据不同区域用地性质、数量的不同，按总用水量的 20% ~ 50% 计，城市近郊乡镇污水量依据其已完成总规、控规等相关规划成果确定。

依据郑州市自来水公司统计数据，郑州市工业用水量比例约 17%。调查马头岗服务范围内现状工业企业主要有郑州鑫港混凝土有限公司、郑州市鑫海混凝土有限公司、郑州三全食品股份有限公司、郑州韦可特实业有限公司、河南宏图商品混凝土有限公司、郑州市嘉亿混凝土有限公司、河南全惠食品有限公司、郑州市惠济区中州五金厂、郑州市惠济区长勇食品厂、郑州市金水区宏欣肉食品加工厂、河南金峰混凝土工程有限责任

公司、河南奥克啤酒实业有限公司、郑州市热力总公司枣庄供热分公司、恒天重工股份有限公司、郑州海莱混凝土有限公司、河南建业热力供应有限公司、杜邦郑州蛋白有限责任公司、河南花花牛乳业有限公司、郑州思念食品有限公司等。现状工业用水不足10%。另外根据毛庄镇、花园口镇、柳林镇总规、控规等相关规划成果，该区域规划新增自来水、污水量如下：

（1）惠济区花园口镇片区规划可增加的自来水、污水量

根据《郑州市惠济区花园口镇总体规划（2009—2020年）》，花园口镇区近期建设规划年限为2009—2013年，规划期末人口规模为5.78万人左右，建设用地面积为6.3988km²，人均建设用地110.6m²。规划居民生活用水量标准为240L/（人·d），该区规划工业用水量以总水量的15%计，最高日平均时用水量：2013年底3.21万 m³/d，2020年底4.43万 m³/d。污水量2013年底为2.57万 m³/d，2020年底为3.54万 m³/d；根据插值法，2015年底污水量为2.85万 m³/d。

（2）惠济区毛庄镇片区规划可增加的自来水、污水量

根据《郑州市惠济区毛庄镇镇区控制性详细规划（2004—2020年）》，规划镇区建设用地405.13ha，镇区居住人口3.62万人，人均建设用地111.9m²。该区规划最高日平均时用水量：2020年底1.43万 m³/d，工业用水量为0.74万 m³/d。规划2020年底区内污水总量为1.2万 m³/d，按照污水年递增系数5.49%计算，估算2013年底污水总量为0.83万 m³/d，2015年底污水量为0.92万 m³/d。

（3）金水区柳林镇规划可增加的自来水、污水量

根据《郑州市金水区柳林镇（产业园区）总体规划》，柳林镇区近期建设规划年限为2008—2012年，产业园区规划范围：西至中州大道、南至连霍高速公路、北、东侧至镇界，总面积为19km²。预计产业园区2012年人口规模为2.9万人左右，2020年人口规模为4.3万人左右。规划生活污水量按总生活用水量的80%计，规划2020年生活污水量为0.8万 m³/d；规划工业污水量按总工业污水量的80%计，工业污水量为1.98万 m³/d。预计2020年底总污水量为2.78万 m³/d，按照规划统计数据污水年递增系数5.49%计算，估算2013年底总污水量为1.91万 m³/d，2015年底污水量为2.12万 m³/d。

（4）马头岗服务范围内的雨污合流管道

位于马头岗服务范围内的雨污合流管道服务面积合计约5.35km²，雨污合流的管道如表5-10所示。

雨污合流管道　　　　　　　　　　　　　　　　　　　　　　　表5-10

服务范围	末端管径（mm）	管道长度（m）	服务面积（km²）
北仓街片区	300	582	0.14
东四街	300	185	0.10
海滩街	300	493	0.24

续表

服务范围	末端管径（mm）	管道长度（m）	服务面积（km²）
劳卫路	500	200	0.13
群英路	400～500	620	0.64
魏河截污	300～900	7210	5.1

鉴于以上情况，马头岗服务范围内工业用水量比例随着城市发展逐渐增加，雨污合流管道服务面积将随城市化进程的加快逐渐减少，仍按照《郑州市排水工程规划（2009—2020年）》预测污水量。

具体讲，老城区：人均综合生活用水量标准（平均日）取240L/（人·d）；远期工业用水量按照总用水量的20%考虑；郑东新区、惠济片区：人均综合生活用水量标准（平均日）取210L/（人·d）；远期工业用水量按照总用水量的30%考虑；北部片区：人均综合生活用水量标准（平均日）取210L/（人·d）；远期工业用水量按照总用水量的20%考虑；管网漏损及未预见水量按20%计；污水量按总用水量的85%计；地下水入渗量按10%计；马头岗污水处理厂收水范围内污水量预测如表5-11所示。

$$生活用水量 = 综合生活用水定额 \times 人口数 \tag{5-1}$$

$$工业用水量 = 生活用水量 \times (1/4 \sim 3/7) \tag{5-2}$$

$$管网漏损及未预见水量 = (生活用水量 + 工业用水量) \times 20\% \tag{5-3}$$

$$总用水量 = 生活用水量 + 工业用水量 + 管网漏损及未预见水量 \tag{5-4}$$

$$污水量 = 总用水量 \times 85\% \tag{5-5}$$

$$地下水渗入量 = 污水量 \times 10\% \tag{5-6}$$

$$污水总量 = 污水量 + 地下水渗入量 \tag{5-7}$$

污水量预测（预测方法一）　　　　　　　　　　　表5-11

	区域	人口	污水量
		（万人）	（万 m³/d）
马头岗污水处理厂	老城区	69.6	22.5
	北部片区	43.7	12.4
	惠济片区	41.4	12.7
	郑东新区	16.3	5
	毛庄镇	3.62*	1.2*
	花园口镇	5.78*	3.54*
	柳林镇	4.3*	2.78*
合计		184.8*	60.12*

注：* 城市近郊乡镇污水量依据其已完成毛庄镇、花园口镇、柳林镇总规、控规等相关规划成果确定，已进行修改。

2. 单位建设用地面积指标法

以五龙口污水处理厂及张花庄、沙花干沟两个污水泵站为例，对现状单位面积污水量指标进行测算。

（1）五龙口污水处理厂现状服务区域为西三环以东，五龙口南路以南，淮河路以北、桐柏路以西区域，现状服务面积约 14km²，城市单位建设用地综合排水量指标约为 0.68 万 m³/（km²·d）。

（2）张花庄泵站现状服务区域为京广铁路以东，农业路以南，金水路以北，中州大道以西区域，汇水面积约 17km²，日平均 11.77 万 m³/d，单位建设用地综合排水量指标约为 0.69 万 m³/（km²·d）。

（3）沙花干沟泵站现状服务区域为京广铁路以东，北三环以南，农业路以北，中州大道以西区域，汇水面积约 23km²，日平均 11.93 万 m³/d，单位建设用地综合排水量指标约为 0.52 万 m³/（km²·d）。

以上三个区域均为郑州市三环以内建成区，配套较为完善，可开发及改造地块较少，较能反映郑州市单位建设用地污水排放情况。但以上区域内仍存在部分城中村或空闲地块，随城市建设的发展，一旦开发必将带来污水排放量的增加，所以选取综合排水量指标时考虑了 5% 的余量。即：

本次污水量预测郑州市三环以内单位建设用地综合排水量指标约为 0.70 万 m³/（km²·d），外围片区在 0.35 ~ 0.4 万 m³/（km²·d），城市近郊乡镇污水量依据其已完成总规、控规等相关规划成果确定，详见表 5-12。

污水量预测（预测方法二）

表 5-12

		服务区域面积（km²）	指标 [万 m³/（km²·d）]	污水量（万 m³/d）
马头岗污水处理厂	老城区	40	0.66	26.4
	北部片区	28	0.4	11.2
	惠济片区	37	0.35	12.95
	郑东新区	19	0.35	6.65
	毛庄镇	4.05	—	1.2*
	花园口镇	6.4	—	3.54*
	柳林镇	19	—	2.78*
	合计	153.45	—	64.72

注：* 城市近郊乡镇污水量依据其已完成毛庄镇、花园口镇、柳林镇总规、控规等相关规划成果确定，已进行修改。

3. 预测结果

上述两种预测方法结果相近，平均值为 62.42 万 m³/d。

根据上述预测均值，2020 年底服务范围内污水总量约 62.42 万 m³/d。考虑管网收集率及本服务范围内已建成 30 万 m³/d 处理厂一座，确定马头岗污水处理厂二期工程规模 30 万 m³/d。

5.2.3.2 按现状用水量及服务人口预测污水量

依据《郑州市排水工程规划（2009—2020 年）》和毛庄镇、花园口镇、柳林镇总规、控规等相关规划成果，2020 年马头岗收水范围内规划人口 184.8 万人（老城区 69.6 万人、北部片区 43.7 万人、惠济片区 41.4 万人、郑东新区 16.3 万人、毛庄镇 3.62 万人、花园口镇 5.78 万人、柳林镇 4.3 万人），测算 2013 年总人口约为 156 万人；以马头岗污水处理厂服务范围内总供水量约 48.8 万 m³/d 为基数，按照人均综合用水量 206.7L/d，计算出 2013 年供水总量约为 156÷149.05×48.8=51.07（万 m³/d）。以管网收集率 0.85、地下水渗入量 10% 考虑〔依据《郑州市排水工程规划（2009—2020 年）》统计数据〕，计算出 2015 年马头岗污水处理厂服务范围内污水量为 50.17 万 m³/d，2020 年马头岗污水处理厂服务范围内污水量为 59.43 万 m³/d。

5.2.3.3 按现状调查预测污水量、污水年递增率预测污水量

《郑州市排水工程规划（2009—2020 年）说明书》对郑州市近年来污水量进行统计，结果显示其污水年递增系数为 5.49%。又根据马头岗、五龙口、王新庄服务区域污水实际收集量计算出污水年平均递增系数为 5.77%（见污水平均年递增率计算表 5-13）。两数据相近，本次马头岗污水处理厂污水预测量按规划年递增系数 5.49% 计算。

污水平均年递增率计算 表5-13

名称	2005 年	2006 年	2007 年	2008 年	2009 年	2010 年	年平均递增率（%）
	（万 m³/d）						—
规划	—	—	—	—	—	—	5.49
马头岗服务区域	—	—	—	27.87	28.75	30.53	4.7
五龙口服务区域	—	9.21	10.09	10.54			6.9
王新庄服务区域	31.75	30.16	35.31	38.00	39.59		5.7
三区域年平均增长率							5.77

注：马头岗污水处理厂 2007 年底投运；五龙口污水处理厂一期工程 2005 年投运，2009 年底五龙口污水处理厂二期工程投运；王新庄污水处理厂自 2010 年起因满负荷运行部分污水溢流。故相关年份数据不计算入内。

根据水量测量结果，马头岗污水处理厂服务范围内实际污水量 45.48 万 m³/d，及污水年递增系数 5.49% 计算：

预测项目建成通水日期为 2014 年，运行一年内 2015 年底马头岗污水处理厂可新增水量 10.84 万 m³/d，服务范围内污水总量约 56.32 万 m³/d。

考虑城市发展的环境容量和城市化发展程度，确定 2020 年服务范围内污水量按照 60 万 m³/d 考虑。

上述预测方法结果相近，平均值为：

2015 年底服务范围内污水总量约 53.25 万 m^3/d，2020 年服务范围内污水量按照 60 万 m^3/d 考虑。

5.2.3.4　污水处理规模

1. 污水处理总规模的确定

根据《郑州市排水工程规划（2009—2020 年）》，规划的马头岗污水系统服务范围由原来的 92.3km^2 增加至 124km^2，系统服务范围是金水路以北，京广铁路、江山路以东，中州大道以西，大河路以南区域以及龙湖北区西部区域。同时还承担了毛庄镇、花园口镇、柳林镇等近郊区的污水排放任务。规划马头岗污水处理厂总规模为 60 万 m^3/d，其中 2007 年建成的马头岗污水处理厂规模为 30 万 m^3/d，所以二期工程总规模为 30 万 m^3/d。

2. 污水量增加的实际情况

依据《中原经济区郑州都市区建设纲要（2011—2020 年）》，郑州市 2020 年城市规划总人口将达到 1500 万，占全省的 10% 左右；建成区面积达到 1000km^2 左右，其中主城区建成区面积达到 800km^2 左右，城镇化率达到 80%。

根据郑州市发展规划加快宜居城市组团建设的目标，要重点开发"十组团"：宜居教育城、宜居建康城、郑州宜居职教城、新商城、中原宜居商贸城、金水科教新城、惠济高端服务业新城、二七运河新城、先进制造业新城、高新城。其中金水科教新城、惠济高端服务业新城两组团在马头岗污水处理厂服务范围内。

金水科教新城位于郑州东北部，规划面积约 100km^2，主要界于连霍高速和黄河南岸大堤之间，包括杨金产业园区、金水北区、沿黄生态旅游带三大功能板块。

惠济高端服务业新城规划范围以北四环为中轴，南北两侧各 1km，介于黄河生态绿带与贾鲁河绿化廊道之间相对独立、以生态为特色的区域，规划面积 72km^2，规划人口 20 万人。

由于《郑州市排水工程规划（2009—2020 年）》编制年份较早，而现状片区开发、污水管网完善速度迅速造成了污水量增加的速度较快，马头岗二期工程建设规模的确定需要与服务区域内经济发展思路相一致，才能在推进郑州市都市区建设中起到相应的作用。

综合考虑以上因素，2015 年底，马头岗污水处理厂收水规模约为 53.25 万 m^3/d，可达到马头岗污水处理系统总规模 60 万 m^3/d 的 89%。考虑到马头岗污水处理厂一期工程已建成规模为 30 万 m^3/d 的污水处理厂一座，所以马头岗污水处理系统二期总规模确定为 30 万 m^3/d，总变化系数 K_z 为 1.3，二期规模的制定不但符合服务区内经济发展趋势和城市发展远景的需要，也符合《郑州市排水工程规划（2009—2020 年）》，也满足原建设部对城镇污水处理厂投入运行后的实际负荷要求（一年内不低于设计能力的 60%，三年内不低于设计能力的 75%）。

所以，二期总规模 30 万 m³/d，总变化系数 K_z 为 1.3，一次实施完毕。

5.2.4　扩建工程污水量预测实例二

5.2.4.1　服务范围内现状供水量

根据前期调研资料进行统计，本污水处理厂收水范围内 2010—2012 年市政自来水供应量如表 5-14 所示。

城阳污水处理厂收水范围内市政自来水供应量　　表5-14

自来水厂	2010 年	2011 年	2012 年
区自来水公司供水（万 m³/ 年）	2044	2200	2372
惜福镇自来水公司供水（万 m³/ 年）	146	182	182
青岛市海润集团供水（万 m³/ 年）	1260	1260	1260
合计（万 m³/ 年）	5460	5653	5826
日均供水量（万 m³/d）	15	15.5	16

根据《青岛市城阳区发展规划（2012—2030 年）》的数据，城阳区现状实际供水量为 21 万 m³/d（其中自来水供水 19.8 万 m³/d，自备井 1.2 万 m³/d）。城阳污水处理厂收水范围内自来水占全区用水比例 80.8%，若收水范围内自备井产水量以全区自备井水量的 80% 计，即为 0.96 万 m³/d，则现状城阳污水处理厂收水范围内实际供水量为 16.96 万 m³/d。

据《青岛市城阳污水处理厂二期工程可行性研究报告》（中国市政工程华北设计研究院，2006.08）数据：2005 年城阳区污水处理厂服务范围内自来水供水量为 9.4 万 m³/d，自备井为 1.35 万 m³/d，合计 10.75 万 m³/d。

根据上述论述，本区域自来水用水量年增长率为 6.73%。

5.2.4.2　服务范围内现状污水量

根据城阳污水处理厂一期、二期工程的进水水量统计资料，目前城阳污水处理厂 2011 年至 2013 年进厂污水量如表 5-15 所示。

城阳污水处理厂现状污水处理量　　表5-15

	2011 年	2012 年	2013 年
年污水处理量（万 m³/ 年）	3327.96	3448.01	1438.51
均日污水处理量（万 m³/d）	9.12	9.42	9.53
最大日污水处理量（万 m³/d）	12.32	11.31	11.63

注：2013 年为 2013 年 1 月 1 日—2013 年 5 月 31 日数据。

2011—2013 年，每年具体的日进水量如图 5-1 ～图 5-3 所示。

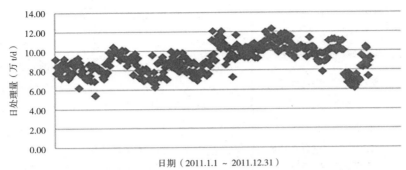

图 5-1　城阳污水处理厂一期、二期 2011 年日处理量

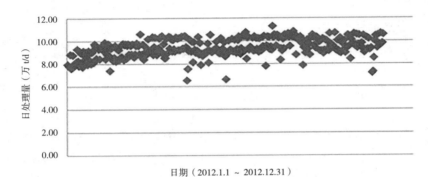

图 5-2　城阳污水处理厂一期、二期 2012 年日处理量

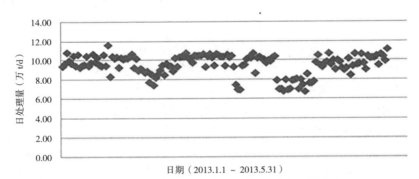

图 5-3　城阳污水处理厂一期、二期 2013 年日处理量

注：2013 年为 2013 年 1 月 1 日—2013 年 5 月 31 日数据。

可见，城阳污水处理厂日均进水约 9.5 万 m³/d，污水收水范围内实际用水量约 16.96 万 m³/d，折合污水量为总用水量的 56%（污水收集系数 0.56）。

5.2.4.3　按照相关规划、规范预测污水量

城市污水量包括城市生活污水量、部分工业废水量和地下水渗入量及部分雨水排入量，其与城市用水量密切相关，通常根据城市用水量预测结果乘以综合折减系数进行估算。

根据相关规划、规范，污水量预测采用两种方法进行预测，具体如下：

1.人口综合用水量定额法

（1）现状及规划人口

1）现状人口

目前，根据第六次全国人口普查数据，2010年，北岸新城现状人口73.7万人，其中城阳区所辖6街道（城阳、流亭、夏庄、惜福镇、上马、棘洪滩）总人口为64.8万人。现状人口73.7万人中，户籍人口43万，外来人口30.7万。

城阳区人口分布如表5-16所示。

城阳区人口分布 表5-16

	2010年人口（万人）	占全市人口比例（%）	是否属于本工程收水范围内	城阳污水处理厂收水范围内人口（万人）
城阳街道	22.7	31	属于	22.7
流亭	13.3	18	共27个社区，其中19个社区属于本收水范围	9.4[①]
夏庄	11.2	15	共50个社区，其中27个社区属于本收水范围	6.1[①]
棘洪滩	6.7	9	部分属于	3.35[②]
惜福镇	5.7	8	属于	5.7
上马	5.3	7.1	不属于	——
河套	4.7	6.5	不属于	——
红岛	4.1	5.7	不属于	——
总计	73.7	100	——	47.25

注：①由于污水处理厂收水范围与行政区划不能严密对应，所以本收水范围内流亭和夏庄的人口以村庄比例简单折算；

②缺少棘洪滩精确数据，根据其排水去向，本报告暂定棘洪滩的一半人口归入城区污水处理厂三期工程。

2）规划人口

《青岛市城阳区发展规划（2012—2030年）》中，综合考虑地区经济发展趋势和需求，根据对北岸新城中城阳区和红岛新区未来人口增长趋势和增长格局的分析和判断，考虑人口的优化布局和人、地关系平衡（《红岛经济区及周边区域总体规划》确定红岛经济区范围规划人口规模约60～70万人），规划城阳区总人口规模为：

近期：2020年，约为120万人，远期：2030年，约为180万人。

各街道的人口布局如表5-17所示。

城阳区预测人口分布格局　　　　　　表5-17

	2020 年人口（万人）		2030 年人口（万人）	
	街道	污水处理厂收水范围内	街道	污水处理厂收水范围内
城阳街道	40	40	50	50
流亭	25	17.5	35	24.5
夏庄	15	8	25	13.5
棘洪滩	15	7.5①	20	10①
惜福镇	10	10	20	20
上马	15	—	30	—
总计	120	83	180	118

注：①缺少棘洪滩精确数据，根据其排水去向，本报告暂定棘洪滩的一半人口归入城区污水处理厂三期工程。

根据夏庄和流亭镇在收水范围内村庄比例，最终确定污水处理厂收水范围内 2020 年人口为 83 万人；2030 年为 118 万人。

（2）综合用水定额

根据《青岛市城市总体规划（2011—2020 年）》（上报稿），青岛市中心城区 2020 年人均综合用水量为 280L/（人·d），结合城阳发展规划，预测 2030 年城阳规划区人均综合用水量为 280L/（人·d）。

（3）供水量及污水量预测

根据人口预测及人均综合用水量定额，预测污水量如表5-18 所示。

城阳区污水总量预测表一　　　　　　表5-18

	2020 年	2030 年
人口（万人）	83	118
人均综合用水量［L/（人·d）］	280	280
日均用水量（万 m³/d）	23.24	33.04
污水排放系数	0.85	0.85
污水量（万 m³/d）	19.75	28.08

根据目前（2010 年）污水量为 10 万 m³/d 左右的实际数据及 2020 年 19.75 万 m³/d、2030 年 28.08 万 m³/d 的预测数据，按照 2010—2020 年预测趋势，年增长率约为 7.04%，则 2015 年污水量约为 14.05 万 m³/d。

2. 人口综合生活用水量定额及工业用水定额法

（1）综合生活用水定额

根据《室外给水设计规范》（GB 50013—2006），青岛属二区特大城市，其平均日综合生活用水定额为 150 ~ 240L/（人·d），但城阳为青岛下面相对独立的一个区域，应归属为二区大城市的范畴，平均日综合生活用水定额为 130 ~ 210L/（人·d）。

又根据《青岛市城阳区西部污水规划》（2004.6），考虑到现阶段人均生活用水的基本情况，确定综合生活用水指标为 150L/（人·d）。

（2）综合生活用水量预测

根据人口预测及综合生活用水量定额，则：

2020 年日均综合生活用水量为 12.45 万 m^3/d，2030 年日均用水量为 17.7 万 m^3/d。

（3）城市生活污水量预测

污水排放系数以 0.85 计，则城阳污水处理厂污水排放量为：

2020 年约为 10.58 万 m^3/d，2030 年约为 15.05 万 m^3/d。

（4）工业用水定额及工业用水量预测

根据《青岛市城阳区发展规划（2012—2030 年）》，2011 年城阳区生产总值为 812.68 亿元，2011 年城阳区产业结构比例为 1.8：60.7：37.5，则 2011 年工业总产值约为 493.3 亿元。

至 2020 年，GDP 达到 2233 亿元，三次产业结构调整至 1：34：65，则预测 2020 年工业总产值为 759.22 亿元。

至 2030 年，GDP 达到 4820 亿元，三次产业结构调整至 1：29：70，则预测 2030 年工业总产值为 1397.8 亿元。

根据《人民日报》报道："2002 年，青岛市万元国内生产总值取水量 24.96 立方米，年均降低 11.22％；工业万元产值取水量 6.23 立方米"。又根据《青岛市工业发展能效指南（2007 年版）》"2006 年全市规模以上工业企业工业取水总量为 38945.25 万吨"及"2006 年工业总产值 51266435 万元"得出《青岛市工业发展能效指南（2007 年版）》中工业万元产值取水量为 7.6m^3。

《青岛日报》2003 年 11 月 04 日讯："据对全市年耗 5000 吨标准煤以上的重点用能单位统计，今年前三季度，我市工业总产值比去年同期增长 23.57％，而能源消耗总量为 753 万吨标准煤，仅比去年同期上升 9.33％，万元工业总产值能耗由去年的 0.82 吨标准煤，下降到 0.73 吨标准煤，节能率为 10.98％，累计节约标准煤 38.09 万吨，节约价值 1.9 亿元。全市工业万元产值取水量达到 6.15 立方米，工业用水重复利用率为 87.48％。各项指标均居全国领先水平"。

由于无万元产值取水量预测数据，本报告以 2020 年万元产值取水量 7m^3/万元，2030 年万元产值取水量 6m^3/万元计，则：

2020 年日均工业用水量为 14.5 万 m^3/d，2030 年日均工业用水量为 22.97 万 m^3/d。

（5）工业废水量预测

工业废水排放系数以 0.85 计，则城阳污水处理厂工业排放量：

2020 年约为 12.3 万 m^3/d，2030 年约为 22.8 万 m^3/d。

（6）污水总量预测

人口综合生活用水量定额及工业用水定额法预测污水总量，如表 5-19 所示。

城阳区污水总量预测表二   表5-19

	2020 年	2030 年
人口（万人）	83	118
人均综合生活用水量 [L/（人·d）]	150	150
综合生活日均用水量（万 m^3/d）	12.45	17.7
工业取水量（万 m^3/d）	14.5	22.97
污水排放系数	0.85	0.85
污水量（万 m^3/d）	22.9	34.57

根据目前（2010 年）污水量为 10 万 m^3/d 左右的实际数据及 2020 年 22.9 万 m^3/d、2030 年 34.57 万 m3/d 的预测数据，按照预测趋势，2010—2020 年增长率约为 8.63%，则 2015 年污水量约为 15.13 万 m^3/d。

5.2.4.4　按现状人口、污水量及规划人口预测污水量

根据前述章节，2010 年城阳区污水处理厂收水范围内人口为 47.25 万人，2010 年污水处理厂收水量均值为 9.12 万 m^3/d。

根据规划，2020 年收水范围内人口为 83 万人，2030 年为 118 万人。

本次预测暂不考虑收水范围内污水管网普及率的提高及随生活水平提高导致用水量、污水量提升等因素，经过简单折算：

2020 年污水量为 9.12÷47.25×83=16.02 万 m^3/d。

2030 年污水量为 9.12÷47.25×118=22.77 万 m^3/d。

若考虑到污水收集率（目前污水收集率约 0.56），考虑到服务范围内污水管网普及率的提高，以污水收集率 0.85 计，则：

2020 年污水量为 16.02÷0.56×0.85=24.32 万 m^3/d。

2030 年污水量为 22.77÷0.56×0.85=34.56 万 m^3/d。

根据目前（2010 年）污水量为 10 万 m^3/d 左右的实际数据及 2020 年 24.32 万 m^3/d、2030 年 34.56 万 m^3/d 的预测数据，按照预测趋势，2010—2020 年增长率约为 9.3%，则 2015 年污水量约为 15.60 万 m^3/d。

5.2.4.5　按现状污水量、污水年递增率预测污水量

根据《青岛城阳污水处理厂二期工程可行性研究报告》（2006.08），城阳污水处理厂于 2003 年投入使用，其 2004 年污水处理厂进水总量为 660.05 万 m^3/ 年，平均 1.8 万 m^3/年，其 2005 年平均水量已达到 4.67 万 m^3/d。

又根据城阳污水处理厂一期、二期工程的进水统计资料，其 2011 年、2012 年、

2013 年，城阳污水处理厂日均进水为 9.12 万 m^3/d、9.42 万 m^3/d、9.53 万 m^3/d。

以 2005—2011 年为基准，其污水年平均递增系数为 11.8%。则预测 2015 年污水量为 14.25 万 m^3/d。

5.2.4.6 预测结果

上述预测结果汇总如表 5-20 所示。

城阳区污水总量预测汇总

表5-20
（单位：万 m^3/d）

	2015 年	2020 年	2030 年
人口综合用水量定额法	14.05	19.75	28.08
人口综合生活用水量定额及工业用水定额法	15.13	22.90	34.57
按现状人口、污水量及规划人口预测污水量	15.60	24.32	34.56
按现状调查、污水年递增率预测污水量	14.25	—	—
均值	14.76	22.32	32.4

本工程以 2015 年作为城阳污水处理厂建设规模规划年限，根据上述预测结果，预测城阳污水处理厂 2015 年污水处理规模为 15 万 m^3/d。因城阳污水处理厂现阶段已建成 10 万 m^3/d 处理规模，因此城阳污水处理厂三期工程（2015 年）预测规模为 5 万 m^3/d。

5.2.4.7 规模确定

根据《青岛市城阳区发展规划（2012—2030 年）》，规划扩建区域内现有城阳污水处理厂，处理规模近期（2020 年）达到 15 万 m^3/d，远期（2030 年）达到 20 万 m^3/d。

又根据《2013—2015 年环胶州湾流域污染综合整治方案》，提出墨水河流域的整治目标：扩建城阳污水处理厂，新建高新区污水处理厂，完成流域支流截污和雨污分流改造，全面消除直排河道排污口，实现污水全收集全处理；初步恢复墨水河河道生态，主要监控断面水质达到功能区标准，入海口断面水质达到常见鱼类稳定生长水质目标。主要任务包含："扩建城阳污水处理厂，新增处理能力每日 5 万吨，总规模达到每日 15 万吨，出水水质达到一级 A 标准。2015 年 12 月底正式运行"。

目前，城阳污水处理厂一期、二期工程已于 2010 年完成一级 A 升级改造，一期、二期工程无法在不改变现状构筑物的情况下进行挖潜改造以增加处理规模，所以三期工程不能通过一期、二期工程的进一步挖潜来缩小三期工程的处理规模。另外，一期、二期工程现状为 BOT 方式运营，运营方为青岛市城投双元水务有限公司，三期也初步考虑以 BOT 方式建设，将来通过招标方式确定 BOT 方。

三期工程处理规模的确定，从设计、建设、成本控制、运行管理和与一期、二期工程的协调等诸方面考虑，三期规模相同为宜。另外，城阳区近年来经济社会发展迅速，城市扩展很快，需要考虑留有适当的污水处理增长空间。

从该项目的建设进度看，由于项目规模大，建设周期长，预计建设期将达到 3 年，计划 2015 年底建成投运。

所以三期工程规模最终确定为 5 万 m^3/d。

5.3 规模和规划的关系

编制实际工程可行性研究报告及后续设计过程中，确定工程规模时可能遇到项目预测规模与规划规模不一致的问题，这会导致刚接触可行性研究报告编制的咨询人员感到迷惑。此种情况就需要我们加强基础资料的收集，在摸清现实情况的基础上合理分析、科学预测。

首先，专项规划确定项目规模的方法和设计中推算项目规模的方法不是完全吻合。比如大家都会采用建设用地面积、人口规划等数据按规范计算污水处理规模，但是咨询设计部门在推演规模的时候考虑的问题更多，会考虑往年污水增长规律、现状污水量实测、人口迁移、建设用地变化时序等，因此双方的计算结果会有出入。

其次，双方不是在同一个时期去论证项目规模。城市发展快，变化快，政策发布快，规范更新快，经济发展导致的人民群众的物质文化生活变化较快，这都会造成咨询人员的预测与规划不符。

所以，专项规划或总体规划中确定的项目建设规模只是指导意见，是可以逾越的，但理由一定要充分，要有充分的论据支撑这种结论。在这种条件下，这种变化不算不符合规划。

5.4 水质确定

对于扩建项目，其水质确定较为简单，咨询人员可充分挖掘现状工程的进水水质资料进行分析，在科学统计的基础上，以一定的保证率来确定进水水质指标。

对于新建项目，较为科学的方式是通过实测及类比的方法确定水质，通过实际测量或者与经济发展水平相当、产业结构类似、生活水平、生活习惯相近的地区做比较，从而合理确定进水水质。

在确定进水水质时，除考虑当前实际情况，还要考虑到《城镇污水处理提质增效三年行动方案》实施后对进水水质带来的影响。

本节给出两个实例供参考。

5.4.1 某扩建二期工程水质预测实例

5.4.1.1 一期工程实际进水水质分析

1. BOD、COD、SS、NH_3-N、TN、TP 等指标分析

进水水质直接关系到污水处理厂工艺及其参数的选择，水质变化直接关系到整个

污水处理厂的运行情况，特别关系到出水水质能否达标。由于一期、二期工程来水为同一根污水管供给，为了科学地确定二期污水处理工艺，本可研对一期工程2007—2010年进出水水质情况进行了详尽的统计、分析。2007—2010年污染物月平均变化范围，如表5-21所示；2007—2010年进水水质污染物年平均值，如表5-22所示。

2007—2010年污染物月平均变化范围　　　　　　　　　表5-21

BOD$_5$（mg/L）	COD$_{Cr}$（mg/L）	SS（mg/L）	NH$_3$-N（mg/L）	TP（mg/L）	TN（mg/L）
128.8 ~ 353.8	286.8 ~ 600.5	249.5 ~ 520.8	27.28 ~ 45.6	4.38 ~ 11.6	36.5 ~ 60.3

2007—2010年进水水质污染物年平均值　　　　　　　　　表5-22

项目	BOD$_5$（mg/L）	COD$_{Cr}$（mg/L）	SS（mg/L）	NH$_3$-N（mg/L）	TP（mg/L）	TN（mg/L）
2007年全年平均	195.9	379.7	323.9	40.4	6	54.7
2008年全年平均	195.7	365.7	351.7	37.4	6.3	47.9
2009年全年平均	211.36	374.58	348.45	35.18	6.60	46.24
2010年全年平均	237.75	475.43	382.07	35.01	6.94	48.42
均值	210.18	398.85	351.53	37.0	6.46	49.32
一期设计进水水质	220	480	350	55	7	无要求

由表5-22可知：除COD、NH$_3$-N、TN外，实际进水水质基本与原设计进水水质相符。为了更直观、清楚地表示各个年度中进出水污染物指标随月份的变化，本方案将2007—2010年数据制作成图表，为节省篇幅，仅列出2009年各污染物变化图，如图5-4 ~ 图5-9所示。

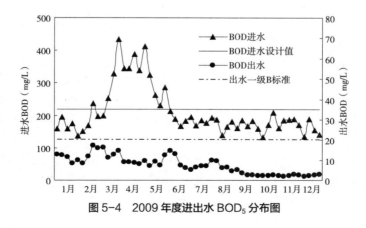

图5-4　2009年度进出水BOD$_5$分布图

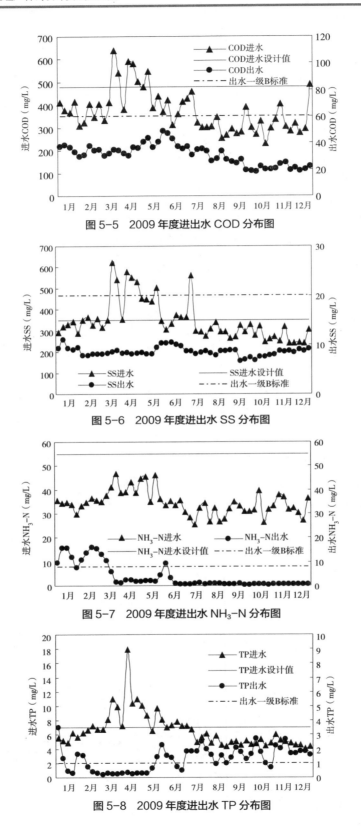

图 5-5　2009 年度进出水 COD 分布图

图 5-6　2009 年度进出水 SS 分布图

图 5-7　2009 年度进出水 NH₃-N 分布图

图 5-8　2009 年度进出水 TP 分布图

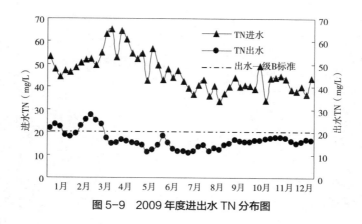

图5-9 2009年度进出水TN分布图

从上述图表数据中可以看出,一期工程从2007年至2010年,各项进水指标差异不大,BOD_5、COD_{Cr}、SS、NH_3-N、TP、TN的最高值多出现在每年的3、4月份,最低值多出现在7月,相比较其他季节,夏季数值偏低。分析认为夏季人们生活用水量较大,雨水量大,气温较高,污染物的相对浓度较低所致。

2. 动植物油、石油类、色度等指标分析

现状马头岗一期工程,实测进水水质未对"动植物油"、"石油类"指标分别测试,其测"油类"指标如表5-23所示。

马头岗一期进水"油类"指标　　　　　　　　表5-23

日期	2010.1.5	2010.2.4	2010.3.16	2010.4.19	2010.5.10
油类（mg/L）	4.12	4.05	4.12	8.8	8.84

由于一期工程"油类数据"所测不多,上述数据仅供二期工程参考之用。另外,根据化验室对一期工程进出水色度的实测显示:进水色度值居中,出水色度完全满足排放标准要求。

5.4.1.2 本工程进水水质的确定

从2007—2010年马头岗污水处理厂一期进水水质平均值来看,BOD_5、SS和TP均有上升趋势(表5-22),其余指标较为平稳,为此,本方案需通过对上述实际进水水质进行保证率分析(表5-24),并结合《污水排入城市下水道水质标准》(CJ 3082—1999),确定二期工程的设计进水水质指标。

上述统计数据中,从时间段来看,2007年为下半年9 ~ 12月份且正值运行调试阶段,2008年、2009年为全年统计数据,2010年统计数据为上半年1 ~ 6月份,且包含了进水水质浓度较高的3、4月份。所以应着重以2008年、2009年统计数据进行分析,适当参考2007年、2010年统计数据。

从表5-24中的2008年度数据可以看出,BOD_5在250mg/L时保证率达到0.8654,

2007-2010年年度进水水质保证率分析 表5-24

年度	BOD₅		CODCr		SS		NH₃-N		TP		TN	
	取值 (mg/L)	保证率	取值 (mg/L)	保证率	取值 (mg/L)	保证率	取值 (mg/L)	保证率	取值 (mg/L)	保证率	取值 (mg/L)	保证率
2007年	220	0.5625	430	0.8235	350	0.5625	43	0.7647	7	0.7647	57	0.75
	250	0.8125	440	0.8824	400	0.8125	44	0.8824	7.1	0.9412	60	0.8333
	260	0.875	460	0.9412	430	0.875	45	0.9412	7.2	0.9412	64	0.9167
	265	0.9375	480	0.9412	433	0.9375	55	1	8.0	1.0	65	1
2008年	220	0.7115	430	0.7692	350	0.6538	42	0.8077	7	0.7115	52	0.7
	240	0.7692	440	0.8077	355	0.7885	44	0.8462	7.2	0.7692	53	0.8
	250	0.8654	460	0.8846	365	0.8462	45	0.8654	7.4	0.8077	54	0.86
	260	0.8846	470	0.9231	375	0.8846	47	0.9615	7.6	0.8462	55	0.92
	270	0.9231	480	0.9615	400	0.9423	55	1	8.0	0.9231	60	0.96
2009年	220	0.75	440	0.8269	400	0.8077	40	0.8846	7	0.6731	53	0.8269
	250	0.7885	480	0.8654	455	0.8654	43	0.9038	8.0	0.8077	55	0.9038
	300	0.8462	520	0.9038	535	0.9038	45	0.9423	9	0.8654	60	0.9231
	340	0.9038	550	0.9423	555	0.9423	50	1	10	0.9038	62	0.9423
	390	0.9615	590	0.9615	585	0.9808	55	1	11	0.9808	64	0.9615
2010年	220	0.5185	440	0.4444	400	0.6667	40	0.7407	7	0.4815	53	0.7407
	250	0.5926	480	0.5926	455	0.7407	43	0.8148	8.0	0.7037	55	0.7778
	300	0.7778	520	0.6667	500	0.8519	45	0.9259	9	0.8519	60	0.8519
	320	0.8519	550	0.7778	530	0.9259	50	0.9259	10	0.9259	62	0.9630
	350	0.9259	590	0.8519	555	0.9630	55	1	11	1	64	1

而 2007 年度及 2009 年度 BOD₅ 保证率为 0.8654 时，其 BOD₅ 均高于 250mg/L，考虑到实际进水 BOD₅ 值越高越有助于脱氮，但却同时提高了反应池容积及停留时间，综合考虑，本次进水水质 BOD₅ 定为 250mg/L。

CODCr 一期设计值为 480mg/L，2007 年、2008 年及 2009 年度的保证率均为 0.86 以上，所以进水 CODCr 维持不变，定为 480mg/L。

SS 值与原来设计值出入较大，一期设计值为 350mg/L，与实际进水水质相比，保证率均低于 0.7，2008 年度 375mg/L 时保证率达到 0.88 左右，但 2007 年度和 2009 年度相应保证率均较低，结合《污水排入城市下水道水质标准》（CJ 3082—99）中 SS 最高浓度考虑，确定本工程进水水质 SS 值为 400mg/L。

NH₃-N 为 45mg/L 时，2007—2010 年度保证率分别为 0.9412、0.8654、0.9423、0.9259，所以选择 45mg/L 为本工程进水水质 NH₃-N 浓度。

2007 年度、2008 年度 TP 浓度为 7.6mg/L 就可达到 85% 左右的保证率，2009 年度 TP 浓度 8mg/L 时保证率为 0.7778，综合考虑选择 8mg/L 为 TP 进水浓度。

2008 年度 TN 在 54mg/L 时保证率可达 85% 左右，60mg/L 时保证率可达 96%，而 2007 年度 60mg/L 时保证率达到 83%，2009 年度 60mg/L 时保证率为 91%。综合考虑选择 60mg/L 为二期进水 TN 浓度。

所以，单纯从马头岗污水处理厂一期工程实际进水水质来看，本工程建议设计进水水质如表 5-25 所示。

二期工程建议设计进水水质　　　　　　　表5-25

项目	BOD$_5$	COD	SS	NH$_3$-N	TN	TP
水质（mg/L）	250	480	400	45	60	8.0

另外，马头岗污水处理厂二期的污水收集系统较一期增加的范围中有河道截污排水：龙湖西区及桥南新区纳入魏河排水系统，最终入马头岗污水处理厂。现状魏河截污排水系统水质如表 5-26 所示。

现状魏河截污排水系统水质　　　　　　　表5-26

	编号	COD（mg/L）	BOD$_5$（mg/L）	SS（mg/L）	NH$_3$-N（mg/L）	TN（mg/L）	TP（mg/L）
桥南泵站	12 月 15 日	776	303	86	18.9	36.7	4.16
	12 月 15 日	1162	643	343	18.3	30.5	4.41
	12 月 16 日	175	120	46	19.5	29	3.55
	12 月 16 日	327	160	180	30	42.8	4.95
	12 月 17 日	227	116	80	22.7	32.9	3.83
	12 月 17 日	243	120	188	23.8	31.7	3.87
	12 月 18 日	742	—	516	16.9	35.1	3.59
	12 月 18 日	449	—	600	16.8	33.3	4.03
	平均	513	244	255	21	34	4
魏河	12 月 15 日	324	122	88	35	50.1	4.6
	12 月 15 日	268	132	727	35.8	49.8	4.74
	12 月 16 日	428	133	82	40.4	55.2	4.9
	12 月 16 日	205	116	132	36.6	51.6	4.27
	12 月 17 日	270	88	218	36.6	50.1	4.33
	12 月 17 日	206	107	160	37.8	50.4	4.48
	12 月 18 日	191	113	136	38.3	50.6	4.44
	12 月 18 日	326	—	166	32.5	47	3.96
	平均	277	116	214	37	51	5

由于现有魏河排水系统水质监测数据不多，并且数值波动较大，其中 NH_3-N、TN、TP 的极大值均小于表 5-25 所建议数值；COD、BOD_5、SS 值在较大范围内波动，尤其是桥南泵站波动的程度较大，但从均值上看，COD、BOD_5、SS 也均小于表 5-25 所建议数值；另外，魏河排水系统收纳的龙湖西区及桥南新区这两部分收水面积约为 $23km^2$，不到总收水范围 $124km^2$ 的五分之一，其收水量约为 4 万 m^3/d。截污工程对总进水水质的影响较小，所以表 5-25 为本工程最终建议进水水质。

5.4.2　新建工程水质预测实例

5.4.2.1　进水水质确定方法

影响污水水质的主要因素有排水体制、污水管网的完善程度、城市化程度和生活水平的高低、排入城市污水管道系统的工业废水的种类与数量、工业废水处理率和处理程度等。采用分流制排水体制、污水管网越完善、城市化程度和生活水平越高，城市污水的浓度相对较大；若采用合流制排水体制、污水管网越不完善、地下水和雨水混入的水量愈大、城市化程度和生活水平越低，城市污水的浓度相对较小；城市工业化程度越高、城市污水中工业废水所占比例越大、排入城市污水系统的工业废水的种类与数量越多、工业废水处理率及处理程度越低，工业废水对城市污水水质的影响越大。

污水处理厂设计进水水质的确定，通常根据污水水质实测资料、现行国家标准《室外排水设计标准》（GB 50014）、国内同类型城镇污水处理厂进水水质及城市未来的发展等方面进行综合考虑。

5.4.2.2　相邻污水处理厂进水水质

南曹污水处理系统紧邻南三环污水处理系统和新区污水处理系统，两个污水处理厂设计进水水质如表 5-27 所示。

相邻污水处理厂设计进水水质　　　　　　　　　　　　　　　　　表5-27

项目	COD_{Cr}（mg/L）	BOD_5（mg/L）	NH_3-N（mg/L）	TN（mg/L）	TP（mg/L）	SS（mg/L）
南三环污水处理厂设计进水水质	480	220	40	60	8	380
新区污水处理厂设计进水水质	520	260	58	65	7	380

目前，南曹污水处理系统中嵩山南路污水管道、大学南路污水管道及郑新快速路与南四环交叉口污水管道接入南三环污水处理厂。因此，南曹污水处理厂设计进水水质与南三环污水处理厂实际进水水质最为接近，可供南曹污水处理厂参考。南三环污水处理厂 2017 年 1 月～ 2018 年 9 月每日实际进水水质如表 5-28 所示，对进水 COD_{Cr}、BOD_5、NH_3-N、TN、TP 和 SS 累计频率如图 5-10 ～图 5-15 所示。

南三环污水处理厂2017年1月～2018年9月进水水质　　　表5-28

日期	BOD	COD	SS	NH₃-N	TP	TN
2017.1.1	118	165	200	18.5	3.07	27
2017.1.2	91.2	137	114	18.8	2.42	25.5
2017.1.3	116	209	100	26.7	2.83	33.5
2017.1.4	141	225	158	27.9	3.37	34.1
2017.1.5	142	172	162	23.5	3.02	30.1
2017.1.6	58.6	88.2	90	12.5	1.74	19.4
......						
2018.9.23	146	209	346	27.2	4.17	36
2018.9.24	146	179	314	22.5	4.35	31.6
2018.9.25	127	160	230	17.3	2.91	24.2
2018.9.26	146	154	526	24.2	3.31	31.6
2018.9.27	157	278	116	37.1	4.88	47.4
2018.9.28	161	316	496	21.5	6.32	37.7
2018.9.29	118	303	194	18.4	2.39	25.4
2018.9.30	112	190	308	24.6	3.52	32.1

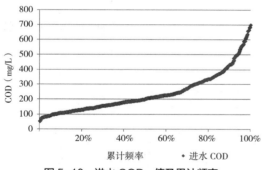

图 5-10　进水 COD_Cr 值及累计频率

图 5-11　进水 BOD₅ 值及累计频率

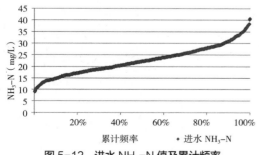

图 5-12　进水 NH₃-N 值及累计频率

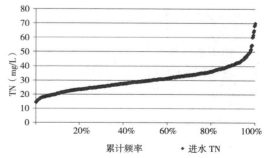

图 5-13　进水 TN 值及累计频率

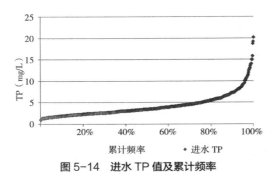

图 5-14 进水 TP 值及累计频率　　　　　图 5-15 进水 SS 值及累计频率

南三环污水处理厂 2017 年 1 月 ~ 2018 年 9 月实际进水水质 85%、90% 和 95% 累计频率值，如表 5-29 所示。

南三环污水处理厂实际进水水质累计频率　　　　　　　　表5-29

项目	COD$_{Cr}$ （mg/L）	BOD$_5$ （mg/L）	NH$_3$-N （mg/L）	TN （mg/L）	TP （mg/L）	SS （mg/L）
85% 累计频率值	370	208	29.1	38.4	6.2	344
90% 累计频率值	427	232	32.1	41.3	7.2	385
95% 累计频率值	530	289	34.5	45.6	9.0	504

5.4.2.3　设计进水水质

参考南三环污水处理厂、新区污水处理厂设计进水水质及南三环实际进水水质，确定南曹污水处理厂设计进水水质如表 5-30 所示。

南曹污水处理厂设计进水水质　　　　　　　　表5-30

项目	COD$_{Cr}$ （mg/L）	BOD$_5$ （mg/L）	NH$_3$-N （mg/L）	TN （mg/L）	TP （mg/L）	SS （mg/L）
设计进水水质	450	200	40	50	8.0	400

注：根据《污水排入城镇下水道水质标准》（CJ 343—2010）污水处理厂来水有机磷农药（以 P 计）应不大于 0.5mg/L。

5.4.3　出水水质的确定

出水水质确定较为简单：有地方排放标准的，遵循地方排放标准；无地方排放标准的，遵循国家排放标准。但依法批复的环境影响评价文件或依法发放的排污许可证相关规定严于地方排放标准的，要从其规定。

第6章 污水处理厂总体策划

污水处理厂工程可行性研究报告编制的首要任务是论述清楚工程建设的必要性、规模、水质。在此基础上，根据实际工程面临的边界条件，论述处理厂的形式、厂址的选择、工艺方案的对比、总图布置、其他专业方案及工程设计、出具土建构筑物和主要设备工程量清单等。具体编制内容和深度参见《市政公用工程设计文件编制深度规定》的规定。

6.1 污水处理厂形式的选择

传统污水处理厂为地上分散式。其功能分区明确、占地面积较大。近年来从节约土地资源出发，半地下、全地下式污水处理厂逐步增多。

关于半地下、全地下式污水处理厂目前国内并无统一定义。但在污水处理行业内基本已经形成了统一的看法。

半地下式污水处理厂：在传统地上分散式污水处理厂的基础上，将全部或者部分主要生产构筑物合建，适当降低高程，其合建后的池顶比室外地面稍高，池体加盖，加盖后上覆检修厂房。

全地下式污水处理厂：在半地下式污水处理厂的基础上，合建后的池体及上部厂房（或取消厂房）继续整体降低标高。有厂房的，厂房顶部覆土后与周边地坪基本平齐。覆土厚度1.5m左右，便于绿化使用。

几类厂房效果图、实景图，如图6-1～图6-6所示；建设形式对比，如表6-1所示。

污水处理厂建设形式的对比 表6-1

项目	传统地上分散式	地上合建式	半地下合建式	全地下合建式
建安费用	最低	稍高	与地上合建式相当	最高
占地面积	最大	比"半地下合建式"稍大	最少	比"半地下合建式"稍大
防洪安全性	最高	较高	较高	最低
对周边环境的影响	最高	较低	较低	最低
对景观的贡献	最低	较低	较高	最高

从上述图表可以看出，地下式污水处理厂较之地上式污水处理厂具有占地面积小、美观性好、对周边环境影响小的优点；但同时应该注意的是，地下式污水处理厂投资高、检修不便、运行复杂。国内部分污水处理厂投资及污水处理费用统计如表6-2所示。

图 6-1　传统地上分散式污水处理厂效果图

图 6-2　半地下式合建污水处理厂效果图

图 6-3　某地上合建式污水处理厂效果图

图 6-4　某全地下式污水处理厂实景图

图 6-5　某全地下式污水处理厂效果图

图 6-6　某全地下式污水处理厂地面景观图

表6-2

国内部分污水处理厂投资及污水处理费用统计

项目	三亚市红沙污水处理二厂	郑州市南曹污水处理厂一期工程	湘潭市河东第二污水处理厂	合肥市清溪污水处理厂	长沙敢胜院	天津市东郊污水处理厂	东营市五六干合排污水处理厂
工程规模（万 m³/d）	9.5	10	7.5	20	10	60	2.5
建设模式	半地下	全地下	全地下	全地下	半地下	半地上	地上
进水水质（mg/L）	COD300/BOD120/SS200 TN40/NH₃-N35/TP4	COD450/BOD200/SS400 TN50/NH₃-N40/TP8	COD280/BOD130/SS210 TN30/NH₃-N28/TP3	COD350/BOD180/SS310 TN50/NH₃-N32/TP5.5	COD300/BOD130/SS250 TN35/NH₃-N25/TP3.5	COD680/BOD315/SS290 TN80/NH₃-N50/TP9	COD400/BOD180/SS220 TN50/NH₃-N40/TP5
出水标准（mg/L）	一级A	类地表 III 类，TN≤10	一级A	类地表 IV 类，TN≤5	类地表 IV 类，TN≤10	天津地标A	类地表 IV 类，TN≤10
污水处理工艺	预处理＋多模式A²O＋矩形周进周出二沉淀池＋高效沉淀池＋纤维转盘滤池＋加氯消毒	预处理＋五段巴顾甫＋矩形周进周出二沉淀池＋加密高效沉淀池＋活性焦吸附池＋V形滤池＋加氯消毒	预处理＋改良A²O＋双层沉淀池＋滤布滤池＋矩形周进周出二沉淀池＋紫外消毒＋适当补氯	预处理＋平流速沉池＋改良A²O（MBBR）＋高效沉淀池＋矩形周进周出二沉池＋活性砂滤池＋紫外消毒	预处理＋初沉池＋A²O＋矩形周进周出二沉池＋高效沉淀池＋生物吸附降解池＋深床反硝化滤池＋紫外消毒	预处理＋初沉池＋多级AO＋矩形周进周出二沉池＋高效沉淀池＋深床反硝化滤池＋臭氧催化氧化池＋紫外消毒	预处理＋五段巴顾甫＋圆形周进周出二沉池＋高效沉淀池＋反硝化滤池＋浸没式超滤＋紫外消毒
生物池 HRT（h）	14.98（k=1.1）	21.5（k=1.2）	14.5（k=1.1）	16.93（k=1.1）	14.59（k=1.0）	19（k=1.1）	18.2（k=1.2）
二沉池负荷 [m³/(m²·h)]	1.22（k=1.3）	1.3（k=1.3）	1.3（k=1.3）	1.35（k=1.3）	1.32（k=1.15）	—	1.08（k=1.47）
污泥处理工艺	未浓缩污泥直接外送至其他工程处置	离心浓缩机＋板框压榨脱水	离心浓缩脱水机	离心浓缩脱水机	离心浓缩脱水机	离心浓缩脱水机	带式浓缩脱水机
工程总投资（万元）	65794.83	127073.28	47980.10	111195.77	—	333198.00	10510.05
一类总投资（万元）	50893.48	92556.82	33243.42	87682.00	52945.65	257400.00	7684.49
单位总成本（元/m³）	2.17	3.99	2.00	1.48	2.02	2.08	1.35
单位经营成本（元/m³）	1.21	1.96	1.07	0.71	1.07	1.35	0.85
水价（元）	2.89	4.50	2.36	2.15	2.40	2.67	1.99
备注	本工程不建设综合办公楼，污泥浓缩脱水设施					工程包含厂外泵站管网湿地等，总投资，故不展示	

从统计来看，地下式污水处理厂因地质条件、工程规模、进水水质及排放标准的不同，投资上存在差异，吨水投资 6000 ~ 10000 元；水价 2.5 ~ 4.0 元 /m³。所以地下式污水处理厂的建设形式特别适用于用地条件紧张、污水处理厂位于市中心繁华地带、对环境要求高、地方财政条件好等情况。

6.2　地下式污水处理厂

各种布置形式的污水处理厂均有其优缺点，在咨询设计过程中要结合项目的实际情况合理选择处理厂的建设形式。

目前采用地下式布置形式的污水处理厂在国内推广迅速、建设数量越来越多。本节重点介绍地下式污水处理厂的国外、国内发展过程，详细统计了地下式污水处理厂采用的主流工艺、形式特点，并从各个专业设计角度分析地下式布置与传统地上式布置的异同。

6.2.1　地下式污水处理厂的发展历程

6.2.1.1　国外地下污水处理厂的发展与现状

国外地下空间的发展已经历了相当长的一段时间，城市地下大型排水及污水处理系统也取得了很好的发展。1932 年，芬兰在世界上首次建造地下污水处理厂，但由于受当时技术条件的限制，地下污水处理厂未能获得快速发展。直至 1991 年，芬兰从保护环境、节约土地资源和提高经济效益等方面出发，同时考虑到地下空间的开发技术已经比较成熟，决定新建一座中心地下污水处理厂替换原有的 7 座地上污水处理厂，从而加速了芬兰地下污水处理厂的发展。1942 年，瑞典首都斯德哥尔摩利用当地优越的地质条件和先进的开挖技术，建造了世界上第一座现代化的岩石地下污水处理厂。随后，美国、英国、日本、加拿大等国家均建设了数量较多的地下式污水处理厂，如表 6-3 所示，这些地下式污水处理厂均取得了巨大的经济、环境和社会效益。

国外部分地下式污水处理厂统计　　　　　　　　　　　　　　　表6-3

序号	名称	区位	设计规模 （万 m³/d）	污水处理工艺	污泥处理工艺
1	Viikinmäki 污水处理厂	芬兰，赫尔辛基	33	活性污泥法	中温厌氧消化工艺
2	Dokhaven 污水处理厂	荷兰，鹿特丹	34	AB 工艺	厌氧消化［SHARON（中温亚硝化）与 ANAMMOX（厌氧氨氧化）]
3	Bekkelaget 污水处理厂	挪威，奥斯陆	—	活性污泥法	污泥浓缩、厌氧消化和污泥脱水

续表

序号	名称	区位	设计规模（万 m³/d）	污水处理工艺	污泥处理工艺
4	Geolide 污水处理厂	法国，马赛	—	物化处理 生物处理：ACTIFLO 高速澄清器 + BIOSTYR 曝气生物滤池	厌氧消化、脱水、浓缩、高温干化
5	Pantai 第二污水处理厂	马来西亚，吉隆坡	32	改良 A²O	厌氧消化
6	神奈川县叶山町污水处理厂	日本，神奈川县	2.47	活性污泥法 + 深度处理 + 消毒	浓缩脱水后外运
7	Henriksdal 污水处理厂	瑞典，斯德哥尔摩	—	MBR	—
8	VEAS 污水处理厂	挪威，奥斯陆	24	BIOFOR 曝气生物滤池	—
9	Stickney 污水处理厂	美国，芝加哥	465	传统活性污泥工艺	—
10	大邱智山污水处理厂	韩国	—	A²O 工艺	外送
11	龙仁污水处理厂	韩国	—	5 段 BNR+ 转盘过滤 + 紫外消毒池	离心脱水 + 外送
12	仁川污水处理厂	韩国	—	A²O 工艺	离心脱水 + 外送
13	岐阜市污水处理厂	日本	—	—	—
14	Kappala 污水处理厂	瑞典，斯德哥尔摩	—	—	—
15	新奇地下污水处理厂	英国，伊斯特本	21.6	—	—

6.2.1.2 国内地下污水处理厂的发展与现状

香港地区的赤柱（stanley）污水处理厂是亚洲第一个建于岩洞内的污水处理厂，于 1990 年 11 月开始修建，至 1995 年 2 月完工；1998 年 2 月，台北市开始建设的内湖地下污水处理厂是台湾省第一座地下污水处理厂。

随着国内城市化进程的加快和对环境要求的不断提高，地下式污水处理厂建设迎来了新的发展机遇。近年来，北京、桂林、广州、深圳、苏州、昆明、烟台、青岛、合肥、郑州、湘潭、太原等地陆续开始建设地下式污水处理厂。国内部分地下污水处理厂，如表 6-4 所示。

我国部分地下污水处理厂基本情况　　　　表6-4

序号	名称	地点	规模（万 m³/d）	形式	投运时间	出水标准	主体工艺
1	香港赤柱	香港	1.2	岩洞内	1995.2	—	—
2	台北内湖	台湾	24	地下式	2002.11	—	—
3	滨湖新区塘西河污水处理厂升级改造工程	合肥	3	半地下	2008	一级 A	MBR
4	西丽再生水厂	深圳	5	半地下	2009.12	一级 A	BAF+ 高密池

续表

序号	名称	地点	规模（万 m³/d）	形式	投运时间	出水标准	主体工艺
5	天堂河污水处理厂	北京	8	—	2009.2	一级 B，部分一级 A	A²O+ 多段 AO+MBR
6	滨河污水处理厂改造	深圳	12	单层加盖	2010.3	一级 A	A²O 微絮凝 + 过滤
7	生物岛再生水厂	广州	1.3	全地下	2010.5	一级 A 及中水回用	CASS–CMF
8	平乐污水处理厂	桂林	1	—	2010.6	一级 A	A²O
9	郑王坟再生水厂	北京	60	全地下	2010.8	回用水	MBR
10	京溪污水处理厂	广州	10	全地下	2010.9	一级 A	MBR
11	布吉污水处理厂	深圳	20	地下式	2011.8	一级 A	A²O+ 生物膜法（HYB AS）
12	张家港金港片区污水处理厂	苏州	5	全地下	2012.12	一级 A	改良 A²O+MBR
13	昆明第十污水处理厂	昆明	15	全地下	2013.7	一级 A	MBR
14	昆明第九污水处理厂	昆明	10	全地下	2014.1	一级 A	MBR
15	套子湾污水处理厂二期	烟台	15	半地下	2014.12	一级 A	MBR
16	稻香湖再生水厂一期	北京	8	全地下	2014.12	地表水准 IV 类	分段进水 A²O
17	麻堤河再生水厂	贵阳	3	全地下	2014.4	IV 类水，部分一级 A	改良 A²O
18	十五里河污水处理二期	合肥	10	全地下	2014.8	一级 A 至 IV 类水标准	A²O
19	古现污水处理厂二期	烟台	6	全地下	2014.8	一级 A	倒置 A²O
20	郑州南三环污水处理厂	郑州	10	半地下	2014.9	一级 A	氧化沟沟型的 A²O+ 高密池 +V 池工艺
21	烟台牟平区污水处理厂	烟台	8	半地下	2015.1	一级 A	MBR
22	正定新区污水处理厂	石家庄	10	全地下	2015.8	一级 A	MBR
23	昆明第十一污水处理厂	昆明	6	全地下	2015.9	一级 A	A²O+ 深度处理
24	青山再生水厂	贵阳	5	全地下	2016	IV 类水，部分一级 A	改良 A²O
25	槐房再生水厂	北京	60	全地下	2016.1	DB11/890–2012B 标准	MBR
26	福田污水处理厂	深圳	40	半地下	2016.7	一级 A	A²O
27	肖家河污水处理厂	北京	8	半地下	2016.9	一级 A 至 IV 类水标准	A²O+MBR
28	安徽合肥西部组团污水处理厂	合肥	10	全地下	2017	一级 A	A²O+ 反硝化滤池

序号	名称	地点	规模（万 m³/d）	形式	投运时间	出水标准	主体工艺
29	昆山市北区污水处理厂三期	昆山	4.8	半地下	2017	一级 A	A²O+ 高密 + 深床
30	安宁市第二污水处理厂	昆明	6	—	2017	一级 A	A²O
31	高新区污水处理厂	青岛	18	全地下	2017.1	一级 A	MBBR+ 转盘
22	晋阳地埋式污水处理厂一期	太原	32	全地下	2017.8	一级 A	MBR
33	安宁市太平镇污水处理厂	昆明	2.5	—	—	一级 A	A²O

可以看出，我国地下式污水处理厂近年来发展迅速，工程位置多位于东南沿海经济较为发达的区域，形式多采用全地下式布置，工艺以 A²O 与 MBR 工艺为主。

6.2.2　地下式污水处理厂的形式及特点

6.2.2.1　地下式污水处理厂的形式

目前，国内地下式污水处理厂主要有三种布置形式：半地下双层加盖式、全地下双层加盖式、全地下单层加盖式，如图 6-7 所示。

图 6-7　国内地下式污水处理厂布置形式
（a）半地下双层加盖；（b）全地下双层加盖；（c）全地下单层加盖

全地下单层加盖式有较多的安装孔，生产期间需操作人员巡检，存在不能有效将生产区和公共开放区分开、上部空间难以利用、不利于景观设计等诸多弊病。因此，国内地下式污水处理厂很少采用全地下单层加盖式，而多采用全地下双层加盖及半地下双层加盖式。

6.2.2.2　地下式污水处理厂的特点

地下式污水处理厂在施工、巡视检修、逃生疏散、消防通风照明、防洪防涝、占地景观、对周围环境的影响等方面均与传统地上分散式污水处理厂不同。具体如表 6-5 所示。

地下式污水处理厂的特点 表6-5

序号	项目	具体特点	相对于传统地上分散式的优劣
1	占地及景观效果	占地小，景观效果好	优势
2	密闭及保温	密闭性及保温性能好，有利于北方污水处理厂冬季反硝化脱氮	
3	对环境的影响	有效控制恶臭，降噪效果好，易与周围环境相协调，可提升周边土地价值	
4	施工过程	埋深大，通常采用一体化箱体设计，抗浮要求高、基坑支护和地基处理费用高，箱体渗漏概率大。施工作业面小，影响工程进度	劣势
5	巡视检修	在有限的空间内需要优化水流、人流、泥流、车流。地下部分由于通风及照明原因，不利于巡视检修，存在安全隐患，对管理人员健康存在潜在威胁	
6	逃生疏散	生产构筑物大部分位于地下，现行国家标准《建筑设计防火规范》（GB 50016）无针对性。逃生设计依据规范不足，不利逃生疏散	
7	消防照明通风	消防照明通风要求高，增加运行费用	
8	防洪防涝	污水处理厂受洪水威胁增大，安全性低	

6.2.3 与传统污水处理厂专业设计异同

6.2.3.1 专业本身的异同

1. 工艺专业

地下式污水处理厂工艺选择与传统污水处理厂并无实质不同。但地下式污水处理厂项目往往对出水水质要求较高，同时又需尽量减小地下箱体的占地面积及体积，避免土建费用过高，通常选择占地面积小、容积负荷大、处理效率高、剩余污泥量少、操作管理方便、耐冲击负荷的工艺。其二级处理核心工艺通常会选择如 A^2O 及其变种工艺、MBR 工艺、MBBR 工艺等。

地下式污水处理厂设备选择原则与地上式污水处理厂相比并没有太大差别，但进出水泵房单泵能力匹配、各种设备防腐、设备可靠性、设备与工艺本身与箱体矩形结构的适应性等方面要额外注意。

2. 结构专业

地下式污水处理厂因其自身特点决定了其结构设计的难点主要是抗浮方案的选择和超长结构的处理。就具体设计细节来讲，廊道的设置宽度、基坑支护的复杂程度、地基处理、近远期箱体的协调布置及箱体顶层防水做法等均为实际设计过程中考虑的重点。

3. 自控专业

由于地下空间有限，不便于检修巡视，因此自动化要求较高。另外，考虑到运行人员的操作安全问题，各种检测仪表较地上式污水处理厂在种类及数量上布置得更多。

4. 总图专业

厂区防洪排涝等安全问题是地下污水处理厂的重点。传统地上式污水处理厂池体顶部一般高于设计地面较多，即使遇到超过城镇防洪排涝标准的洪涝水导致地面有一定深度的积水对污水处理厂损害也不是很大，但对于全地下式污水处理厂就截然不同：全地下式污水处理厂由于大部分生产构筑物及设备均位于地下，厂区地坪的设计需要在满足城镇防洪标准的前提下提高一定的富余量，另外还需要考虑进出箱体坡道的排水，厂区围墙的设置及厂区大门在细节设计上也应该与防洪排涝相结合，应便于设置简易临时围挡。

另外，地下式污水处理厂更应注意施工过程，需合理安排施工周期，避免在基坑尚未回填且处于多雨季节时安装设备，避免形成局部低洼导致周围雨水灌入造成经济损失。

6.2.3.2　专业之间设计配合的异同

传统污水处理厂，一般以工艺专业为主导，建筑、结构、电气、自控专业为辅助。地下式污水处理厂则与之不同，主要体现在以下几点：

（1）地下箱体的布置需由工艺与结构专业互相配合完成，缺一不可。工艺的选择、工艺池型的布置受结构的制约更大，两者的衔接贯穿整个设计过程。

（2）箱体内工艺区分段和主要设备的布置、检修巡视通道和逃生通道的布置影响顶部景观的效果。尤其是需要分期实施土建箱体的污水处理厂，其总图布置、箱体分期对工艺和景观影响较大。

（3）通风方式和消防方案影响工艺布局及箱体净高设计，地下箱体通风、照明、除臭增加了污水处理厂的直接运行费用。

（4）建筑防火分区的设置是影响地下箱体工艺布置最为重要的因素。《建筑设计防火规范》[GB 50016—2014（2018年版）]第 3.3.1 条规定：戊类地下厂房防火分区的最大允许建筑面积为 1000m²。对于建筑面积在 25000 ~ 40000m² 的地下厂房而言，如果按每 1000m² 划分一个防火分区，则需要划分 25 ~ 40 个，这将对整个箱体内部生产的布局以及疏散楼梯的布置带来很大的难度。防火分区、疏散楼梯的布置同样给顶部景观的设计设置了障碍。目前，地下式污水处理厂防火分区可通过消防专项论证解决其面积过小影响整体布置的问题。

6.2.4　工程设计需重点考虑的问题

6.2.4.1　防淹设计

地下式污水处理厂厂区防洪的设计需要重点考虑——防止客水（雨水）淹没及处理过程中污水外溢。具体来讲，在工程设计时主要有以下措施：

1. 正常运行时避免污水外溢

全地下式污水处理厂污水进入及排出箱体一般均需要提升，但泵房存在断电的可能，其断电组合情况及设计解决措施如下：

（1）箱体出水泵房断电进水泵房不断电：根据箱体出水泵房处的水位上涨情况判断，上涨到警戒水位则提供信号至进水泵房，进水速闭闸关闭，且进水泵房逐一停泵，保证箱体内污水不外溢。

（2）箱体出水泵房和进水泵房同时断电：关闭箱体进水处的速闭闸，保证箱体不受污水淹没。

（3）箱体进水泵房断电出水泵房不断电：关闭箱体进水处的速闭闸，保证箱体不受污水淹没。

2. 不受客水（雨水）影响

雨水不进入箱体的前提是本区域周边有良好的排水条件。厂区选址及地坪标高设计一定要慎之又慎，具体的工程措施有：选址避免位于洪涝区，在满足城镇防洪标准的基础上适当抬高设计地坪，除此外：

（1）进出口坡道在上坡口处设置雨水沟，且设置驼峰，如图6-8所示，避免路面过多雨水进入雨水沟，进水雨水沟的雨水及时排入厂区雨水管网。

（2）进出口坡道在下坡口处设置雨水沟，目的是雨量过大时，截留顺着坡道流入箱体内的雨水，此部分雨水就近引入箱体进水泵房或箱体出水泵房。

3. 其他工程措施

除上述工程措施外，还可以优化如下工程细节，确保厂区箱体安全。

（1）可考虑于进厂管线交汇井内临时放置排污泵，同时厂区备用柴油发电机，当地下箱体停电不能进水时，可保证污水临时排入受纳水体，避免污水淹没箱体。

（2）进入箱体一般设置速闭闸，为降低速闭闸的泄漏率，建议在箱体前的管道上设置闸阀提高保证率，避免特殊情况下污水淹没箱体。

（3）在满足上部绿化景观要求的前提下，建议厂区围墙可采取底部实体围墙，上部镂空围墙的方式。暴雨时，实体围墙配合厂区、箱体进出口的围挡、沙袋（图6-9），进一步提高防洪能力，避免客水进入厂区。

图6-8 坡道上坡口的驼峰及排水沟设置实例　　　　图6-9 箱体出入口围挡设置实例

6.2.4.2 工艺设计

地下式污水处理厂池体内光线不足，不利于巡检，所以配水配气的设计要尽量做到路径相等、损失相当；搅拌器等设备需布置合理，有条件的尽可能根据布置情况做设备流场的 CFD 模拟，避免淤积，并合理预留反冲洗管道配合清淤。

地下式污水处理厂箱体内水力坡降有限导致池体自流放空困难，目前大多地下式污水处理厂基本不单独设置放空。曝气设备需要检修时，通常将本池污水临时泵送至临池，或利用反应池内回流泵、二沉池外回流泵及对应管道、闸阀，将回流与放空巧妙设置在一起。设计在细节方面应考虑设置临时泵安装位置、预留管道、闸阀及临时用电接入位置。另外，反应池在设计时优先采用混凝土盖板，盖板位置与池内设备及顶部葫芦对应，缝隙处用细石混凝土勾缝，辅以抹面，抹面上做好标示，以便检修时寻找。

地下式污水处理厂密闭性好、积累的有毒有害气体不易扩散，负一、负二层除需设置较好的通风设施外，还要求安全仪表安装位置设计合理、数量满足需要以保安全。

6.2.4.3 照明设计

地下空间的照明能耗较高，结合地上景观需求，地下空间照明局部可采用光导、太阳能辅助照明系统（图 6-10），降低能耗及运营成本。

（a）   （b）

图 6-10 光导系统实例

（a）光导系统地面部分设备；（b）光导系统箱体内部分设备

6.2.4.4 通风设计

地下式污水处理厂地下箱体部分属于散发热、湿及臭气的车间，其面积、空间均较大，除做好除臭系统设计外，根据箱体布置情况可采用机械送风、机械排风的全面通风方式，也可以配合中间车道采用机械排风、自然进风的通风方式。

6.2.5 地下式污水处理厂总结

随着城市化进程的加快及土地集约利用理念的发展，地下式污水处理厂在我国得到了迅速地推广。在肯定其节约用地、环境友好、有利于冬季脱氮、能够提高周边土地价值等优点的前提下，也应该清醒地认识到其施工过程、逃生疏散、防洪防涝、基建投资等方面存在的不利因素。在设计过程中，也要转变传统地上污水处理厂的设计思路，从工艺主导变为各专业互为主导，重点考虑防洪防涝、运行维护、巡视检修、照明通风等方面的细节设计。

6.3　厂址及排放水体

根据《室外排水设计标准》（GB 50014—2021）第 7.2.1 条的规定：污水处理厂、污泥处理厂位置的选择应符合城镇总体规划和排水工程专业规划的要求，并应根据下列因素综合确定：

（1）便于污水收集和处理再生后回用和安全排放；

（2）便于污泥集中处理和处置；

（3）在城镇夏季主导风向的下风侧；

（4）有良好的工程地质条件；

（5）少拆迁、少占地，根据环境影响评价要求，有一定的卫生防护距离；

（6）有扩建的可能；

（7）厂区地形不应受洪涝灾害影响，防洪标准不应低于城镇防洪标准，有良好的排水条件；

（8）有方便的交通、运输和水电条件；

（9）独立设置的污泥处理厂，还应有满足生产需要的燃气、热力、污水处理及其排放系统等设施条件。

上述因素的描述除第 7 款外，均容易理解。第 7 款中描述的防洪标准对于部分咨询人员来讲接触不多，理解困难。

《防洪标准》（GB 50201—2014）中第 3.0.1 条："防洪对象的防洪标准应以防御的洪水或潮水的重现期表示；对于特别重要的防护对象，可采用可能最大洪水表示"；第 3.0.2 条："各类防护对象的防洪标准应根据经济、社会、政治、环境等因素对防洪安全的要求，统筹协调局部与整体、近期与长远及上下游、左右岸、干支流的关系，通过综合分析论证确定"；第 3.0.3 条："同一防洪保护区受不同河流、湖泊或者海洋洪水威胁时，宜根据不同河流、湖泊或海洋洪水灾害的轻重程度分别确定相应的防洪标准"。在我国，同一防护区（或防护对象）有多个防洪标准的实例较多，如北京市对永定河的防洪标准高于 100 年一遇，潮白河的防洪标准为 50 年一遇；开封市对黄河的防洪标准为 100 年一遇，惠济河的防洪标准为 20 年一遇。

因此，污水处理厂厂区地坪的设计标高要考虑污水处理厂所在地对周边不同排放水体的防洪标准对应的洪水位标高，同时也要考虑厂区的土方平衡及周边道路设计或实际高程。

至于排放水体，《室外排水设计标准》（GB 50014—2021）并未明确洪水重现期的具体数值，设计可以根据防洪标准对应的洪水标高，保证在此标准下排放水体的水不倒灌至污水处理厂——既保证污水处理厂厂区安全，又保证在正常运行时，不浪费水头，节省提升费用。

6.4 工艺路线总体思路

6.4.1 工艺路线总体思路

作为城镇基础设施的重要组成部分和水污染控制的关键环节，城镇污水处理厂工程的建设和运行意义重大。污水处理厂建设周期长、耗资高，且受多种因素的制约和影响，其中工艺路线总体思路的优化对确保污水处理厂的运行效果及节能降耗最为关键。

污水处理工艺路线需根据进出水水质要求、处理厂规模以及工程地质、自然环境条件等慎重选择。各种处理工艺都有一定的适用条件，为合理确定污水处理厂处理工艺，首先需要分析各种污染物所能达到的去除程度。

在城镇污水处理厂中，污染物的存在形式包括漂浮物、胶体悬浮物、溶解性污染物等。主要去除的污染物指标包括 COD、BOD、SS、氮、磷和粪大肠菌群数量等。目前，城市污水的处理技术主要分为物理法、生物法、化学法。漂浮物与悬浮物的去除主要依靠格栅、沉淀、过滤等物理方法去除，不能通过物理方法去除的 COD、BOD、氮、磷等污染物可通过生物法或化学法去除。

污水处理的目的是去除水中的污染物，使污水得到净化。污水处理工艺的选用与要求达到的处理程度密切相关，根据国内目前污水处理厂出水水质要求，污水处理工艺一般需要采用图 6-11 所示的三级处理工艺形式。

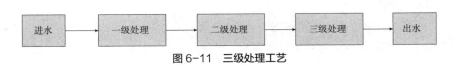

图 6-11 三级处理工艺

通常一级处理指大孔径的筛滤、拦截，沉砂和初步沉淀等工艺流程和相应单体，对污水中的悬浮物、漂浮物、无机物等有较好的去除效果，对 COD_{Cr} 和 SS 也有一定的去除率，对 TN、NH_3-N 和 TP 基本没有去除效果。表 6-6 参考了《室外排水设计标准》（GB 50014—2021）、日本的污水处理指南及国内设计单位、运行单位在多年工作中的经验积累数据，可大致说明一级处理对各污染指标的去除率。可见，一级处理对 SS 有较明显去除；对 COD_{Cr}、BOD_5 的去除率有限；对 TN、TP 等的去除率较低，在工艺设计时可以忽略。

污水一级处理的去除率数据参考   表6-6

资料来源	一级处理效率（%）				
	COD_{Cr}	BOD_5	SS	TN	TP
《室外排水设计标准》（GB 50014—2021）	—	20 ~ 30	40 ~ 55	—	5 ~ 10
日本指南	—	25 ~ 35	30 ~ 40	—	—
设计单位经验数值	16.7	16.7	42.9	9.1	8.0

二级处理通常指生化处理和二次沉淀，通过生物降解作用，将 BOD_5 和大部分 COD_{Cr} 降解为 CO_2 和水，少部分形成生物体通过污泥排除，实现水的净化。二级处理通常设置在一级处理之后，对 BOD_5、COD_{Cr}、TN、NH_3-N、TP 都有明显的去除作用。其中，对 BOD_5、COD_{Cr}、TN、NH_3-N 等污染物，二级处理是主要的处理阶段，因此也是整个工艺流程的核心。污水二级处理去除率数据如表6-7所示。

污水二级处理的去除率数据参考　　　　　　　　表6-7

资料来源	工艺形式	二级处理效率（%）			
		BOD_5	SS	TN	TP
《室外排水设计标准》（GB 50014—2021）	生物膜	65 ~ 90	60 ~ 90	60 ~ 85	—
	活性污泥	65 ~ 95	70 ~ 90	60 ~ 85	75 ~ 85
日本指南	生物过滤	65 ~ 85	65 ~ 80	—	—
	活性污泥	85 ~ 95	80 ~ 90	—	—

注：表中二级处理的处理效率数据是包含了一级处理在内的整体效率。

三级处理是指在二级处理的基础上，以二级处理出水为进水，进一步去除水中可溶解和不可溶解污染物的工艺过程。其中，TP 和 SS 可通过投加化学药剂、辅助过滤等手段，将水中溶解性的 TP 转化成难溶盐，并将水中难沉降的小颗粒 SS 和胶体通过药剂絮凝的方法强化沉淀从而去除。沉淀后还可以经过过滤进一步增加去除效果。通常情况下，混凝沉淀和过滤联合使用。

6.4.2　生物降解能力的判定及污染指标的关联

城市污水一般以生物处理为主，以物理及化学处理为辅。确定污水能否通过生物处理，需分析污水的可生化性。

污水生物处理是以污水中所含污染物作为营养源，利用微生物的代谢作用使污染物被降解，污水得以净化。因此对污水成分的分析以及判断污水能否采用生物处理是设计生物处理工艺的前提。

所谓污水可生化性的实质是指污水中所含的污染物通过微生物的生命活动来改变污染物的化学结构，从而改变污染物的化学和物理性能。研究污染物可生化性的目的在于了解污染物质的分子结构能否在生物作用下分解到环境所允许的结构形态，以及是否有足够快的分解速度。所以对污水进行可生化性研究只研究可否采用生物处理，并不研究分解成什么产物，即使有机污染物被生物污泥吸附而去除也是可以的。因此在停留时间较短的处理设备中，某些物质来不及被分解，允许其随污泥排放处理。事实上，生物处理并不要求将有机物全部分解成 CO_2、H_2O 和硝酸盐等，而只要求将水中污染物去除到环境所允许的程度。

污染物排放指标中 BOD_5 和 COD_{Cr} 是污水生物处理工程中常用的两个指标。国内通常用 BOD_5/COD_{Cr} 的值来判断污水可生物降解的性能，一般情况下，BOD_5/COD_{Cr} 的比值越大，说明污水可生化性越好。由于污水处理厂某种污染指标设计进水水质一般按照统计数据中 90% ~ 95% 保证率并参考同地区、同类型污水处理厂的设计进水水质确定，因此设计进水水质的 BOD_5/COD_{Cr} 比值并不能代表实际进水的比值，两者相差可能较大。因此应统计多个实际进水水质中 BOD_5/COD_{Cr} 数据，进行保证率分析，计算其 BOD_5/COD_{Cr} 比值在 0.35 以上的概率密度，以判断来水较为真实的可生化性。判断生物脱氮、生物除磷效果好坏的 BOD_5/TN、BOD_5/TP 也是如此，一要考虑实际进水水质，二要剔除初次沉淀池的影响。

污水中 BOD_5 的去除是靠微生物的吸附和代谢作用对 BOD_5 降解，利用 BOD_5 合成新细胞，通过污泥与水的分离完成 BOD_5 的去除。根据国外有关设计资料，在污泥负荷为 0.15kg BOD_5/（kg MLSS·d）以下时，就很容易使得生化池出水 BOD_5 保持在 10mg/L 以下。随着污水脱氮除磷技术的不断发展，BOD_5 作为反硝化碳源和厌氧释磷的有机底物，已经不能单纯地被作为污染物来简单去除了，而要综合用于脱氮及生物除磷，对于原水中碳源的资源化利用，可以有效实现污水处理的节能降耗。

COD_{Cr} 去除的原理与 BOD_5 基本相同，但需要额外注意的是：COD_{Cr} 中溶解性惰性组分决定了污水处理厂出水 COD 的下限。这部分难生物降解的溶解性 COD 需要通过高级氧化或吸附等方式才能去除。

污水中的无机颗粒和大直径的有机颗粒靠自然沉淀作用即可去除，小直径的有机颗粒靠微生物的降解作用去除，而小直径的无机颗粒（包括大小在胶体和亚胶体范围内的无机颗粒）则要靠活性污泥絮体的吸附、网捕作用，与活性污泥絮体同时沉淀去除。

污水处理厂出水中悬浮物浓度不仅涉及出水 SS 指标，出水中的 BOD_5、COD_{Cr}、TP 等指标也与之有关。因为组成出水悬浮物的主要成分是活性污泥絮体，其本身的有机成分就高，而有机物本身含磷，因此，控制污水处理厂出水的 SS 指标相当重要。

至于氮类，由于其是蛋白质不可缺少的组成部分，因此广泛存在于城市污水之中，且氮是构成微生物的元素之一，一部分进入细胞体内的氮将随剩余污泥一起从水中去除。这部分氮量约占所去除的 BOD_5 的 5%，为微生物重量的 12%，约占污水处理厂剩余活性污泥质量的 4%。

脱氮除磷过程所需碳源量如下：1mgNH_3–N 氧化（即硝化）为硝酸盐，需 4.57mgO_2、7.14mgCaCO_3 碱度和 0.08mg 碳源；1mgNO_3–N 反硝化脱氮，需 4.6mgCOD（或 3mg 左右甲醇），但可提供 2.86mgO_2、3.75mgCaCO_3 碱度。实验资料证明，厌氧段 COD_{Cr} 总量浓度在 125mg/L 左右的条件下，才能有磷的释放。磷释放消耗的碳源为 0.4mgP/mgCOD，厌氧段释放 1mg 的磷，在好氧段能够吸收 2 ~ 2.4mg 的磷。设计时根据脱氮除磷量进行反向核算，以确定进水碳源是否充足。

对于现行国家排放标准及各个地方排放标准，由于其污染物去除率较高，常规工艺对氮和磷的去除有限，仅从剩余污泥中排除氮和磷，氮的去除率为 10% ~ 20%，磷的去除率为 12% ~ 19%，一般达不到氮磷去除率的要求，因此，目前一般的污水处理厂均需要采用脱氮除磷及深度处理工艺。

6.4.3 各工艺段参数的选取

目前的排放标准下，污水处理过程被人为划分为预处理、生物处理及深度处理。深度处理一般为混凝沉淀过滤工艺，在特殊情况下，某些工程还增加了反硝化深床滤池、臭氧（催化）氧化、芬顿工艺、活性焦吸附工艺等。

随着出水水质标准的提高，其处理流程也逐步增加，但设计人员往往没有考虑各个工艺段的协同作用，而是过度的追求特定处理段的功能，往往将其发挥至极致，造成了投资的浪费。部分关联点列举如下：

1. 预处理对碳源的影响

在本书后续第 7.3 节中，详细地介绍了目前国内预处理的理念及预处理对碳源的影响，进而论述预处理的设置与否与生物脱氮的关系。

2. 前脱氮与后脱氮的选择

在污水处理厂升级改造项目中，尤其是对于严格出水总氮指标的项目，不能简单地以增加反硝化深床滤池作为应对方式，应从进水水质、现状生物反应池实际情况等出发，合理选择确定前脱氮与后脱氮的处理方式。后脱氮又可分为二沉之后的反硝化滤池与深度处理段的反硝化深床滤池，滤池位置的不同，需要在设计时确定不同的滤料材质、滤料粒径大小及滤床的深度。

3. 二沉池与深度处理的关系

出水为《城镇污水处理厂污染物排放标准》（GB 18918—2002）一级 B 排放标准时，二沉池一般作为污水处理厂的把关单元，此时二沉池负荷较低，面积较大。但随着排放标准提高到《城镇污水处理厂污染物排放标准》（GB 18918—2002）一级 A 标准或者某些地方排放标准时，一般在二沉池后设置深度处理段——混凝沉淀过滤单元。这种情况下，设计依然采用原有思路——尽可能增大二沉池沉淀效果，则可能会出现混凝沉淀效果差，发挥不出深度处理作用的弊病。

除上述生物处理段部分关联点，还有格栅栅条间隙、格栅设置位置等与生物反应的关系，剩余污泥排放方式与污泥脱水、处理处置的关系……列举出的一小部分只为说明污水处理是一个系统工程，需要发挥整体协同作用达到整体最优，不能仅考虑局部最优。

6.5 总图布置思路

总图专业在污水处理厂设计中既是先行者，也是各专业设计成果的最终整合者。主

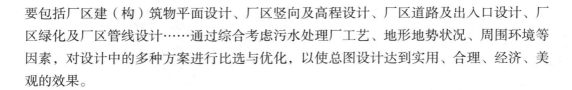

要包括厂区建（构）筑物平面设计、厂区竖向及高程设计、厂区道路及出入口设计、厂区绿化及厂区管线设计……通过综合考虑污水处理厂工艺、地形地势状况、周围环境等因素，对设计中的多种方案进行比选与优化，以使总图设计达到实用、合理、经济、美观的效果。

6.5.1 总图设计的重要性

无论是可行性研究、初步设计、还是施工图设计阶段，总图专业都是其他专业设计的基础。如建筑专业需要根据总图确定建筑风格、标志性建筑的主立面、出入口布置；结构专业需要根据总图确定的各个构（建）筑物所在位置的地质条件，选择确定合理的结构形式；各个工艺管线根据总图布置的构（建）筑物位置合理确定走向、布局……可以说，总图布置对每一个专业的设计内容均有较大的影响。

1. 有助于确定总体布局的合理性

对于总图设计工作在实际设计过程中的应用来看，其最为直接的价值就在其能够有效确保总体布局的合理性。合理的总体布局可有效控制污水处理的水力流程，保障便捷的生产运营。

2. 有助于设计的高效性

通过总图设计对全厂处理工艺、功能的掌控和协调，对厂区管线平面布置、竖向综合等设计，可及时对单体设计提出反馈条件。通过总图设计前期整合，能尽量避免项目后期大的调整、避免较大的设计变更，提高设计的高效性。

3. 有助于审批的规范性

总图设计必须要经过规划、土地等部门的审批才能较好落实，所以规范的总图设计能够在规划审批方面发挥积极作用，推动工程进展。

6.5.2 总图设计

污水处理厂总图设计是一项比较复杂的工作，需要各专业互相配合、共同参与。总图设计人员要树立全局意识，充分发挥引领、协调的作用，在遵守相关规范的前提下科学布置方案、合理优化设计。

如果说在厂址选择阶段考虑的因素偏重于宏观，那么总图布置阶段考虑的因素则已走向微观。在这个阶段，总图设计人员需要根据地块特点，合理布置厂区内的各项建（构）筑物，使之满足工艺、消防、环境等各项要求，并且在设计中始终贯彻"精益工艺流程"的思想，以达到节约用地、减少能耗、减少土方开挖、降低工程造价的作用。

1. 建（构）筑物平面设计

全面、科学地在场地中进行建筑物、构筑物、道路、工程管线、绿化设施的平面摆放及各建（构）筑物连接管线的竖向布置即为总平面设计。污水处理厂的总体布置应根据厂内建（构）筑物的功能和流程要求，结合厂址地形、现状地面高程、气象和地质条件等因素划分功能区：一般分为厂前区、污水处理区（又可分为预处理区、二级处理区、深度处理区）、污泥处理区、辅助性生产区。

首先，建（构）筑物布置应满足安全需求，建（构）筑物之间的间距必须符合国家现行防火规范的要求，如变配电间与周边丁、戊类建筑间距至少10m，液氧站距其他建筑不小于15m等；其次，建（构）筑物布置应满足各单体施工、设备安装和管道敷设，以及养护、维修管理的要求，如进水泵房、生物池应考虑深基坑施工距离要求，脱水机房应考虑脱水机吊装需求等；最后，建（构）筑物布置应结合功能，根据运行管理方便与节能的原则布置，如鼓风机房应位于曝气池附近，总变配电间应靠近电耗较高的建（构）筑物，厂前区应布置在常年主导风向的上风向等。

2. 厂区竖向及高程设计

厂区建（构）筑物竖向设计是确定各单体及连接管道高程的过程，应根据建（构）筑物平面定位，结合工艺水力流程特点及厂区地质情况，充分利用厂区地形优势，进行多方案论证，反复计算，不断优化确定。

污水处理厂单体之间水力流通应尽可能考虑重力自流，各单体间竖向高程设计应在保证其正常发挥功能的情况下减少土方量，降低工程总体造价。因此，厂区竖向及高程设计应充分利用地形高差，实现自流，降低构筑物埋深。在水力流程损失计算过程中应考虑充分，既要考虑因远期发展水量增加而预留水头，也要避免处理构筑物之间不必要的跌水而浪费水头的现象，还要适当考虑由于管道随使用年限的增长其摩擦阻力变化的趋势，应力求缩小全程水头损失及提升泵站的扬程。

3. 厂区道路及出入口设计

道路设计是总图设计的重要组成部分，起着担负分散的地块及各单体之间联系纽带的作用，合理科学的交通组织可使工作人员的生产和生活更加便捷。

厂区设计的道路宽度及转弯半径应满足消防及车辆通行需求，要便于设备安装、污泥外运、物料运输、巡视检修等；同时，道路设计的竖向及标高控制应结合场地周边区域及排水设计确保雨水的及时排放，满足厂区雨水排放要求。

污水处理厂出入口设计的数量一般不少于2个，分为主出入口及次出入口，一般主出入口布置于主干道附近，主要用于办公人员的进出；次出入口布置在次干路上，主要用于污泥、药品的运输。

4. 厂区绿化设计

厂区绿化在总图设计中具有举足轻重的作用，其不仅可以起到降噪、除尘、净化空气的作用，同时厂区建（构）筑物通过绿化及景观小品的衬托点缀，可极大地提升厂区整体美，为处理厂员工提供舒适、安逸的工作环境。

厂区绿化应结合处理厂当地气候条件、经济水平选取易于种植、高低搭配、色彩均衡的植物，采用多种布局样式、相互融合的设计理念营造不同的环境氛围，给人们带来视觉和触觉的冲击，彰显厂区绿化的整体美。

5. 厂区管线设计

污水处理厂的管线是实现厂区正常运转功能必不可少的元素，通常包括连接水处理构筑物的工艺管线，事故状态下的超越管线，连接鼓风机房与生物池之间的空气管线，药品投加的加药管线，污泥回流、排放的污泥管线及其他辅助性生产用的供水、供热、雨水、污水等管线。

在对管线平面布置时，建（构）筑物之间的连接管应尽可能短捷、顺直，避免迂回，管线与管线/建（构）筑物之间的水平距离应满足现行国家标准《室外排水设计标准》（GB 50014）要求的最小水平净距，如实际情况无法满足要求，则应采取必要的安全措施。

管线平面布置应结合单体布置、单体管线出入接口设计，尽量避免平面交叉，减少竖向综合时不必要的麻烦。

在对管线竖向设计时，不同管线垂直相交距离应满足现行国家标准《室外排水设计标准》（GB 50014）要求的最小垂直净距，如实际情况无法满足要求，则应采取必要的安全措施。

竖向综合时应先按照管线功能和性质特点，统筹安排好每种管线的合理空间，避免不必要的交叉。当不同管线发生高程冲突时，遵循压力管让重力管、可弯曲管让不可弯曲管、小管让大管的避让原则。

污水处理厂一般管径较大的有工艺管、空气管、污水管及雨水管。要合理布置污水管与雨水管，尽量减少污水管、雨水管与工艺管的交叉。另外，要根据污水处理厂所采用的工艺、构筑物反冲洗废水排放的排放量及排放规律，合理确定厂区污水管道的管径及布置方式，避免厂内污水溢流。

第7章　各工艺段及主要设备的比选

7.1　格栅

格栅类应用广泛，一般是污水处理厂首个构筑物里首台较为重要的设备，其能够自动的连续拦截并清除水中的漂浮物，保护后续水泵的正常运行。

7.1.1　格栅类别

格栅类别很多，根据其形状、传动方式进行分类，如表7-1所示。

格栅分类 表7-1

分类		传动方式	牵引部件工况	格栅形状	安装形式		代表性格栅
外进式	前清式（前置式）	液压	伸缩臂	弧形	固定式		液压传动伸缩臂式弧形格栅除污机
		臂式	摆臂式				摆臂式弧形格栅除污机
			回转臂				悬臂式弧形格栅除污机
		钢丝绳	伸缩臂	平面	移动式	台车式	移动式伸缩臂格栅除污机
							钢丝绳牵引移动式格栅除污机
			三索式			悬挂式	抓斗式格栅除污机
					固定式		三索式钢丝绳格栅除污机
			二索式				滑块式格栅除污机
		链式	干式				高链式格栅除污机
							耙式格栅除污机
							回转式多耙格栅除污机
							背耙式格栅除污机
	后清式（后置式）						回转式固液分离机
	自清式（栅片移动式）	曲柄式	湿式	阶梯			阶梯式格栅除污机
	侧清式	链式		孔板			外进流阶梯格栅
				金属丝网			旋转滤网
内进式				孔板			内进流格栅
	螺旋式	转轴		弧形			楔形格栅除污机
		转鼓		鼓形（孔板或栅条）			转鼓格栅除污机

《给水排水设计手册》及《给水排水用格栅除污机通用技术条件》（GB/T 37565—2019）中规定了格栅除污机的分类与型号，并给出了标准的定义——格栅除污机：通过电动驱动装置牵引齿耙、抓斗，将格栅前的漂浮和悬浮物体拦截并进行打捞的设备。

本节主要介绍几种常用的格栅除污机，并列出适用条件以便设计选择。

7.1.1.1　钢丝绳牵引格栅除污机

通过钢丝绳牵引齿耙，将固定栅条前的漂浮和悬浮物体进行拦截并进行打捞的格栅除污机，钢丝绳牵引格栅除污机示意图如图 7-1 所示。

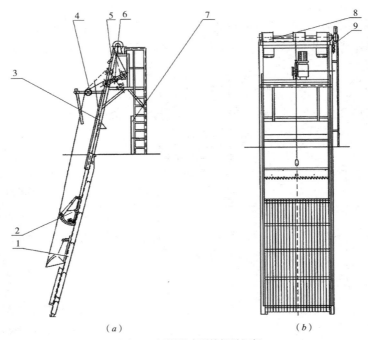

（a）　　　　　　　　　　　　　　　　（b）

图 7-1　钢丝绳牵引格栅除污机
（a）侧面示意图；（b）正面示意图
1—固定栅条；2—齿耙；3—门型架；4—导向滑轮；5—张紧装置；
6—开耙装置；7—电器控制箱；8—钢丝绳牵引装置；9—驱动装置

此类除污机根据翻耙卸渣装置的不同可分为二索式和三索式：格栅渠道较窄时采用二索式，较宽时宜采用三索式。

该机型无水下转动部件，易于维修。但如果钢丝绳受力不均会发生偏载卡滞等问题。抓斗式机耙结构的除污机可垂直放置。适用于渠宽 1.0～3.2m，最大水深小于 15m 的格栅渠道。其栅条间隙 15～50mm 均可，安装角度 70°～80°。

本机型具有结构紧凑、自动化程度高、维修维护便捷等优点；但也有控制元器件较多、故障率较高、截污能力一般等缺点。钢丝绳牵引格栅除污机安装实例如图 7-2 所示。

7.1.1.2　回转式链条传动格栅除污机

多个齿耙等距离设于环形链条上，通过环形链条牵引齿耙，将固定栅条前的漂浮和悬浮物体拦截并进行打捞的格栅除污机。

齿耙间距根据水深确定，一般不小于1.5m间隔，保持运行时液位以下至少有一个齿耙，以保证格栅清污的连续性。

该机型结构简单，但水下有转动部件，链条磨损后如未及时张紧，在水流冲击时易发生脱链，所以液位不能太深。回转式链条传动格栅除污机示意图如图7-3所示。

图7-2　钢丝绳牵引格栅除污机实例

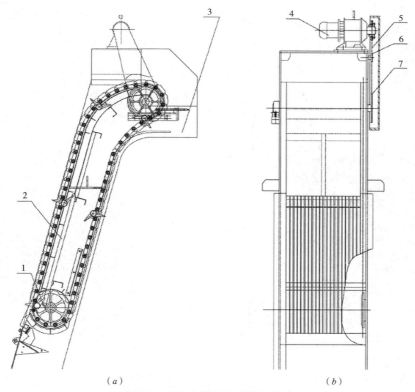

(a) (b)

图7-3　回转式链条传动格栅除污机

(a) 侧面示意图；(b) 正面示意图

1—下导轮；2—固定栅条；3—机架；4—驱动装置；5—套筒滚子链；6—张紧链轮；7—从动链轮

该机型适用于渠宽0.4～3m，最大水深小于10m的格栅渠道。其栅条间隙15～80mm均可，安装角度70°～85°。具有结构简单、维修维护方便，但截污能力差等特点。回转式链条传动格栅除污机安装实例如图7-4所示。

7.1.1.3　回转式耙齿链条格栅除污机

通过链轮牵引密布的耙齿组，将耙齿前的漂浮和悬浮物体拦截并进行打捞的格栅除污机。回转式耙齿链条格栅除污机示意图如图7-5所示。

 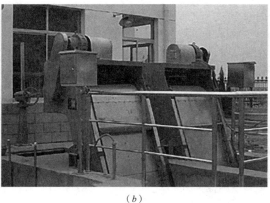

（a）　　　　　　　　　　　　　　　（b）

图7-4　回转式链条传动格栅除污机实例

（a）设备图；（b）运行图

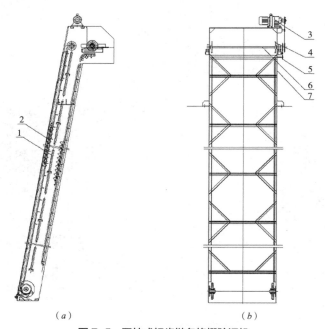

（a）　　　　　　　　　　　　　　（b）

图7-5　回转式耙齿链条格栅除污机

（a）侧面示意图；（b）正面示意图

1—耙链；2—耙齿；3—驱动装置；4—导向轮；5—转刷轴；6—主轴；7—机架

该机型适用于渠宽0.4 ~ 2.4m，最大水深小于7m的格栅渠道。其栅条间隙3 ~ 25mm均可，安装角度60° ~ 80°。具有结构紧凑、循环耙链设计、可连续自清等优点；但也存在格栅宽度有限（超出1.4m时，需做并联设计）、水头损失大、截污能力一般等缺点。回转式齿耙链条格栅除污机安装实例如图7-6所示。

7.1.1.4　高链式格栅除污机

链轮和链条在水面以上工作，通过回转式链条牵引齿耙插入水下固定栅条间，将固定栅条前的漂浮和悬浮物体拦截并进行打捞的格栅除污机。

该机型结构复杂，水下无转动部件，但
耙臂过长或过宽都会使结构失稳，且液位波动
会淹没液位以上的链轮和链条，格栅宽度和水
深均不宜超过 2m。高链式格栅除污机示意图
如图 7-7 所示。

7.1.1.5 阶梯式格栅除污机

通过偏心轮带动移动栅条做往复运动，
将固定栅条前的漂浮和悬浮物体拦截并进行
打捞的格栅除污机。阶梯式格栅除污机示意图
如图 7-8 所示。

图 7-6 回转式齿耙链条格栅除污机实例

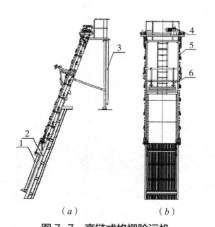

图 7-7 高链式格栅除污机
（a）侧面示意图；（b）正面示意图
1—除污耙；2—固定栅条；3—支架；
4—驱动装置；5—传动系统；6—清污装置

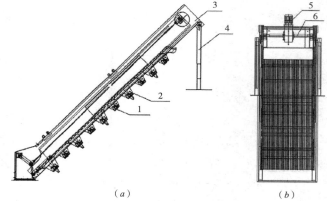

图 7-8 阶梯式格栅除污机
（a）侧面示意图；（b）正面示意图
1—固定栅条；2—移动栅条；3—机架；4—支架；
5—驱动装置；6—传动系统

7.1.1.6 弧形格栅除污机

通过驱动装置带动齿耙，沿圆弧形固定栅条（近 1/4 圆周）做回转或摆臂运动，将
固定栅条前的漂浮和悬浮物体拦截并进行打捞的格栅除污机，其示意图如图 7-9 所示。

该机型结构简单，水下无转动部件，易于维修，但因耙臂长度有限，回转式结构所
占空间较大，渠深不宜过深。

弧形格栅除污机包括摆臂式和回转式格栅除污机。

本格栅机适用于中小型污水处理厂或泵站水位较浅的渠道中，主要由机架、栅条、
除污耙、清扫装置、偏心摇臂、驱动装置等组成。

除污耙在驱动减速机的作用下，插入栅条间隙清捞栅渣，当除污耙运转到渠道的上
平台面时，栅渣即经清扫器的清扫落入垃圾小车或栅渣输送机中。

适用于渠宽小于 3m，最大水深小于 2m 的格栅渠道。其栅条间隙 5 ~ 80mm 均可。

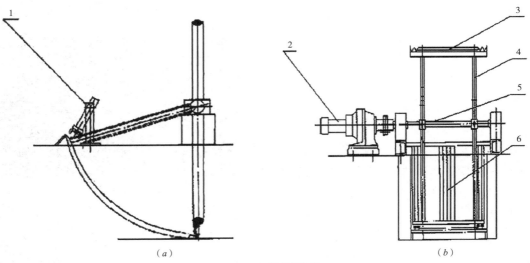

图 7-9　弧形格栅除污机

（a）侧面示意图；（b）正面示意图

1—撇渣装置；2—驱动装置；3—齿耙板；4—旋转耙臂；5—传动轴；6—固定栅条

弧形格栅除污机安装实例如图 7-10 所示。

特点：

（1）采用轴装式减速机，结构简单，占地面积小，便于多机组并列。

（2）具有液压缓冲装置，有效地降低了撇渣耙复位时产生的冲击和噪声。

（3）具有过扭保护机构，当耙臂因意外原因过载时，立即切断电源，停机报警。

缺点：

（1）适用水位较浅的渠道，适用范围窄。

（2）片状栅条，截污能力差。

图 7-10　弧形格栅除污机实例

（3）开放式结构，栅渣进入输送设备时易飘出，周边环境差。

7.1.1.7　鼓式格栅除污机

通过驱动装置带动齿耙在环形固定栅条组成的圆柱形转鼓内侧做圆周运动，将转鼓内侧的漂浮和悬浮物体拦截并进行打捞的格栅除污机。转鼓式格栅除污机示意图如图 7-11 所示。

适用于水位较浅的渠道中。污水从格栅端面开口流入栅框，穿过栅条时杂物被栅条截留，当栅前栅后的液位达到预设值时，刮渣耙开始转动，将栅渣刮入料斗后由螺旋输出，在输送过程中完成栅渣压榨脱水。

适用于渠宽小于 3m，最大水深小于 2.5m 的格栅渠道。其栅条间隙 6～10mm 均可，

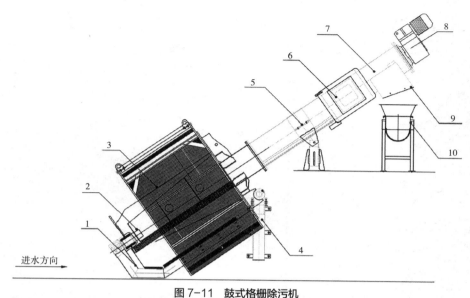

图 7-11　鼓式格栅除污机

1—刮渣转臂；2—提渣螺杆；3—栅鼓；4—渠内支架；5—渠上支架；6—压榨筒；7—排渣螺管；

8—驱动装置；9—出渣口；10—输送装置

安装角度 35°。鼓式格栅除污机效果图如图 7-12 所示。

特点：

（1）水头损失小——分离效率较高。

（2）全不锈钢制作，维护工作量小。

（3）集拦污、压榨于一体，自动化运行程度高。

缺点：

（1）适用水位较浅的渠道，适用范围窄。

（2）片状栅条，截污能力一般。

（3）需要冲洗水源。

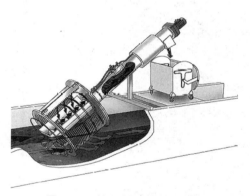

图 7-12　鼓式格栅除污机效果图

7.1.1.8　转鼓式格栅除污机

通过驱动装置带动转鼓自身做圆周运动，将转鼓内侧的漂浮和悬浮物体拦截并进行打捞的格栅除污机，其示意图如图 7-13 所示。

适用于水位较浅的渠道中。污水从格栅端面开口流入栅框，穿过栅条时杂物被栅条截留，当栅前栅后的液位达到预设值时，栅框开始转动，通过刮渣刷和冲洗水将栅渣卸入料斗后由螺旋输出，在输送过程中完成栅渣压榨脱水。

适用于渠宽小于 3m，最大水深小于 2.5m 的格栅渠道。其栅条间隙 0.5 ~ 6mm 均可，安装角度 35°。其特点与鼓式格栅类似。

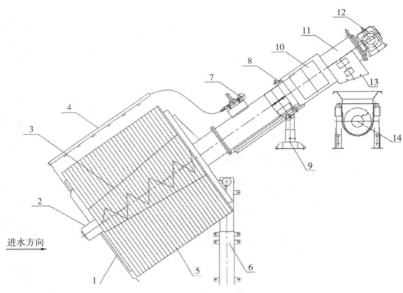

图 7-13　转鼓式格栅除污机

1—挡水板；2—液下轴承；3—物料斗；4—冲洗棒；5—转鼓；6—渠内支架；7—总冲洗水接口；8—压榨区冲洗水接口；
9—渠上支架；10—压榨筒；11—排渣螺管；12—主机驱动装置；13—出渣口；14—输送机

7.1.1.9　移动式格栅除污机

通过钢丝绳牵引齿耙（抓斗）将固定栅条前的漂浮和悬浮物体拦截并进行打捞，再通过横向水平行走装置将其移至指定收集处的格栅除污机。

该机型水下无转动部件，易于维修，抓斗开耙闭耙由液压或机械装置控制，清污能力强、效率高，渠深可达 20m。由于工作时是逐条渠道顺序清污，当渠道数量过多时，应合理配置抓斗数量，其示意图如图 7-14 所示。

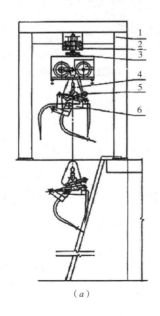

（a）

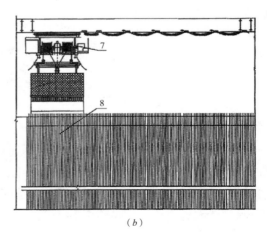

（b）

图 7-14　移动式格栅除污机

（a）侧面示意图；（b）正面示意图

1—支架；2—横向导轨；3—移动小车；4—限位机构；5—平衡臂组件；
6—抓斗；7—驱动装置；8—固定栅条

本机型特点：

（1）无永久性浸泡部件，耐腐蚀性强，使用寿命长。

（2）整机运行能耗低，操作控制方便，能实现自动化控制。

（3）整机结构紧凑，检修维护方便。

（4）无渣物回落现象。

（5）清渣的开闭采用液压张合耙机构，性能稳定可靠。

（6）开放式结构使工作平台洁净，工作环境好。

（7）适用范围广，特别适用于多渠道或宽渠道的格栅清渣。

7.1.1.10　孔板（或网板）式格栅除污机

孔板（或网板）式格栅除污机由一个电机及其独特的连续旋转的多组孔板（或网板）和固定框架组成。污水由格栅中部进水孔进入，由内向外通过两侧孔板（或网板），杂质被截留在格栅内侧后，污水向外侧流出。孔板（或网板）式格栅除污机实例如图7-15所示。

 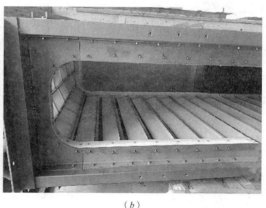

（a）　　　　　　　　　　　　　　　　（b）

图7-15　孔板（或网板）式格栅除污机实例

（a）整体布置图；（b）设备内部图

截留在格栅内侧的杂质随孔板（或网板）旋转提升至顶部的栅渣排放区，由冲洗装置将截留栅渣冲洗至收集槽后导出。

该装置由过滤孔板（或网板）、框架及可移动盖板、排渣槽、驱动装置及水冲洗系统等组成。主要作为污水处理系统的细格栅。

适用于渠宽1～3m，最大水深小于6m的格栅渠道。其栅条间隙1～4mm均可，安装角度90°。

特点：

（1）孔板结构，截污效果好。

（2）中间进水，两侧出水，过水量大。

（3）采用双重压力水冲洗，孔板堵塞率低。

缺点：

（1）需要反冲洗，消耗水资源。

（2）栅渣含水率较高，需配置高效压榨机。

7.1.2　格栅设计要点

在污水处理过程中，一般根据所选工艺、污水处理厂布置形式等设置粗、细格栅两道，或者粗、细、精细格栅三道。一般栅条间隙 10 ～ 25mm 属于粗格栅；3 ～ 10mm 属于细格栅；1 ～ 3mm 属于精细格栅（其中膜格栅 0.8 ～ 1.2mm）。

栅条有圆形、矩形、方形。虽然圆形水利条件较好，但刚度较差，目前多采用矩形断面。

格栅类型选择主要考虑渠深、渠宽：超过 7m 宜选用钢丝绳格栅；2m 及 2m 以内的宜选用弧形格栅；2 ～ 7m 宜选用回转式格栅。格栅总宽度大于 3m 时宜采用多台布置形式，两侧过道宽度应满足设备检修要求，多台布置时，宜对称布置。格栅布置如图 7-16 所示。

（a）　　　　　　　　　　　　　　　　　　　　　（b）

图 7-16　格栅除污机多台布置实例

（a）两台布置图；（b）三台布置图

配套栅渣输送设备需注意：

（1）格栅机出料口与输送机入料口的衔接；

（2）输送机出料口与后续设备的衔接；

（3）进出料口衔接处的封闭措施，或配置除臭罩。

7.2　泵房与泵

污水处理厂泵房可分为进水泵房、中间提升泵房、尾水排放泵房等。一般的城镇污水处理厂，由于来水 pH 基本呈中性，从节省泵房土建尺寸、工程投资角度考虑，一般都选用湿式潜污泵。中间提升泵房其扬程较低，潜污泵及轴流泵均有较多案例，但应注意泵的选型，提高效率。尾水排放泵，若有中水回用，一般按照给水厂二级泵房进行水泵选型及布置，应注意水泵并联问题。

7.2.1 水泵并联

污水处理厂咨询和设计工作者习惯了单泵单排，当设计污水处理厂尾水回用泵房时一定要注意泵的并联曲线偏移问题。一台泵单独工作时的流量，大于并联工作时每一台泵的出水量，一般超过 4 台同型号的泵并联工作，继续增加泵的台数，其经济性很低。管道性能曲线越陡的泵，并联曲线偏移现象就越明显。以实际工程为例进行说明：

某工程再生水输水管道设计日平均时流量 12625m³/h。

再生水管线总长度 12.56km，总水头损失 29.3m，选用水泵扬程 33.8m。采用 *DN* 1600mm 钢管。水泵曲线如图 7-17 所示，管路特性曲线拟合水泵并联工况曲线如图 7-18 所示。

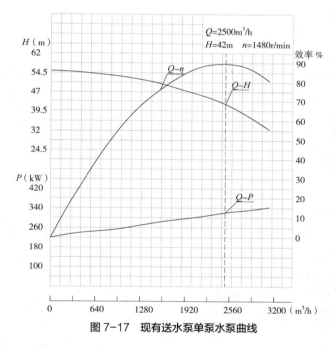

图 7-17 现有送水泵单泵水泵曲线

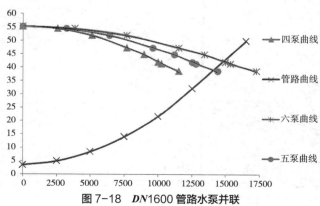

图 7-18 *DN*1600 管路水泵并联

7.2.2 叶轮气蚀

污水处理厂内潜水泵占泵类的绝大比例，叶轮工作在正常液位之下。这就导致很多设计工作者忽略了水泵的气蚀问题。

水泵中最低压力 P_K 如果降低到被抽送液体工作温度下的饱和蒸汽压力（即汽化压力）P_{va} 时，泵壳内即发生气穴和气蚀现象。

水的饱和蒸汽压力，就是在一定的水温下，防止水汽化的最小压力。其值与水温有关，如表 7-2 所示。

温度与饱和蒸汽压力对应关系 表7-2

水温（℃）	0	5	10	20	30	40	50	60	70	80	90	100
饱和蒸汽压力 P_{va}（mH$_2$O）	0.06	0.09	0.12	0.24	0.43	0.75	1.25	2.02	3.17	4.82	7.14	10.33

水的这种汽化现象，将随泵壳内压力的下降以及水温的提高而加剧。

当叶轮进口低压区的压力 $P_K \leqslant P_{va}$ 时，水就大量汽化，同时溶解在水里的气体也自动逸出，形成气泡。气泡随水流带入叶轮中压力升高的区域时，气泡突然被水压压破，水流因惯性以高速冲向气泡中心，在气泡闭合区域内产生强烈的局部水锤现象，瞬间的局部压力可以达到几十兆帕，此时，可以听到气泡冲破时炸裂的噪声，这种现象称为气穴现象。

离心泵中，一般气穴区域发生在叶片进口的壁面，金属表面承受着局部水锤作用，其频次可达 2 万～3 万次/秒之多，一段时间后，金属就产生疲劳，表面开始成蜂窝状，随后应力更加集中，叶片出现裂缝和剥落。同时还会引起电化腐蚀，使裂缝加宽，最后几条裂缝互相贯穿，达到完全蚀坏的程度。这种效应就叫作气蚀。

气蚀是气穴现象侵蚀材料的结果，统称为气蚀现象，正常轴流泵及气蚀后的轴流泵叶轮分别如图 7-19、图 7-20 所示。

图 7-19 正常轴流泵叶轮

图 7-20 气蚀轴流泵叶轮

给水厂送水泵房、污水处理厂回用水泵房内常用离心泵，干式安装，一般叶轮及轴线位于正常液位以上，其吸水性能通常用允许吸上真空高度 H_S 来衡量。H_S 越大说明吸水性能越好，或者说抗气蚀性能越好。但，对于轴流泵、混流泵、热水锅炉给水泵等，其安装高度通常是负值，叶轮常需安装在最低液位以下，对于这类泵通常用"气蚀余量"（NPSH）这个名称来衡量他们的吸水性能。NPSH 越小，表示该水泵的吸水性能越好。

轴流泵属于叶片式水泵，叶片式水泵的吸水过程，是建立在水泵吸入口能够形成必要真空值的基础上，此真空值是须严格控制的条件值。在实际使用中，水泵真空值太小，抽不上水；真空值太大，产生气蚀现象。

7.2.3 设计依据

第二版《给水排水设计手册》第三册 5.4.3.5 中规定：

立式轴流泵、混流泵叶轮较接近吸水喇叭口，安装要求较高，需要有足够的浸水深度和悬空高度，给出了各个安装尺寸建议最小值及最大值。其中对于喇叭口距离池底的距离 C 并没有明确为最小或最大；喇叭口中心至后墙壁之间的距离 B 明确其推荐尺寸为最大尺寸。另，本版手册详细地列出了美国原英格索兰公司、日本荏原制作所和德国 KSB 工艺各自推荐的吸入水槽主要尺寸。不知何故，第三版《给水排水设计手册》第三册 5.4.3.5 中除保留了"立式轴流泵、混流泵叶轮较接近吸水喇叭口，安装要求较高，需要有足够的浸水深度和悬空高度"外，其余建议尺寸全部未与保留。不能为经验不足的设计人员提供指导。

7.2.4 轴流泵气蚀实例

轴流泵的安装，如无实际工程案例可参考，应通过 CFD 模拟供设计借鉴。本节介绍一实际工程案例：通过生物反应池内回流泵、二沉配水井外回流泵的实际安装尺寸及运行情况，简要说明合理布置的必要性及尝试分析可能引起气蚀的原因。

7.2.4.1 案例现象

某厂一期工程至今已运行 14 年。除正常维修保养外，内回流泵及外回流泵均运行良好，无气蚀现象。一期工程内回流泵：$Q=1875m^3/h$，$H=0.8 \sim 1.0m$，布置形式如图 7-21 所示。一期外回流泵：$Q=940m^3/h$，$H=6m$，布置形式如图 7-22 所示，一期外回流泵的性能曲线如图 7-23 所示，其建议安装条件如图 7-24 所示。

一期内回流泵布置特点：吸入口与池底距离较大，达 2m，工作水泵进水流道未分隔。

一期外回流泵布置特点：实际安装时，吸入口与池底距离较小，为 0.3m，超过建议安装值 0.2m 的 50%，工作水泵进水流道分隔，但无进水倒流锥等附件。

与之形成对比的是，二期外回流泵于 2014 年建成投产，2017 年检修时发现叶轮严重气蚀现象。二期工程水泵安装设计图如图 7-25 所示，二期外回流泵性能曲线如图 7-26 所示。

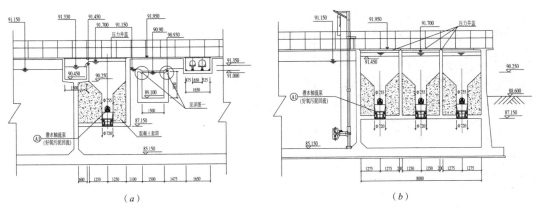

图 7-21　内回流泵布置图
（a）剖面图一；（b）剖面图二

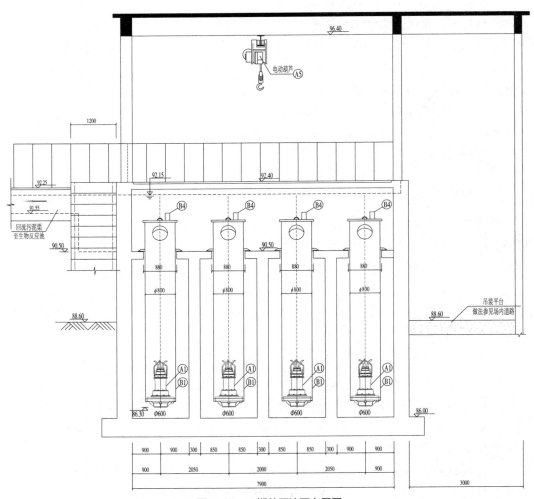

图 7-22　一期外回流泵布置图

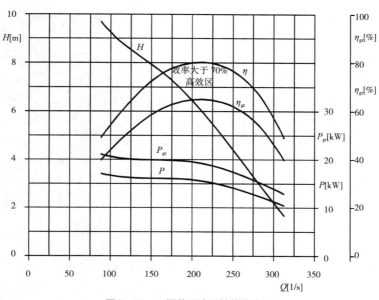

图 7-23　一期外回流泵性能曲线图

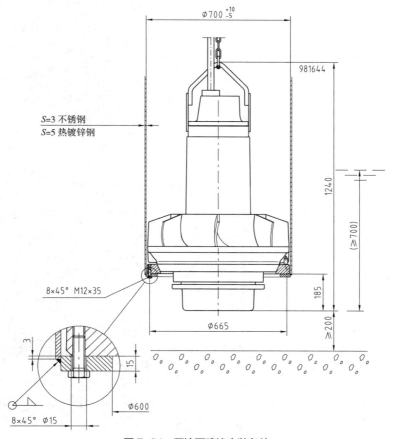

图 7-24　回流泵建议安装条件

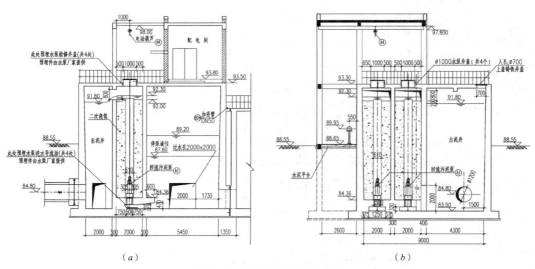

图 7-25　二期外回流泵布置图

（a）剖面图一；（b）剖面图二

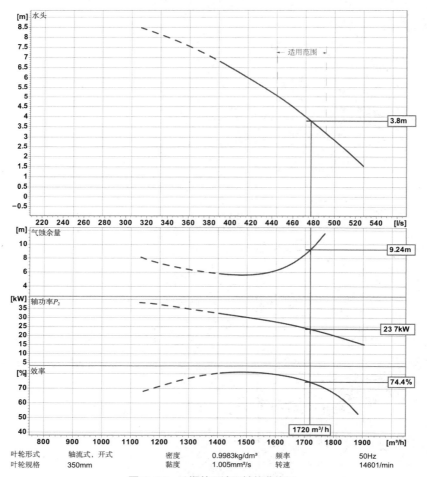

图 7-26　二期外回流泵性能曲线图

二期工程按照设备供货商提供的进水流道及布设导流锥设计，由于施工时流道尺寸的误差及泵选型等原因，运行 3 年后，检修发现混凝土进水流道磨损严重，叶轮有气蚀现象，流道磨损及现场尺寸如图 7-27 所示。

（a） （b）

图 7-27　二期外回流泵实际安装

（a）流道磨损图一；（b）流道磨损图二

本泵设计工况点：Q=1720m³/h，H=4.0m，N=30kW。发生气蚀后经过分析，实际水头损失为 3.1 ～ 3.4m。此时 $NPSH_a$（14.5m）> $NPSH_r$（11.8m），从水泵曲线上看，不应发生气蚀。二期外回流泵实际运行特性分析如图 7-28 所示。

仔细观察现状水泵吸入口，其进水方向导流结构为狭长形设计，入水侧远离水泵吸入口位置，局部沉积堵塞的风险加大，且实际流道不平整，引起局部涡流，可能会引发气蚀风险。

所以 2017 年采用增加出水井筒高度，人为增加水头，使得 $NPSH$ 点向左移动，并对进水流道进行了修整，以满足较好的吸水条件等改造措施，但改造后运行 3 年又发现气蚀现象，如图 7-29 所示二期外回流泵布置改造后气蚀图。

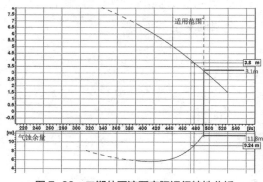 

图 7-28　二期外回流泵实际运行特性分析　　　**图 7-29　二期外回流泵布置改造后气蚀图**

7.2.4.2 原因分析

通过一期内回流、外回流轴流泵与二期外回流轴流泵的安装及运行对比分析可以发现：进水流道及泵的特性曲线特点可能是引起气蚀的重要原因。根据二期外回流泵安装的改造过程，可以判定进水流道引起叶轮气蚀占据主导因素。由于进水流道及泵实际运行的扬程低于工况点扬程，造成实际工作点向流量扬程曲线流量增大方向偏移，流量增大导致轴流泵吸入口形成的真空值增大，吸入口真空值增大导致气蚀的发生；一期工程内回流泵及外回流泵吸入口下部安装空间足够、流道形状规则，可能在一定程度上减缓、避免气蚀发生。

同城另外一个 65 万 m³/d 污水处理厂水泵布置也验证了这点：第一次设计并施工时，其内回流轴流泵布置完全按照水泵厂商提供的进水断面形状、尺寸安装并增设导流锥等，运行时间 3 年左右发现全部气蚀。虽然吸入口距离池底较近有利于避免污染物沉积，但过于精密的流道形状给施工过程提出了挑战，并且由于磨损等原因，流道处混凝土脱落、表面凹凸不平进而更加影响进水造成局部旋涡，这些都会导致水泵叶轮气蚀。发生气蚀后，设计单位及建设单位将轴流泵井筒及进水区域做了改造，做成图 7-21 的形式，长时间运行后发现除正常磨损外，无气蚀现象。

7.3 初沉池

初沉池是污水处理厂重要的一级处理构筑物。随着排放标准的提高，尤其是对碳源不足的污水处理厂，目前一般采取减少初沉池设计停留时间、初沉池设置超越或取消初沉池等应对措施。

本节主要介绍初沉池设计依据、国外在预处理段新的设计理念及设备等内容。

7.3.1 初沉池设置依据

初沉池设置与否一般考虑两个因素：进水悬浮物浓度及悬浮物中无机成分比例。上述两个因素的具体数值，现行国家标准并没有明确的说明，各地或各污水处理厂均根据各自情况决定。

江苏省住建厅在 2010 年 03 月发布的《江苏省太湖流域城镇污水处理厂提标建设技术导则》对初沉池的设置，在"4.2.1 设置条件"中明确规定如下：

具备下列条件之一时，宜设置初沉池：

（1）收集系统以合流制为主，或有建筑废水排入。

（2）进水 SS 浓度在 150mg/L 以上，且进水 SS 中无机组分所占比例较高（55% 以上）。

（3）受工业废水影响，进水 SS 中纤维状悬浮物较多。

7.3.2 对生物反应的影响

污水处理厂是否设置初沉池，对后续生物除磷脱氮系统的影响，目前来看主要有两个方面：一方面，去除了较多的无机物，降低后续生化处理构筑物的负荷，使后续生物处理系统污泥的碳氧化和硝化活性提高，减少了硝化池容，降低了投资；利用沉淀的方式去除污染物，动力设备较少，节能降耗；在初沉池内可以去除部分浮渣、砂子、油类，以减少此类物质在后续生化处理构筑物的聚积，改善生化处理构筑物的运行环境；在进水 SS 较高的情况下，初沉池对 SS 有较高的去除作用，可以提高生化处理构筑物中 MLVSS 的比例。另一方面，在去除悬浮物的同时也损失了部分碳源，对脱氮除磷带来不利影响。

7.3.3 国内外预处理理念的差别

目前国内污水处理厂的设计及运行，重生物处理、深度处理，轻预处理。随着排放标准的提高，这种趋势越发明显。另外，近些年虽然我国更加重视污泥的处理处置，但重视的基本都是通过干化、焚烧等方式使得污泥减量、稳定，并未从能量平衡的角度来考虑污水处理厂的设计、运行，也没有从这个角度来考虑污水预处理、二级处理、深度处理与污泥处理处置之间的关系。

陈珺等在《未来污水处理工艺发展的若干方向、规律及其应用》中表示，进入 21 世纪后，污水处理领域内出现了重大的理念变革，污水已经不再被认为是一种废物，而是一种可再生能源，污水处理也正由过去的以卫生文明与环境保护为目标向着资源回收的方向发展。这一点无论从荷兰提出的 NEWs 理念，即未来水处理厂将是营养物（Nutrient）、能源（Energy）与再生水（Water）的制造工厂（Factories），还是美国水环境联盟（WEF）正式摒弃污水处理厂（WWTP）之称，转而统称为水资源厂（WRRF），抑或是新加坡倡导的将 Wastewater 改称为 Usedwater，都印证着在世界范围内污水作为一种可再生资源已深入人心。伴随着理念的变革，污水处理工艺在技术紧凑性、可持续性、适应性方面朝着更加深入的方向发展。

在传统的污水处理工艺中，COD 的主要流向是被好氧分解，除此之外还用于脱氮除磷、厌氧消化及污泥处置。目前污水中碳已经被广泛认为是可贵的资源，可被用于产生能量（厌氧消化）、开发出以碳为基础的商品。因此污水中的可生物降解有机物从二级处理转向能量回收的这一转变被称之为碳转向。

目前碳转向的技术主要有化学强化一级处理（CEPT）、高负荷活性污泥工艺、厌氧处理等。CEPT 对颗粒性和胶体性 COD 的去除率为 40% ~ 80%，但对溶解性的 COD 无去除作用。虽然污水的厌氧处理在热带地区有所应用，但在温带地区的主流工艺中由于其速率较低，同时产生甲烷会有相当一部分溶解在出水中，因此尚难以得到广泛的应用。

本节不讨论国内外在污水处理理念上的差异，只是从工程技术角度，从污水处理厂的紧凑化、设备化等方面介绍几种新兴的预处理方式。

7.3.3.1 SSgo

传统污水处理厂，预处理一般由格栅、沉砂及沉淀等工艺段组成。其预处理工艺运行效果较差,例如细格栅一般只能去除 1mm 以上的污染物,无法有效截留污水中的毛发、细渣等悬浮污染物;沉砂池的设计运行仅以去除大于 0.2mm 砂粒为标准,且实际运行效果强烈依赖于进水流态;初沉池占地面积较大,且可能损耗可生化性碳源。在进水碳源不足的情况下,污水处理厂大多超越或取消初沉池,造成无机颗粒物大量进入生化池,后续系统的负荷压力进一步增加。

预处理效果不佳,会导致反应池泥砂淤积严重、有效容积减小,生化单元污泥活性变差、处理能力降低,设备缠绕、堵塞和磨损严重等问题;进入生化池的无机颗粒物过多,污泥浓度升高,剩余污泥量增加,同时造成二沉池固体负荷过高,出水悬浮物增多,增加后续深度处理单元的运行成本等问题。

尚川(北京)水务有限公司自主研发的 SSgo® 固液秒分离技术,以此技术为基础开发的设备(图 7-30)可在 5s 内同时去除污水中渣、砂、毛发、固态油脂,可有效降低污水处理厂后续处理单元的污染物负荷,提高污水处理能力与效率,是污水处理厂稳定运行及提质增效的核心技术设备,也是合流制溢流处理、黑臭水体治理、工业废水处理等方面的有效技术手段。

污水经过粗格栅后提升至固液秒分离设备前端,通过设备内部的布水系统均匀分配到设备中。污水中的悬浮污染物通过过滤系统

图 7-30　SSgo 固液秒分离设备

在 5s 内迅速分离,有效减弱由于污水停留带来的臭味逸散和有毒有害气溶胶扩散等问题。经过处理后的污水通过排放管路进入后续二级生化处理单元,拦截的杂质被分离系统冲刷、剥离到滤渣排放区,杂质通过螺旋压榨进一步处理。

SSgo 分离系统运行模式为 24h 连续进水,处理过程包括过滤、反冲洗及排渣。设备内部的反冲洗装置对滤带进行连续冲洗,在清洗的同时连续过滤。过滤后杂质经过除渣系统实时排出,保障设备连续稳定运行。

SSgo 有别于传统的离心、重力等物理分离原理,其分离原理的核心是高精度、高透水性的滤带。该滤带采用新型高分子复合材料,具有很强的抗撕裂能力和高耐磨能力,可有效抵抗高泥砂含量的污水冲击,且使用寿命长;滤带网孔形状和分布密度进行了最优设计,可拦截原污水中 95% 以上的渣砂及毛发,具有高过滤精度且不易堵塞的优良性能,从而保证了设备的高过水通量;固液秒分离设备的机械结构主要用来保证滤带稳定运行及清洗,能耗小于 $0.03kWh/m^3$;另外,通道式的滤水方式,实现了分离系统在运行过程中不会产生传统预处理中的缠绕、堵塞等问题;主体不锈钢的材质,关键焊接部位经过钝化处理,确保了在大通量处理过程中的高机械强度和强抗腐蚀能力。

目前,SSgo 已成功入选,成为工业和信息化部、科技部联合制定的《国家鼓励发展

的重大环保技术装备目录（2017年版）》中推荐的第100项技术（水污染防治推广类）。同时，SSgo已成为住房和城乡建设部《城市黑臭水体整治——排水口、管道及检查井治理技术指南》中重点推荐的黑臭水体就地处理技术。

其主要优点：

（1）快速高效，可以在5s内实现混合液中渣、砂、毛发、固态油脂等污染物的分离；

（2）处理精度高，渣砂及毛发去除95%以上，附带去除部分COD、SS；

（3）占地面积小，处理1万 m^3/d 设备占地不到 $12m^2$，水力负荷可达 $150m^3/(m^2 \cdot h)$，运行费用低，吨水电耗0.03kWh；

（4）安装快速，易于污水处理厂改造及模块化扩展；

（5）设计工作量和土建工程量小；

（6）可有效控制微生物气溶胶的产生和逸散，降低运营人员感染风险；减少臭气量，不产生难以处理的化学污泥。

与传统污水预处理技术相比，SSgo的处理能力和效果不依赖于进水流态，处理精度更高，提高了渣砂、毛发的去除率。目前主要应用领域如图7-31所示。

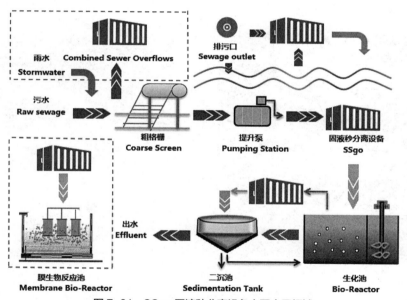

图7-31　SSgo固液秒分离设备主要应用领域

7.3.3.2　一级过滤

除了SSgo这种可以同时去除污水中渣、砂、毛发、固态油脂的快速高效分离设备外，在污水处理理念转变的时代背景下，陈珺在《污水一级处理技术发展的新概念与新机遇》中表明：一级过滤成为一级处理明显的技术发展方向，占地面积小、分离效率高、降低后续曝气能耗是其鲜明的技术优点。在提质增效的需求下，一级过滤为国内污水处理一级处理的发展提供了新的发展机会。

众所周知，目前一级处理最普遍的应用技术是初沉池，这一技术比活性污泥法的历史还要悠久，在欧美的污水处理厂有大量的应用。初沉池可以有效地削减二级处理的进水负荷，对 SS 的去除率可以达到 50% ~ 70%、BOD 的去除率为 25% ~ 40%。同时初沉池可以有效地应对暴雨时的峰值水量，避免对二级处理的冲击，初沉池对无机悬浮物（ISS）及漂浮物的去除还可以有效地提高生物处理的效能。当然，传统初沉池也存在着造价高、占地面积大等明显的弊端。正因为如此，在一级处理领域出现了一些新的技术动向，其核心技术概念是：一级过滤取代一级沉淀。目前，一级过滤的技术形式主要包括一级出水过滤、一级过滤以及旋转带式过滤机（RBF，Rotating Belt Filter）等。

目前很多项目深度处理中采用滤布滤池作为 SS 的把关单元。据陈珺等总结，新型的滤布滤池已悄然用于一级出水的过滤。一级出水过滤后的污水进入二级生物处理单元后，可以提高二级处理的处理能力、降低曝气能耗。对于有厌氧消化的污水处理厂，过滤截留下的固体物质可以提高厌氧产能，提高污水处理厂的能源自给率，一级出水过滤设备的滤布结构如图 7-32 所示。

在此基础上，进一步发展出了原污水直接一级过滤，主要设备为旋转带式过滤机，如图 7-33 所示。

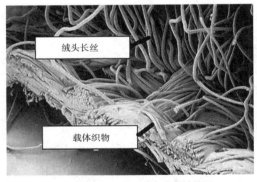

图 7-32　一级出水过滤滤布结构图

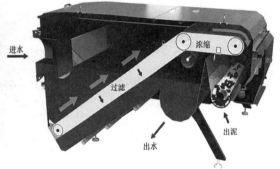

图 7-33　旋转带式过滤机结构示意图

《污水一级处理技术发展的新概念与新机遇》表明：在进水 COD 一定的情况下，进水无机悬浮物 ISS 对 MLVSS/MLSS 的影响很大，ISS 越高 MLVSS/MLSS 越低。ISS 的去除对于提高生物处理单元的效率至关重要。王洪臣对全国 467 座污水处理厂的调查结果也显示，60% 的污水处理厂的 MLVSS/MLSS 低于 0.5，在某种程度上与不设初沉池有密切关系。

另外一个业界关心的问题是一级处理单元的设置会导致生物脱氮除磷所需的碳源不足，《污水一级处理技术发展的新概念与新机遇》一文认为设置初沉池对后续脱氮影响不大。但从作者设计的几座污水处理厂运行反馈来讲，停留时间较长的初沉池，还是会造成一定碳源损失，对后续脱氮有一定的不利影响。

7.3.3.3　沉砂工艺

目前国内常用的沉砂池有平流沉砂池、曝气沉砂池、机械旋流沉砂池三种。

平流沉砂池由于占地面积大，沉淀物不稳定且不易处置，已被逐步淘汰。目前平流沉砂池在《建设部推广应用和限制禁止使用技术》（建设部公告第218号）中明确属于限制类，并不得用于规模不小于10000m³/d而且环境要求较高的新建城镇污水处理厂。

曝气沉砂池是大型污水处理厂常用的沉砂技术，曝气沉砂池对大于0.2mm的砂砾去除率较高，但不能有效去除0.1～0.2mm大小的砂砾，致使这些砂砾进入污泥处理系统，造成池体砂砾沉积、污泥设备严重磨损、污泥厌氧消化效率低等不良影响。

机械旋流沉砂池停留时间短、节省占地、降低能耗，运行环境有所改善。但是机械旋流沉砂池上部进水、上部出水，水流路径较短，容易形成短流，因此除砂效率较低且极不稳定。细长狭窄的除砂斗设计，易使池底的砂压实板结，从而引起排砂管堵塞、无法顺利排砂、需要经常排水清淤等问题。

上述三种沉砂池均按去除0.2mm，密度2.65t/m³的砂砾考虑。但从大量工程实际运行结果来看，生物池积砂严重，污泥脱水设备及进泥泵磨损严重，说明除砂效果有限。

目前，国内逐渐应用一种新型的水力旋流沉砂池，其示意图如图7-34所示，具有占地面积小、除砂效率高的特点。

北京市政院在其设计的西安鱼化污水处理厂（20.0万m³/d）应用了这种技术，并对砂砾粒径进行分析，结果显示旱季时200μm以上砂砾占比小于3%，100μm以上的占比约20%，75μm以上的占比约为40%。

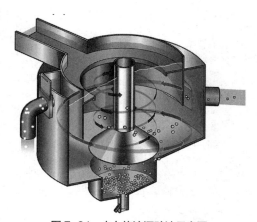

图7-34 水力旋流沉砂池示意图

国内外大量研究表明，大于200μm的砂砾在进水中所占比例只有20%～40%，不小于100μm的砂砾所占比例高达60%～80%；细颗粒泥砂对污水处理厂后续工艺和设备运行造成较大的干扰，如曝气设备堵塞等。水力旋流沉砂池可以实现106μm的高精度除砂，大大减小了后续曝气设备、提升设备的损坏概率。

1. 水力旋流除砂过程

（1）砂浓缩过程

污水沿切线进入池体后，由于惯性在池壁的限制下形成旋流。靠近中心的区域，水流螺旋向上；外部池壁的区域，水流螺旋向下。向上和向下的水流界面处形成"剪切区"，此区域内，流速为零。比重较大的砂砾，沉降在池体下部的砂斗内，污水从上面的溢流口流出。

（2）冲洗过程

砂斗中的砂砾挤压紧实，流动性差。为顺利吸砂提砂，避免砂砾在泵和管道内堵塞。

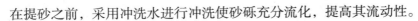

在提砂之前，采用冲洗水进行冲洗使砂砾充分流化，提高其流动性。

（3）提砂过程

采用砂泵提砂的方式。砂泵由电控箱控制，根据砂量的多少，调整并设置提砂频率。提出的砂砾进入到带有旋流器的砂水分离器中，进而进行砂水分离。

2. 水力旋流沉砂池优点

（1）无移动部件，维护简单，使用寿命长

与传统的旋流沉砂池相比，水力旋流沉砂采用无动力设计，取消搅拌系统，全部依靠水力自身的推动产生涡流。因此，池内无搅拌叶片、无齿轮连接、无减速电机，无任何运动部件，在最大程度上使设备简化。另外，独特的导流板设计，可以消除小环流，导引水流形成更长的流径，增加水力停留时间，增强沉降作用，提高沉砂效果。

（2）无须鼓风机、曝气等装置，节约能耗

传统曝气沉砂池需要对污水进行连续的曝气，使砂砾得到冲刷，从而使砂砾与有机物分离。曝气量大小与污水量有关，气水比约为 0.1 ~ 0.2，对于大型污水处理厂来说，需配备风机，年耗电量巨大。而水力旋流系统，依靠核心旋流技术实现泥砂和有机物分离，无须对全部进水进行曝气，节约大量能耗。

（3）强化浮渣与油脂处理效果

水力旋流是利用密度差实现颗粒物分离，进水中浮渣等物质在旋流过程中被集聚在处理池中上部，设置专门的排渣装置，方便浮渣排除。同时，如果进水中含有较多油脂，水力旋流除砂装置也可以去除浮油，减少对后续生物处理的影响。

进水沿切线进入旋砂区后，产生水力旋流，一方面，较重的砂粒落入池底砂斗；另一方面，较轻的浮渣也在水力旋流作用下向池体上方集聚。旋砂区中有专门的浮渣储存空间和排除设施。浮渣空间与出水渠道严格分离，避免影响出水水质。通过水力旋流作用可以捕获大量漂浮污染物和浮油，最终通过专门管道排放，为后续处理创造好的条件。

（4）封闭结构，简化除臭处理

与曝气沉砂池相比，水力旋流除砂装置敞口水面较小，一般采用完全封闭的结构，最大限度减小臭气逸散，无须设置复杂的臭气收集和处理装置。国外大量水力旋流沉砂池都没有设置除臭系统，可节约大量投资。

（5）占地面积小，约为传统技术的 1/3 ~ 1/5

水力旋流沉砂池池体占地比机械旋流沉砂池稍大，远远小于曝气沉砂池，平面布置非常灵活，无须较长的直廊道，可以直接连接管道，在所有除砂技术中，占地面积最小。

西安鱼化污水处理厂采用此种除砂方式，运行结果显示自 2018 年年底试运行以来，除砂效果较好。

7.4 生物段的比选

7.4.1 目前常用主处理工艺综述

随着污水排放标准的提高及对污水处理工艺机理研究的深入，已形成了若干较为成熟的污水生物处理工艺。主要有活性污泥法及生物膜法两大类。

7.4.1.1 活性污泥法

陈珺等在《未来污水处理工艺发展的若干方向、规律及应用》中总结了污水处理工艺的发展历程。

1914 年，英国人 Ardern，Lockett 发明了活性污泥工艺，这一事件成为现代污水处理发展的起点和重要的标志性事件。自此，活性污泥工艺成为污水处理的主流技术，围绕着活性污泥工艺，污水处理技术获得了长足的发展。20 世纪 70 年代出现的生物脱氮除磷技术（BNR）成为活性污泥发展的一个重要里程碑，并在某种程度上奠定了当今污水处理技术的主要局面，同时生物膜工艺获得再次发展的机会，IFAS、MBBR 及 BAF 等工艺由于其紧凑性方面的优势在升级改造方面获得了一席之地。在 20 世纪末，一些创新的工艺如厌氧氨氧化、好氧颗粒污泥技术逐渐登上了历史舞台，污水处理主要工艺发展历史如图 7-35 所示。

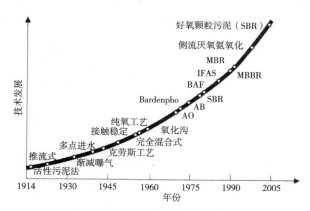

图 7-35 污水处理主要工艺发展历史

资料来源：陈珺. 未来污水处理工艺发展的若干方向、规律及其应用［J］. 给水排水，2018，44（2）：129～141

在活性污泥工艺经历了 100 多年的发展之后，污水处理技术的大厦已经相当完善，目前的污水处理工艺在传统水质方面已经不是问题，北美的研究结果表明，生物脱氮除磷工艺的极限可达到 TN < 3mg/L，TP < 0.1mg/L。荷兰的研究结果也表明，在条件适应的情况下，活性污泥工艺的技术极限可达到 TN < 2.2mg/L，TP < 0.15mg/L。

活性污泥法有多种形式，使用较广泛的主要有三类：传统活性污泥法及其改进工艺——AO、AAO、UCT、MUCT、VIP、倒置 AAO 工艺等类，氧化沟工艺类与 SBR 工艺类。

1. 传统活性污泥法及其改进工艺

传统活性污泥工艺主要采用推流式池型。根据不同的排放标准可选取不同的污泥负荷。此工艺系列污水有机物浓度梯度、混合液溶解氧浓度梯度大，有利于传质。通过在空间上营造厌氧、缺氧、好氧的条件，创造微生物适宜的生境从而脱氮除磷。另外，污水与回流污泥的混合液在不同的环境条件依次通过，有利于抑制丝状菌生长、防止污泥膨胀。

（1）AO 工艺

AO 法主要分为 AO 脱氮及 AO 除磷，在目前的排放标准下，已很少应用此两种方法，但目前的脱氮除磷工艺均以此工艺为基础演变而来。

（2）UCT、改良 AAO 和倒置 AAO 工艺

随着排放标准的提高，对 COD_{Cr}、BOD_5、SS、NH_3-N、TN、TP 等污染物去除率要求的提高，在 AO 工艺的基础上，演变出了脱氮除磷效果较好的 UCT、改良 AAO 和倒置 AAO 等工艺。

这些工艺主要以 AO 工艺为基础，通过对进水分配、污泥外回流、混合液内回流、微生物生境变化的控制，为聚磷菌、硝化菌、反硝化菌创造良好的条件，平衡脱氮与除磷的矛盾、优化碳源利用。

对这几种工艺的选择，需要看污水处理的程度及侧重点。如要求 NH_3-N、TN、TP 去除率均较高者以选择 UCT、改良 AAO 工艺为宜，但 UCT 工艺在耐冲击负荷上不如改良 AAO 工艺稳定；要求 NH_3-N、TP 去除率较高，对 TN 要求略低者以选择倒置 AAO 工艺为宜。针对目前国内的出水排放标准，以改良 AAO 工艺为多。

改良型 AAO 工艺流程如图 7-36 所示。

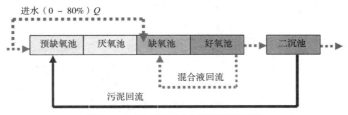

图 7-36　改良型 AAO 工艺流程框图

改良型 AAO 工艺是在厌氧池前增加预脱硝池和选择池，以降低回流污泥中硝酸盐对厌氧释磷的影响，并抑制丝状菌的生长，为了解决缺氧池反硝化碳源不足的问题，将进水按比例进入厌氧池和缺氧池中。

其改进原理如下：

1）回流活性污泥首先进入预缺氧区进行反硝化反应，去除其中的溶解氧及硝酸盐氮，这样可以保证厌氧区的厌氧效果，提高系统的除磷能力。

2）回流活性污泥中硝酸盐氮靠分配部分进水中的碳源（BOD_5）进行反硝化，其反

硝化速率远远高于依靠内源呼吸作用进行的反硝化，因此需要的反硝化停留时间短、容积小。

3）当出水对 TN、TP 都有较高要求时，脱氮靠混合液回流和污泥回流携带的硝态氮至缺氧区进行反硝化来完成。由于污泥回流在运行过程中随多种因素而变，一般回流比为 30% ~ 200%，大多回流比在 100% 左右运行，因此需有混合液回流。

4）采用分段进水有如下作用：为了控制和适应厌氧区、缺氧区对碳源的利用，采用分段进水，使得各区段能更好地达到预期处理效果。为适应进水水质的变化，可根据需要调节进水量，改变运行模式，增加了运行方式的灵活性。

5）生化单元运行时，系统内生物量的平衡主要靠活性污泥回流来实现，反硝化所需的硝态氮主要靠混合液回流来实现。为保持生化系统内的生物量，又达到除氮的目的，运行时需合理调整、控制这两个回流比。为了除氮的需要，仅加大混合液内回流既不经济又不利系统的运行。

改良型 AAO 工艺在进水碳源充足或要求总氮去除率较低时，可以很好地均衡脱氮除磷效果，且运行稳定可靠。但若碳源不足或要求总氮去除率较高时，总氮的实际去除效果就达不到要求。

2. 氧化沟工艺

氧化沟在水力流态上不同于传统活性污泥法的推流形态，其是首尾相接的循环流，污泥负荷小，泥龄长，在处理污水的同时使污泥得到基本稳定。

氧化沟是 1953 年由荷兰人帕斯维尔开发的。起初为单沟，间歇运行，后逐渐演变成多种氧化沟沟型。

氧化沟构造及控制简单，易于管理。使用较广泛的有：普通型氧化沟（单沟或多沟）、Carrousel（卡鲁塞尔）氧化沟、Orbal（奥贝尔）氧化沟、交替式氧化沟（DE 型氧化沟）、三沟式氧化沟（T 型氧化沟）和一体化氧化沟。

（1）Carrousel（卡鲁塞尔）2000 氧化沟

传统的 Carrousel（卡鲁塞尔）氧化沟无专门的厌氧区、缺氧区，基本无除磷功能，采用同步硝化反硝化，脱氮效率低。

DHV 公司的 Carrousel 2000 型氧化沟，在氧化沟前端增设了厌氧池，在沟体内增设了缺氧池，因此具有生物脱氮除磷功能。其回流采用内回流门的形式，虽然节省了泵回流的能耗，但难于控制回流比，不利于脱氮控制。

（2）Orbal（奥贝尔）氧化沟

Orbal 氧化沟诞生于南非，后来将技术转让给美国 Envirex 公司。

Orbal 氧化沟沟体典型特征为三个相互嵌套的同心椭圆结构，三沟均可进入污水，但回流污泥进入外沟。三条沟的溶解氧浓度从外沟到内沟由低到高递增，控制在 0、1mg/L、2mg/L。其每一沟道为完全混合流、串联起来又类似 AAO 工艺的推流式，两者的结合，具备抗冲击负荷、具有浓度梯度和能够形成不同生态环境有利于污染物去除等优点。

外沟是发挥主要 BOD 去除作用并同时硝化反硝化的沟道，反硝化几乎全部在此进行，溶解氧控制为 0，既要缺氧反硝化、又要充氧降解 BOD 和硝化，宏观保持缺氧状态，是在曝气条件下的缺氧；中沟起到调节缓冲作用，视运行情况可按外沟、内沟运行；内沟起到精致作用，可超量吸磷。

Orbal 氧化沟的优点是内沟容积小，只需相对较小的充氧量就可以将溶解氧水平维持在 2mg/L 水平；容积较大的中沟因溶解氧浓度较低，氧的传质效率较高，充氧效率也较高；外沟为厌氧区域，只需很少的搅拌能量，因此 Orbal 氧化沟的总能耗较低。在暴雨期间水力负荷增大时，可以将污水由中沟甚至内沟引入，外沟只作"闷曝"，可以避免活性污泥的流失。

（3）交替式氧化沟

"交替式氧化沟"主要有双沟（交替式双沟型 DE）和三沟（T 型）两种，均是由丹麦克鲁格公司开发。

为克服单沟氧化沟不能连续运行的缺点，演化出第一代双沟氧化沟：污水连续交替进入同样容积的两条沟，两条沟交替发挥曝气和沉淀功能。为提高设备利用率并同时脱氮除磷，将第一代双沟氧化沟的沉淀功能去掉，采用好氧与缺氧交替，单独设置固液分离，开发出第二代双沟氧化沟，由于缺氧、好氧池交替进水，第二代双沟无污泥内回流问题。

T 型氧化沟，类似 SBR 的序批式。国内邯郸污水处理厂采用 T 型氧化沟工艺，于 1990 年投产后被原建设部、原国家环保局列为示范厂，国内开始出现一批采用交替氧化沟工艺的污水处理厂。T 型氧化沟缺点主要是池容及设备利用率不高，生物除磷效率低。

（4）一体化氧化沟

氧化沟内设置有泥水分离装置的，则为一体化氧化沟。其概念最早于 20 世纪 80 年代由美国提出，我国于 1987 年开始进行此工艺的研究开发。

一体化氧化沟实质为卡鲁塞尔氧化沟 + 沟内二沉池。一体化氧化沟有多种形式，其代表性的有船式（BOAT）、上流式（BMTS）、侧沟式和中心岛式，其中后两种在国内研究和应用较多。一体化氧化沟传统按硝化、反硝化运行，系统布置上无严格的厌氧区，因而除磷效果稍差；同时受固液分离器形式的影响，固液分离效果低于二沉池，出水水质有时不稳定，有时有污泥被带出池外，活性污泥阻塞固液分离器的情况也不容忽视。由于固液分离时无污泥浓缩功能，剩余污泥浓度低、体积大，需要更大的泵和浓缩设施，要求的处理设备容量较大，能耗高。

3.SBR 工艺

传统活性污泥法的 AAO 系列及氧化沟工艺都是在空间上营造不同的适应微生物的生境，SBR 工艺不同，其物理空间为同一空间，在时间上营造不同的适应微生物的生境。

最初的 SBR 都是间歇的，后在实际应用中不断改进创新，和氧化沟一样出现了很多改进型。主要有传统 SBR 工艺、ICEAS 工艺、CASS 工艺、CAST 工艺、UNITANK 工艺、

MSBR 工艺、DAT–IAT 工艺及它们的改良型工艺等。

（1）传统 SBR 工艺

SBR 工艺是 1979 年美国 R.Llrvine 等人根据试验研究结果首次提出，其反应是在同一容器中进行，周期进水周期排水。这种方法与以空间分割的连续系统有所不同，它不需要回流污泥，也无须设置专门厌氧、缺氧、好氧的区域，而是在同一容器中，分时段进行搅拌、曝气、沉淀，形成厌氧、缺氧、好氧过程。这种工艺方式，总容积利用率低，一般小于 50%，出水不连续，因此适用于污水量较小的场合。

（2）UNITANK 工艺

UNITANK 工艺，又称单池系统，是比利时西格斯清水公司（SEGHERS ENGINEER INGWATER NV）于 20 世纪 80 年代末开发的专利技术。UNITANK 池一般由 A、B、C 三个矩形池组成，三个池水力相通，每个池内均设有供氧设备，在外边（A 池、C 池）两侧矩形池设有固定出水堰和剩余污泥排放口，既可作为曝气池，又可作为沉淀池。它是连续进水、连续出水的活性污泥处理构筑物，具有脱氮除磷效果。

UNITANK 的特点在于一体化，布置紧凑，能较好地利用土地面积，节约用地效果明显；不需混合液回流及活性污泥回流，流程简单，利于管理；设置不同的循环时间，适应性较强，序批式控制，易于实现处理过程的自动控制。其运行方式类似于 T 型氧化沟。由于池形限制无专门的厌氧区，实际操作中很难达到释磷所要求的绝氧状态，影响到磷的释放，因此，生物除磷效果不十分理想。

（3）ICEAS 工艺

ICEAS 工艺是 20 世纪 80 年代在澳大利亚发展起来的。工艺一般由两个矩形池结合成为一组 SBR 反应器，每个池子分为预反应区和主反应区两部分，预反应区一般处于厌氧或缺氧状态，主反应区是曝气反应的主体，体积占反应器总池容的 85%～90%。

ICEAS 工艺连续进水，周期排水，与间歇进水的 SBR 反应池至少需要 2 池才能处理连续进水不同，本工艺在规模较小时可采用 1 池。

（4）MSBR 工艺

MSBR 工艺是一种改良型序批式活性污泥法，是 20 世纪 80 年代后期发展起来的技术，目前其中的专利技术归美国芝加哥的 Aqua Aerobic System，Inc 所有。其实质是 AAO 系统后接 SBR，是二级厌氧、缺氧和好氧过程，连续进水、连续出水。因此，其具有 AAO 生物脱氮除磷效果好和 SBR 的一体化、流程简洁、不需二沉池、占面积小和控制灵活等特点。缺点是需要污泥回流和混合液回流，所需设备较多，维护量大，功耗较高，控制复杂，投资较大，该工艺还涉及专利技术和设备。

（5）CASS 工艺

CASS 工艺是循环式活性污泥法（Cyclic Activated Sludge System，CASS）的简称，也被称为 CAST（Cyclic Activated Sludge System）或 CASP（Cyclic Activated Sludge Process）。CASS 工艺是在常规 SBR 和 ICEAS 的基础上发展起来的，于 20 世纪 70 年代开始得到研

究和应用，是 SBR 工艺的一种新的形式。反应器工艺是以生物反应动力学原理及合理的水力条件为基础开发的一种具有系统组成简单、运行灵活和可靠性好等优良特点的废水处理新工艺，其脱氮除磷效率高于常规 SBR 和 ICEAS 工艺。其周期进水周期排水，最大特点是池首端设置的生物选择器，在生物选择的同时，还发挥脱氮除磷的功能。

CASS 工艺实质上为具有脱氮除磷功能的间歇式反应器，在此反应器中曝气、不曝气过程交替进行，在一个池子中完成生物反应过程及泥水的分离过程。因此，它是 SBR 工艺及 ICEAS 工艺的一种最新变形。目前已广泛应用于国内外城市污水处理工程。CASS 反应器由三个区域组成：生物选择区、兼氧区和主反应区。生物选择区是设置在 CASS 前端的小容积区，通常在厌氧或兼氧条件下运行；兼氧区不仅能够缓冲进水水质水量的变化，同时还具有促进磷的进一步释放和强化反硝化作用；主反应区则是最终去除有机物的场所。

（6）DAT-IAT 工艺

DAT-IAT 工艺，即连续曝气和间歇曝气相结合的工艺，反应池中部用隔墙分为两部分，且容积相同。其连续进水，间歇排水。

前边的 DAT 连续曝气，后边的 IAT 间歇曝气、沉淀、排水、排泥。由于进水端 DAT 部分连续曝气，所以它的除磷功能一般，需增加设施才能提高脱氮除磷效率。

7.4.1.2 生物膜法

生物膜法是与活性污泥法平行发展起来的生物处理工艺，是一大类生物处理法的统称。在生物膜法中，微生物附着在载体表面生长而形成膜状，污水流经载体表面和生物膜接触过程中，污水中的有机污染物即被微生物吸附、稳定和氧化，污水得到净化。在许多情况下，生物膜法不仅能代替活性污泥法用于城市污水的二级生物处理，而且还具有一些独特的优点，如运行稳定、抗冲击负荷、更为经济节能、无污泥膨胀问题、具有一定的硝化和反硝化功能、可实现封闭运转防止臭味等。

生物膜法使用较多的有高负荷生物滤池、生物转盘、接触氧化池及最近发展起来的曝气生物滤池等，特别是曝气生物滤池最具有代表性。

曝气生物滤池是 20 世纪 80 年代末 90 年代初在普通生物滤池的基础上，并借鉴给水滤池工艺而开发的污水处理新工艺，最初用于污水的三级处理，后发展成直接用于二级处理。曝气生物滤池已经从单一的工艺逐步发展成为系列综合工艺，具有去除 SS、BOD_5、COD、硝化、脱氮、除磷的作用，其最大特点是集生物处理和截留悬浮物于一体，节省了二次沉淀池，在保证处理效果的前提下简化了处理工艺。

在采用曝气生物滤池处理工艺时，根据其进水水质的特点和出水水质的要求不同，通常有三种工艺流程，即一段曝气生物滤池法、两段曝气生物滤池法和三段曝气生物滤池法。

1. 一段曝气生物滤池法

一段曝气生物滤池法主要用于处理可生化性较好的工业废水以及排放标准对氨氮等

污染物质没有特殊要求的生活污水，也可以用于中水处理或微污染水源水处理，其主要去除对象为污水中的碳化有机物和截留污水中的悬浮物，即去除 BOD、COD、SS；而在中水处理或微污染水处理时主要用来降解氨氮。

单纯用来去除污水中碳化有机物为主的曝气生物滤池称为 DC 曝气生物滤池，单纯用来降解氨氮为主的曝气生物滤池称为 N 曝气生物滤池。

2. 两段曝气生物滤池法

两段曝气生物滤池法根据其组合形式可分为 DC+N 滤池组合和 DN+C/N 滤池组合形式。

（1）DC+N 曝气生物滤池组合

DC+N 滤池组合主要用于对污水中有机物的降解和氨氮的硝化。第一段 DC 曝气生物滤池以去除污水中碳化有机物为主，第二段 N 曝气生物滤池以去除污水中的氨氮污染物为主。

该组合工艺对污水中有机物和氨氮去除能力强，但对总氮的去除能力有限。

（2）DN+C/N 曝气生物滤池组合

在该组合工艺中，第一段为 DN 反硝化生物滤池。污水中的氨氮经第二段 C/N 曝气生物滤池硝化处理后转化为硝酸盐，并通过回流泵回流至 DN 反硝化生物滤池，DN 生物滤池中的反硝化菌利用原污水中的有机物作为碳源，将回流水中的硝酸盐转化为氮气而起到脱氮的目的，最终去除污水中的总氮。

该组合工艺对污水中有机物、氨氮以及总氮的去除能力较强。

3. 三段曝气生物滤池法

三段曝气生物滤池是在 DC+N 两段曝气生物滤池的基础上增加第三段反硝化滤池，同时可以在第二段滤池的出水中投加铁盐或铝盐进行化学除磷，所以第三段滤池也成为 DN 或 DN–P 生物滤池。

三段曝气生物滤池自国外应用较多，而在国内未见报道。为了达到脱氮的目的，采用 DN+CN 生物滤池组合形式完全能满足要求，国内也多采用此工艺。

另外，在工业废水处理中，对于难降解 COD 的去除，曝气生物滤池也与臭氧高级氧化联用，通过臭氧高级氧化的作用，将双键断链成为小分子，小分子污染物在随后的曝气生物滤池中被去除，提高了处理效率。

7.4.2 多级 AO 工艺

分段进水多级 AO 工艺是 AO 活性污泥法的变形工艺，近年来逐步受到关注，该工艺具有脱氮效率高、所需池容小、建设投资和运行费用省等特点。

目前国内已运行有若干座采用多级 AO 工艺的污水处理厂，但多级 AO 工艺的计算目前并没有统一的方法。王舜和等《分段进水多级 AO 工艺的计算与探讨》及刘长荣等《分点进水多级 AO 污水处理工艺设计计算探讨》中均介绍了工艺特点、计算方法并进行了一定的理论分析。本节在王舜和等《分段进水多级 AO 工艺的计算与探讨》的基础上，提出了在实际工程中的改进计算方法。

王舜和等表明：分段进水多级 AO 工艺由多个串联 AO 组成，回流污泥从首端进入，而污水则按一定比例从每个 A 段进入，为反硝化提供碳源。理想状态下系统将发生如下反应：A_1 段进入的污水（Q_1）为回流污泥中的硝态氮提供碳源，剩余的 BOD_5 在 O_1 段去除，氨氮氧化成硝态氮；O_1 段出水与 A_2 段进入的污水（Q_2）混合，反硝化 O_1 段产生的硝态氮、A_2 段剩余的 BOD_5 在 O_2 段去除，氨氮继续完全氧化；依次类推，至最后一段 A_n 时，进入的污水（Q_n）为反硝化提供碳源，Q_n 中剩余 BOD_5 在好氧段被去除，氨氮则被氧化为硝态氮后直接排放至二沉池。

其原理如图 7-37 所示。

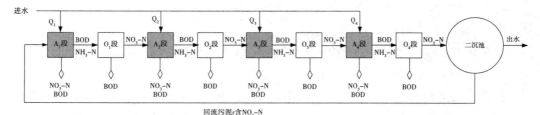

图 7-37　多级 AO 工艺原理图

由于实际工程中，主要为变比例进水，在这种条件下主要计算公式：

$$R = \frac{\alpha_n}{1-\eta} - r - 1 \tag{7-1}$$

式中：α_n——最后一段进水比例；

r——污泥回流比；

R——系统最后一段的内回流比。

经过一系列推导，多级 AO 工艺总池容计算公式：

$$V_{多} = V_1 + V_1 + \cdots + V_n$$

$$= \frac{\alpha_1 Q\theta_C Y(S_0 - S_e)}{1000 \times \dfrac{X_R r}{r + \alpha_1}} + \frac{\alpha_2 Q\theta_C Y(S_0 - S_e)}{1000 \times \dfrac{X_R r}{r + \alpha_1 + \alpha_2}} + \cdots + \frac{\alpha_n Q\theta_C Y(S_0 - S_e)}{1000 \times \dfrac{X_R r}{r + \sum\limits_{x=1}^{n}\alpha_x}}$$

$$= \frac{(r+\alpha_1)\,\alpha_1 Q\theta_C Y(S_0 - S_e)}{1000 \times X_R r} + \frac{(r+\alpha_1+\alpha_2)\,\alpha_2 Q\theta_C Y(S_0 - S_e)}{1000 \times X_R r} + \cdots$$

$$+ \frac{(r+\alpha_1+\alpha_2+\cdots+\alpha_n)\,\alpha_n Q\theta_C Y(S_0 - S_e)}{1000 \times X_R r}$$

$$= \left[\alpha_1^2 + \alpha_2^2 + \cdots + \alpha_n^2 + \alpha_2\alpha_1 + \alpha_3\alpha_1 + \alpha_3\alpha_2 + \cdots \alpha_n\alpha_1 + \alpha_n\alpha_2 + \cdots + \alpha_n\alpha_{n-1} + (\alpha_1 + \cdots + \alpha_n)\,r\right]QC$$

$$= \left[\frac{(\alpha_1^2 + \alpha_2^2 + \cdots + \alpha_n^2) + (\alpha_1 + \alpha_2 + \cdots + \alpha_n)^2}{2} (\alpha_1 + \cdots + \alpha_n)\,r\right]QC$$

116

$$= \left[\frac{(\alpha_1^2+\alpha_2^2+\cdots+\alpha_n^2)}{2} + \frac{1}{2} + r \right] QC \tag{7-2}$$

其中：

$$C = \frac{\theta_C Y(S_0-S_e)}{1000 \times X_R r} \tag{7-3}$$

上述部分公式在推导上无任何问题，公式推导的前提：前一段硝化产生的硝态氮在随后的缺氧段完全反硝化，假设所有步骤反应完全，则工艺最后出水硝态氮的含量仅与末端进水比例有关。但实际情况不可能做到这一点，另外，每段的泥龄、产泥系数也不是一个完全相同的固定值。

因此，建议在实际工程中通过试算的方式进行计算：前一段硝化产生的硝态氮在随后的缺氧段发生反硝化，但并不完全，留有一部分尚未反硝化的硝酸盐氮进入下一个好氧段。这部分尚未反硝化的硝酸盐氮的量可人为确定，但不能超过最终设计出水水质中TN指标。公式更改如下：

设进水水质中 TN 和 BOD_5 的浓度为 N_0、S_0。

第一段缺氧区进水硝酸氮浓度 $N_1=(\alpha_1 N_j+rN_c)/(r+\alpha_1)$，$BOD_5$ 浓度为 $S_1=\alpha_1 S_0/(r+\alpha_1)$；假设出水中不含 BOD_5，N_c 为出水硝酸氮浓度；N_j 为进水硝酸氮浓度。

根据反硝化比例关系有 $S_1=k(N_1-N_k)$。N_k 为本段未反硝化掉的硝酸氮浓度。

第一段缺氧区将回流污泥中的硝酸氮除 N_k 外全部反硝化，第一段进水中的 BOD_5 刚好完全用于反硝化。而第一段好氧区将进水的 TKN 全部氧化为硝酸氮，其数量为 $\alpha_1 N_0$，与第二段进水混合后，第二段缺氧区进水硝酸氮浓度可表示为 $N_2=(\alpha_1 N_0+M_1 N_k)/(r+\alpha_1+\alpha_2)$，其中 $M_1=\alpha_1/(\alpha_1+\alpha_2)$，第二段 BOD_5 浓度可表示为 $S_2=\alpha_2 S_0/(r+\alpha_1+\alpha_2)$，根据反硝化比例关系有 $S_2=k(N_2-N_k)$ 成立，代入后则：

$$\alpha_2=k\left[\alpha_1 N_0-(r+\alpha_1+\alpha_2-M_1)N_k\right]/S_0$$

依次类推，第 n 段缺氧区进水硝酸氮浓度可表示为 $N_n=(\alpha_{n-1}N_0+M_{(n-1)}N_k)/(r+\alpha_1+\alpha_2+\cdots+\alpha_n)$（$M_{(n-1)}\approx1$），第 n 段 BOD_5 浓度可表示为 $S_n=\alpha_n S_0/(r+\alpha_1+\alpha_2+\cdots+\alpha_n)$。代入反硝化比例关系式 $S_n=k(N_n-N_k)$：

$$\alpha_n=k\left[\alpha_{n-1}N_0-(r+1-M_{(n-1)})N_k\right]/S_0$$

由于 $M_{(n-1)}\approx1$，则：

$$\alpha_n=k(\alpha_{n-1}N_0-rN_k)/S_0$$

出水硝酸氮浓度为末端进水的 TKN 及前段为反硝化的硝酸盐氮，可表示为：

$$N_c=(\alpha_n N_0+M_{(n-1)}N_k)/(r+\alpha_1+\alpha_2+\cdots+\alpha_n)$$
$$=(\alpha_n N_0+M_{(n-1)}N_k)/(r+1)\approx(\alpha_n N_0+N_k)/(r+1)$$

将 N_c 代入 $Q_1=kr(N_c-N_k)/S$，则可看出，第一段进水比例与出水比例、污泥回流比例、进水硝酸盐氮浓度及第一段出水总氮浓度有关。

考虑实际情况，则多级 AO 公式推导更为复杂，通过上述公式与王舜和等推导的理想状态下多级 AO 公式进行对比来看，建议在实际设计工作中通过试算方式确定分段数及各段进水比例。

7.4.3　多级 AO+SBR 工艺

随着对出水水质要求的提高，污水处理已经由单独的去除 SS、BOD、COD 等污染物发展到脱氮除磷技术工艺。

AAO 工艺及其变种，尤其是分段进水多级 AO 工艺通过厌氧、缺氧、好氧的交替及分点进水来实现脱氮除磷的功能。分段进水多级 AO 工艺由于能够合理利用碳源，较好地解决了脱氮除磷对碳源需求的矛盾，目前已经逐步发展成脱氮除磷的主流处理工艺。

分段进水多级 AO 工艺是由多个串联的 A/O 组成，回流污泥从首段进入，而污水按照一定比例从每个缺氧段进入。从形式上看，分段进水多级 AO 工艺属于后置反硝化的范畴。在理想状态下，系统中每一段好氧区产生的硝化液直接进入下一段的缺氧区进行反硝化。因此，理论上不需要设置内回流设施。从脱氮方式上，除末端 A_n 段外，其他混合液均参与了反硝化过程。与传统 AO 工艺相比，分段进水多级 AO 工艺在节省能耗的同时可获得更高的反硝化率。但其主要存在三方面的缺点：

（1）由于在厌氧段无进水碳源的补充，因此除磷效率还有待进一步提高。

（2）进水碳源不足时，最末端 A_n 段只有好氧段，可能造成出水 TN 超标，解决这一办法的主要途径是最末段好氧设置污泥内回流，通过回流去除硝态氮或减少最末端缺氧段的进水比例。

（3）生物反应段与沉淀段分开，占地较大。

SBR 工艺由于其固有的脱氮除磷效率较低下的原因，近年来通过研究已成功开发出 MSBR 工艺。MSBR 流程的实质与传统 AAO 工艺一样，也是通过厌氧、缺氧、好氧的交替来实现脱氮除磷的功能。但由于 MSBR 工艺强化了各反应区的功能，为各优势菌种创造了更优越的环境和水力条件，无论从理论上分析还是实际的运行结果看，MSBR 工艺的生物脱氮除磷效果较为理想；同时，MSBR 工艺的厌氧区还可作为系统的厌氧酸化段，对进水中的高分子难降解有机物起到厌氧水解作用，聚磷菌释磷过程中释放的能量，可供聚磷菌主动吸收乙酸、H^+ 和 e^-，使之以 PHB 形式贮存在菌体内，从而促进有机物的酸化过程，提高污水的可生化性和好氧过程的反应速率，厌氧、缺氧、好氧过程的交替进行使厌氧区同时起到优化选择器的作用。但 MSBR 工艺存在固有缺点，由于其进水全部通过厌氧段后至缺氧段，好氧段通过大量内回流至缺氧段进行反硝化，碳源利用效率低于分段进水多级 AO 工艺，大量内回流不够节约能耗；另外 MSBR 池各 SBR 工艺段曝气不能再时序上衔接，造成鼓风机瞬时高峰供气，不利于鼓风机的运行。

为解决分段进水多级 AO 工艺及 MSBR 工艺的固有缺点，作者已经成功申请并授权了一种"高效脱氮除磷的多级 AO+SBR 组合式污水处理工艺及池型布置"发明专利。专利提出了一种污水处理厂的生物反应池工艺组合及池型布置，其融合了多级 AO 工艺及

MSBR 工艺的原理及优点，并组合成一种新型的组合式处理工艺。

7.4.3.1 工艺描述

本专利是在目前脱氮除磷主要采用厌氧、缺氧、好氧的交替来实现脱氮除磷功能这一理论体系框架内，将多级 AO 与 SBR 工艺融合成为一种新型的组合式处理工艺，并根据工艺流程，提出了一种巧妙的池型布置方式。采用集约型一体化设计及深池型结构，不单独设置二沉池和回流泵房，节省了工艺水头损失，提高了土地利用率。

多级 AO 与 SBR 工艺的融合更好地利用了碳源，其在多级 AO 段分点连续进水，将大部分耗氧量从 SBR 池转移到连续运行的 AO 池中，解决了以往 SBR 反应池设备利用率不高的问题。并为厌氧段保留进水口，对生物除磷来说，连续的厌氧池进水可大大提高厌氧区 BOD_5 及 VFA（挥发性脂肪酸）的浓度，从而改善除磷效果。

由于主反应段采用多级 AO，因此本工艺与 MSBR 相比，减少了好氧污泥回流，提高了起端反应段的污泥浓度，提高了缺氧段反硝化反应速率及好氧段硝化反应速率。

大部分反应区域采用多级 AO 方式运行，避免了单纯采用 SBR 运行时不能适应水力冲击负荷的问题。

最后一段缺氧段与 SBR 池之间保留了 MSBR 反应池的中间底部挡板的设计，其可有效避免水力射流的影响，从而改善了水力运行状态。在 SBR 池切换为沉淀池出水前的预沉淀过程中，在它的下部形成了一个高浓度的污泥层。该池的进水由 SBR 池的底部配水槽进入，穿过污泥层，污泥层起着接触过滤的作用。

工艺延续了 MSBR 工艺中泥水分离池的设置，通过 SBR 池中沉淀段及泥水分离池的分离，进一步提高外回流的污泥浓度，提高了缺氧段、好氧段的反应速率。

MSBR 系统是由传统 AAO 系统与 SBR 系统串联组成，并集合了 AAO 与 SBR 的全部优势。本工艺由多级 AO 系统与 SBR 系统串联组成，集合了多级 AO 与 MSBR 的全部优势，具有出水水质稳定、高效和耐冲击负荷能力较强的特点。

7.4.3.2 布置示意

本工艺反应池平面布置如图 7-38 所示。

生物反应池每座分为两个系列，共 19 单元格组成，两个系列同时连续进水，两个系列间歇排水，排水时间不重叠。

单元⑨、①为 SBR 池；单元①、Ⓐ池为预缺氧池；单元②、Ⓑ为厌氧池；单元③、Ⓒ为好氧池 1；单元④、Ⓓ为缺氧池 2；单元⑤、Ⓔ为好氧池 2；单元⑥、Ⓕ为缺氧池 3；单元⑦、Ⓖ为好氧池 3；单元⑧、Ⓗ为缺氧池 4；单元⑩为污泥浓缩池（外回流泥水分离池）。

其工艺原理如图 7-39 所示。

7.4.3.3 实施方式

进厂污水经预处理工序后直接分点进入 AO+SBR 反应池的预缺氧池、厌氧池及后续的缺氧池 2、缺氧池 3、缺氧池 4。经过泥水分离池进行浓缩后的外回流污泥与部分污水

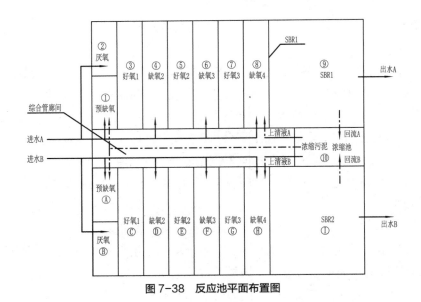

图7-38 反应池平面布置图

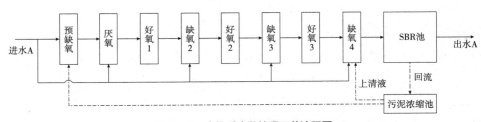

图7-39 生物反应段处理工艺流程图

在预缺氧池混合，回流的硝态氮充分反硝化，富含磷污泥在厌氧池进行充分释磷，然后进入好氧池1对进入预缺氧及厌氧池的污水中的氨氮进行充分的硝化，后续进入缺氧池2，进行充分反硝化。好氧池2至缺氧池4重复进行硝化、反硝化作用后再进入SBR1池、SBR2池。如果SBR1池作为沉淀池出水，则SBR2池首先进行缺氧反应，再进行好氧反应，或交替进行缺氧、好氧反应。在缺氧、好氧反应阶段，SBR池的混合液通过回流泵回流到泥水分离池，分离池上清液进入缺氧池4，沉淀污泥经过提升进入预缺氧池，经缺氧反硝化脱氮后进入厌氧池与部分污水混合释磷，依次循环。

泥水分离池将从SBR1池或SBR2池回流的污泥作2~3倍的浓缩，同时将进入预缺氧池及厌氧池的回流量减少了70%以上，从而强化了系统的脱氮除磷效果。

由于主反应段采用多级AO，所以本工艺无须设置内回流。SBR池至泥水分离池的回流泵可进行变速调节，以保证整个系统的污泥平衡。

与T型氧化沟、Unitank、MSBR等系统类似。多级AO+SBR也是将运行过程分为不同的时间段，在同一周期的不同时段内，一些单元采用不同的运转方式，以便完成不同的处理目的。

典型 AO+SBR 工艺将一个运转周期分为 6 个时段（可自动设置调整），由 3 个时段组成一个半周期。在两个相邻的半周期内，除序批池的运转方式不同外，其余各单元的运转方式完全一样。一般各时段的持续时间如表 7-3 所示。

AO-SBR工艺运行时段　　　　　　　　　　　　　　　　　　表7-3

时段 1	时段 2	时段 3	时段 4	时段 5	时段 6
30min	60min	30min	30min	60min	30min

其中时段 1、2、3 为第一个半周期，时段 4、5、6 为第二个半周期。出水在 SBR1 池与 SBR2 池循环切换，如表 7-4 所示。

AO-SBR每周期出水　　　　　　　　　　　　　　　　　　表7-4

时段	时段 1	时段 2	时段 3	时段 4	时段 5	时段 6
出水池	SBR2	SBR2	SBR2	SBR1	SBR1	SBR1

在第一个半周期内，SBR2 池起的是沉淀池的作用；而在第二个半周期内，单元 SBR1 池起沉淀池的作用。

AO-SBR 工艺的回流仅有外回流，无污泥内回流。

AO-SBR 工艺各池的工作状态根据各循环周期内的时段确定，如表 7-5 所示。

AO-SBR工艺循环周期内各单元功能　　　　　　　　　　　表7-5

时段	SBR1	预缺氧池及厌氧池	泥水分离池	缺氧池	好氧池	SBR2
时段 1	曝气	搅拌	浓缩	搅拌	曝气	沉淀
时段 2	曝气	搅拌	浓缩	搅拌	曝气	沉淀
时段 3	曝气	搅拌	浓缩	搅拌	曝气	沉淀
时段 4	沉淀	搅拌	浓缩	搅拌	曝气	曝气
时段 5	沉淀	搅拌	浓缩	搅拌	曝气	曝气
时段 6	沉淀	搅拌	浓缩	搅拌	曝气	曝气

由于在 SBR 段前存在缺氧段，即便 AO-SBR 工艺的 SBR 池与 MSBR 工艺一样属于间歇曝气，但 SBR1 池与 SBR2 池曝气可在时序上完美衔接，可使鼓风机房的供气较为均匀，不存在瞬时高风量。

AO-SBR 工艺在 AO 段及 SBR 内安装溶氧测定仪，并建议与精确曝气系统联动，使之能够自动调整鼓风量以节省能耗，运行周期的切换及各设备的时序操作均实行自动控制。

7.5 精确曝气

精确曝气系统是一个集成的控制系统,其目的是为生物处理过程提供精确的曝气量,以便提升处理效果及节省能耗。一般地,此系统以气体流量作为主控制信号,溶解氧作为辅助控制信号,根据污水处理厂进水水量和水质时时计算需气量,实现按需曝气,实现溶解氧的精细化控制。

精确曝气系统控制软件一般包含生化需气量计算模块、气量分配模块、鼓风机控制模块及数据处理模块等核心功能模块,其底层基于较为通用的国际水协(IWA)活性污泥系列模型(Activated Sludge Model)。

精确曝气系统还包括污水处理厂处理工艺的建模与优化,模型建立时需要充分考虑污水处理厂主体构筑物的布局、结构尺寸,污水处理厂的实际运行特征(曝气方式、污泥回流、剩余污泥排放、加药方式等),以及大量的进出水水质水量数据。

一般地,精确曝气系统能够对鼓风机和受控曝气单元的气量分配进行自动调节,根据实际水质水量数据智能分配每个溶解氧控制区的供气量,自动调整气体流量设定值,按需曝气。实际需气量由现场每个受控曝气单元根据 DO、MLSS 及进水流量、COD、NH_3-N、NO_3-N 等信号通过模型进行计算。总曝气量由系统控制柜向鼓风机主控柜 MCP 发出指令,通过鼓风机导叶或变频器进行气量调节;系统通过同时调节多个电动空气流量调节阀的开度,使受控曝气单元支管内的实际气量达到所需气量,在实现精确曝气的同时,节省鼓风机的曝气能耗。

污水处理系统具有大扰动、大时滞及非线性的特点,对于生物处理工艺,一般的精确曝气系统还需要内置冗余的控制策略组合,基于"前馈 + 模型 + 反馈"的多参数控制模式,能够实时精确计算所需曝气量,实现溶解氧的精确控制,并通过控制鼓风机的出口风量降低曝气能耗。

精确曝气系统可以为污水处理厂带来以下效益:

(1)为多种活性污泥处理工艺及其改良工艺提供精确曝气方案;

(2)按需曝气,根据进水水量、COD_{Cr}、氨氮、硝酸盐氮等,以及曝气池内的溶解氧、污泥浓度计等在线信号,进行数据处理及曝气量的计算和分配;

(3)提高污水处理工艺的稳定性和可靠性;

(4)降低运行操作人员的劳动强度。

7.5.1 系统原理

生物处理是污水处理过程中最重要的工艺环节,即通过人为地维持好/缺/厌氧环境,使曝气池中的微生物维持在特定的生境中,以去除或降低污水中的目标污染物,从而满足出水达标排放的要求。

为了对曝气池内溶解氧(DO)环境进行精确控制,有必要对 DO 的动态平衡过程进行充分的认识，其包含两个过程：一是氧扩散过程，在鼓风曝气系统中主要体现为空气从曝气池底部的曝气头释放后，氧气从气相向液相转移的过程；二是氧消耗过程，这个过程综合了好氧处理过程的各个环节，包括有机碳去除过程、氨氮的硝化等。DO 的消耗是由上述两个过程综合作用的结果。由于污水处理厂进水水质和水量具有时变性，在特定的时间段内微生物的耗氧量也是时刻变化的，因此，只有使该时段内的供氧量和耗氧量相均衡，才能保证微生物生化环境的稳定，保证出水水质。

图 7-40 为精确曝气系统的控制原理图（以上海昊沧 AVS 系统为例）。

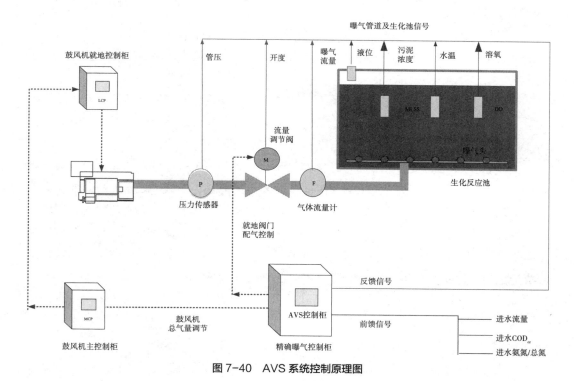

图 7-40　AVS 系统控制原理图

AVS 系统控制过程包括两个主要部分：

（1）模型设计过程

通过对特定污水处理厂的历史运行数据或在线运行数据进行分析处理，确定该污水处理厂生物处理过程的一些特征参数和补偿参数；然后通过仿真检验这些特征参数的有效性。经此过程，基本可以获得污水处理厂的水平衡（包含污水负荷）、泥（底物）平衡、气（曝气）平衡过程的稳态值及其扰动特征，同时也获得了本厂的环境因素，如温度、pH、MLSS 组分等。

（2）在线控制过程

通过上面建模过程中获得的特征参数和补偿参数，经模型计算得出当前需要的曝气量，按照该气量进行精确控制。在线控制过程需要三种类型的数据：经过对历史数据分

城镇污水处理厂咨询设计实践及要点

析后获得的特征参数，由各种扰动带来的补偿参数，以及在线数据。对在线数据的采集是为了应对外界环境或进水负荷的变化对生化池溶解氧浓度的影响，如冬季和夏季温度的不同造成氧消耗特征的不同，底物浓度的变化也会对氧消耗带来很大影响。在线数据又分为前置数据以及目标数据，前置数据是对一些可能会造成扰动的输入进行提前测量，比如水量变化、水质变化、pH 变化等，当系统获得这些在线数据后会提前进行反操作，而不是等到 DO 发生变化后再进行调节；目标数据即 DO，系统会对 DO 值进行跟踪以确定控制结果。需要指出的是，系统并非严格依赖 DO 进行控制，即使在 DO 仪损坏的情况下，仍然可以确保曝气池安全运行。

当进水水质水量不变时，其他环境因素在短时间内可以认为是不变的，则曝气池需要的曝气量相对稳定，此时系统的控制方式是通过调节流量调节阀门的开度使曝气流量稳定。

当进水水质水量突然波动，则系统根据波动情况，经过模型计算，相应调整鼓风机的曝气量，克服水质水量突然波动造成的 DO 变化。夏季时，由于环境温度的升高，生物活性大大增强，AVS 则根据环境温度重新设定曝气量，使 DO 稳定。

当底物（污泥量）含量增加时，生物量增加，导致 DO 的下降，系统则根据底物含量的变化调节曝气量，使 DO 稳定。在这里需要指出的是，在线 MLSS 仪的读数通常不宜直接用于污泥回流的调节，因为其组分在某些情况下非常不稳定，比如雨污合流的污水处理厂，降雨时会带来大量的无机固体悬浮物。当曝气头工况变差时，其氧扩散特性发生变化，则需要通过加大曝气量来维持 DO 的平衡，系统的设计过程会重新标定特定曝气池的氧扩散参数，也可以根据情况在一定的时间间隔后标定。

7.5.2 溶解氧控制

7.5.2.1 精细化控制溶解氧

污水处理系统的时变性、时滞性、扰动性及非线性等特性致使传统的 DO 控制策略（人工手动控制和 PID 控制）一直无法及时准确地应对各种扰动的影响，导致在线控制中 DO 值呈现大幅度波动。因此，要达到精确曝气控制的目的就必须建立基于活性污泥数学模型的先进控制技术。精确曝气系统针对污水生物处理工艺的全过程进行分析建模，通过对特定污水处理厂的历史运行数据和在线运行数据进行分析处理，确定该污水处理厂生物处理过程的一些特征参数和补偿参数；通过仿真，检验这些特征参数的有效性。经过检验的模型将直接用于曝气流量的调节，根据现场仪表采集的数据，给出每个曝气单元的供气流量，由执行机构负责调节，进而实现精细化控制溶解氧的目的。

7.5.2.2 就地气量分配控制

污水处理厂曝气系统是一个复杂的管路系统，涉及多个曝气控制单元，单个曝气单元的调节会影响到管路上其他曝气单元的曝气量分配。因此，如何解决调节带来的联动扰动问题无疑将是精确曝气的重点和难点。

124

一般地，精确曝气系统中的就地阀门配气系统的核心是基于多阀门最优开度控制策略，在能够通过阀门开度调节单个曝气控制区气量的同时，抑制该曝气控制区的气量调节对其他控制区的扰动，实现曝气量在不同曝气控制单元间快速、精确配气。就地阀门配气系统的多阀门最优开度控制策略的核心思想是阀门压损最小算法，即在满足曝气压力前提下，自动优化调节阀门开度，以使总阀门压损最小。

7.5.2.3　鼓风机控制

鼓风机是污水处理厂压缩空气的来源，污水处理厂进水负荷的时变性要求实时调节鼓风机的总输出气量和压力以满足曝气池内的微生物对溶解氧的动态需求量。精确曝气分配与控制系统根据生物池上各就地控制单元计算出来的实际需求量，通过鼓风机系统主控柜 MCP 实现全自动控制鼓风机的启停、导叶开度（或频率）来调节风量，实现按需供气，避免了进水负荷高峰时的曝气不足和进水负荷低谷时的曝气过量，实现工艺的精细化、稳定化控制，节约了曝气能耗。

目前污水处理厂鼓风机一般为多用一备的配置，每台鼓风机配备 1 台 LCP，多台鼓风机共用 1 台 MCP。MCP 一般采用两种方式对鼓风机进行控制：总压方式或者总流量方式。

精确曝气系统对鼓风机的控制方式可以分为恒定总压力控制、动态总压力控制以及动态总流量控制，可由现场选择。

7.5.2.4　鼓风机和调节阀的联动控制

精确曝气系统鼓风机和调节阀联动控制的最优化目标为总阀门调节压损最小。整个鼓风曝气系统包括鼓风机、流量调节阀、流量计、曝气头以及曝气管路等，构成了一个比较复杂的流量分配和压力传递系统，精确曝气控制软件中的气量分配模块和鼓风机控制模块组合起来，能够有效地解决联机配气中的基本控制和优化目标。

其主要的功能和优化目标：

（1）使每个阀门快速地达到设定流量；

（2）使多个阀门尽可能在较优的工况点工作：在任何时刻，系统中总有 1 个或多个阀门处于调节许可的最大开度，并随着需气量的变化而自动调整；

（3）调节鼓风机总输出气量和输出气压满足工艺整体需要；

（4）在阀门处于最优开度时，给出鼓风机最低的许可工作设定压力，使得系统在较小的压力损失下、鼓风机在较低的功率下工作，实现节约电耗。

7.5.2.5　防鼓风机喘振设计

鼓风机和阀门通过管道连接，形成一个闭合的压缩空气输送系统。其中鼓风机作为气源和压力源，阀门作为流量和压力调节装置。在一个系统中，鼓风机和阀门的动作会相互影响，所以鼓风机和阀门的控制需进行协调。精确曝气系统中的鼓风机控制模块与就地阀门配气模块之间可以进行联动，可有效防止阀门不当动作造成的鼓风机喘振现象。

精确曝气系统对鼓风机的调节综合考虑了出口流量、压力及鼓风机的工况点等因素，

一般通过以下控制措施抑制鼓风机出现喘振：

（1）具有曝气管压突变检测、工艺切换前馈触发等优化控制策略，保护鼓风机免于压力突变的影响，进而避免喘振；

（2）实现现场流量调节单元的优化控制，避免对管路系统造成大的压力冲击；

（3）对液位变化剧烈的处理工艺，通过优化工艺切换实现系统压力的平滑过渡；

（4）调节鼓风机时，确保其工作在安全区域内。

7.5.2.6 系统容错性设计及信号处理

在污水处理厂中，一旦用户启用了精确曝气系统，则鼓风机、调节阀门、DO 控制均在全自动方式下进行，无须用户额外干预。用户可以通过软件监测 DO 控制性能以及系统的各种状态信息，并可以实时在线调整控制参数，优化控制结果。

任何自动控制系统都需要连接很多在线仪表，并且与厂区其他控制站间进行数据交换，系统耦合性较强，任何单一设备仪表故障或者站间通信故障都会导致系统输入不完整而影响系统的控制性能。

所以，一般精确曝气系统设计的基本条件之一：当运行过程中仪表故障、信号失真，以及现场维护时，建立在容许传感器故障的条件下的控制模型具有丰富的容错处理机制，大大降低单体故障错误对系统整体的影响，即使在一定数量的传感器故障条件下，系统仍然能够维持有效的闭环控制。

污水处理厂的设备、在线仪表经常处于严峻的工况环境，信号传输过程中受到各种干扰，造成信号传输不准确，严重者甚至造成在线信号无法使用。精确曝气系统是基于一套精确数学模型的智能控制系统软件，系统运行过程中涉及信号滤波、失真信号处理、故障状态下控制器自动切换等大量的控制算法。

系统对时间延迟、信号干扰等常见的故障有应对措施。特别设计了针对污水处理厂常见在线仪表，如在线溶解氧仪、MLSS、压力、空气流量计、进水量等信号的数据处理策略，针对这些仪表的测量原理、信号特征设计了相应的纠错处理策略，如去跳、去噪、补遗、平滑以及替代等，保证进入到精确曝气系统的信号在一定置信度范围内可被采用，大大提高了系统的可靠性。

7.6 深度处理段的比选

在目前的排放标准下，一般市政污水主要的深度处理工艺常常采用混凝沉淀过滤"老三段"处理法。当对再生水水质有更高要求，或者污水处理厂收集范围内溶解性难降解 COD 比例较高时，需要增加其他深度处理技术中的一种或几种组合，包括吸附、臭氧 - 活性炭、离子交换、超滤、纳滤，反渗透、膜生物反应器、曝气生物滤池、臭氧（催化）氧化、芬顿氧化等。

吸附是物质在相界面的富集过程，指某物质组分自体相向界面的浓集，最终导致相

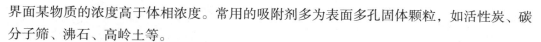

界面某物质的浓度高于体相浓度。常用的吸附剂多为表面多孔固体颗粒，如活性炭、碳分子筛、沸石、高岭土等。

离子交换在化工、冶金、水的软化、除盐等诸多领域有着广泛的应用。

臭氧既是一种强氧化剂，也是一种有效的消毒剂。通过臭氧氧化可以去除水中的嗅、味，提高和改善水的感官性状；降低高锰酸盐指数，使难降解的高分子有机物得到氧化、降解；通过诱导微粒脱稳作用，诱导水中的胶体脱稳；杀灭水中的病毒、细菌与致病微生物。

臭氧与活性炭去除有机污染物的机理不同，两者去除的有机污染组分也有所差异。活性炭主要侧重于吸附溶解性有机物，而臭氧则主要偏重于氧化难降解的高分子有机物。

膜分离是近年来发展较快的新技术，随着不同类型的膜的不断出现，膜分离技术在许多科技领域日益受到重视并推广使用。如用于海水淡化、工业给水和废水处理及某些特殊的化工处理过程。

膜分离过程是利用天然或人工合成的不同特性的高分子薄膜，以某种外界能量或化学位差为推动力，对双组分或多组分的溶质和溶剂进行分离、提纯和富集的过程，常用的膜分离过程有电渗析、反渗透和超滤等。

主要深度处理技术处理效率如表7-6所示。

再生水深度处理技术处理效率 表7-6

序号	项目	处理效率（%）			
		活性炭吸附	离子交换	反渗透	臭氧氧化
1	BOD_5	40 ~ 60	25 ~ 50	≥ 50	20 ~ 30
2	COD_{Cr}	40 ~ 60	25 ~ 50	≥ 50	≥ 50
3	SS	60 ~ 70	≥ 50	≥ 50	—
4	氨氮	30 ~ 40	≥ 50	≥ 50	—
5	总磷	80 ~ 90	—	≥ 50	—
6	色度	70 ~ 80	—	≥ 50	≥ 70

近年来深度处理工艺中膜工艺发展较快，水处理中应用比较多的是微滤和超滤技术。超滤可以去除 0.2μm 到 0.01μm 范围内的微粒，微滤可以去除 0.2μm 到 500μm 范围内的微粒，由于膜技术能够有效去除寄生虫、细菌和部分病毒，大大提高了再生水回用的安全性，同时使加氯量减小，特别适于有可能与人体接触的场合，如冲厕、浇洒绿地等，但膜工艺初始投资及运行费用均不菲，在一定程度上制约了膜技术的推广应用。

本节主要介绍臭氧催化氧化、活性焦吸附工艺。

7.6.1 臭氧及其催化氧化

7.6.1.1 臭氧反应系统

一般来说，臭氧主要通过两种途径与水中的有机物发生反应：一是直接反应途径，即臭氧分子与有机物直接发生反应；二是间接反应途径，即臭氧首先在水中发生分解产生强氧化性的自由基（主要是·OH），然后自由基再与有机物发生反应，该反应没有选择性且进行非常迅速。

臭氧的直接反应途径在水处理中主要存在如下缺点：

（1）臭氧与有机物直接反应具有较强的选择性，较易进攻具有双键的有机物；

（2）臭氧与某些小分子有机酸（草酸、乙酸等）的反应速率非常低，使得臭氧氧化有机物的最终产物多为小分子有机酸，这些小分子有机酸是后续消毒工艺中消毒副产物的前体物；

（3）臭氧的利用率较低；

（4）当水中存在一定浓度的溴离子时，臭氧氧化过程中易生成强致癌物溴酸盐；

（5）某些行业排放的有机氮，如果胶、甲壳质和季胺化合物等很难生物降解，这些物质可以在臭氧氧化或催化氧化时进一步转化为氨氮，这也可能是某些污水处理厂深度处理段臭氧反应后氨氮浓度上升的原因。

为了提高臭氧利用率，也因为·OH具有强氧化性，与有机物反应迅速且无选择性的特点，市政污水处理领域在臭氧氧化的基础上又开发了能够促进臭氧分解产生·OH的催化氧化技术。与单独的臭氧氧化相比，臭氧催化氧化具有如下特点：

（1）可以高效氧化去除水中单独臭氧难以氧化降解的有机物，又可以通过影响生物细胞的物质交换能力进行杀菌；

（2）高效氧化去除反应中间产物，减少消毒副产物前体物的生成量；

（3）提高臭氧的利用率；

（4）有效控制臭氧氧化过程中溴酸盐的生成。

在实际工程中，由于臭氧发生器产生的臭氧、氧气的混合气体压力较低，约100kPa左右。为了充分利用臭氧，工程中一般采用回流加压泵 + 水射器的方式。参数范围如下：

（1）根据臭氧投加量的不同，催化氧化的回流量约占处理水量的75% ~ 200%，这部分能耗不容忽视；

（2）根据水射器型号特点的不同，回流压力一般在170 ~ 250kPa；

（3）水射器带走的气体量是回流量的30% ~ 40%。水气比2.5 : 1 ~ 3 : 1；

（4）每万吨规模使用催化剂的量视去除COD浓度的不同而不同，约为30 ~ 40m^3。

目前，国内工业废水处理中采用臭氧氧化工艺较多，城镇污水处理行业较少。主要是因为臭氧氧化技术有其固有缺陷：

（1）臭氧发生器所产生的臭氧浓度低、电耗量大、设备及运行费用高。

（2）目前臭氧的投加方式主要采用水射器，需要的水量大，扬程高，能耗较大。

（3）投加过程中，臭氧的利用率主要受限于溶气段和催化反应段的效率。目前水射器的溶气效率不高，导致臭氧利用率低。

（4）部分工业废水投加臭氧后，COD、氨氮、SS有升高现象，主要是因为工业废水成分复杂，含有不能为重铬酸钾氧化但又可以被臭氧断链的物质。这种情况出现后，需进一步加大投加量，才有可能使 COD 降低。

（5）对于不同的水质，需要的催化剂不一样，实际应用需要做一定的实验来确定适用的催化剂。

目前，臭氧催化氧化采用的催化剂主要有金属氧化物以及负载在载体上的金属氧化物，负载在载体上的重金属，活性炭等。

另外，催化剂在使用过程中存在一定程度的失效问题，需要定期更换。

为了克服臭氧投加时回流量大、溶气效率不高的问题，在小规模臭氧高级氧化过程中，可采用溶气泵投加臭氧以提高利用率，但目前溶气泵单台流量较小，处理规模大时需要配置台数较多，溶气泵外形如图 7-41 所示。

图 7-41　臭氧投加溶气泵

7.6.1.2　臭氧尾气系统

臭氧在接触池中与水中的有机物反应后，会有剩余少量的臭氧需要排放。根据国家大气环境标准，环境空气中连续 1h 的臭氧浓度不能大于 0.1ppm（体积浓度）。而臭氧接触池中残余的臭氧如果直接排放，周围空气的臭氧浓度往往有可能超过这个标准，因此需要将残余的臭氧收集后，通过尾气破坏系统将臭氧分解成氧气排入环境大气中。

臭氧尾气破坏器有电加热破坏及催化剂破坏两大类。电加热破坏采用电加热器将通入破坏器的尾气瞬间加热到 300℃左右，利用臭氧在高温下可迅速分解的原理，高温破坏分解臭氧。虽然电加热能有效快速地分解臭氧，但是由于要将通过的气体瞬间加热至 300℃左右，因此能耗较高，使用不经济。

催化剂破坏则采用化学催化剂，用化学方法快速分解臭氧，有着节能高效的优点，但是催化剂如果受潮及氧化中毒后，对臭氧的破坏效果将大大降低。采用催化方式的破坏器包括前端除雾器、加热器、催化剂床、风机和独立的电源控制柜等。催化剂的质量决定破坏器的性能和寿命。

7.6.2　活性焦吸附工艺

活性炭是用含碳为主的物质（如木材）做原料，经高温碳化和活化而制成的疏水性吸附剂；活性焦主要以煤（兰炭）为原料，属于活性炭的一种。

目前，国内活性炭吸附工艺采用的活性炭孔隙结构如表 7-7 所示，活性焦孔隙结构如表 7-8 所示。

活性炭的孔隙 表7-7

孔隙名称	孔隙半径（nm）	活化活性焦		
		孔容积（mL/g）	比表面积（m²/g）	比表面积比（%）
微孔	< 2	0.25 ~ 0.6	700 ~ 1400	95
中孔（过渡孔）	2 ~ 100	0.02 ~ 0.2	1 ~ 200	5
大孔	100 ~ 10000	0.2 ~ 0.5	0.5 ~ 2	甚微

活性焦的孔隙 表7-8

孔隙名称	孔隙半径（nm）	活化活性焦		
		孔容积（mL/g）	比表面积（m²/g）	比表面积比（%）
微孔	< 2	0.2 ~ 0.3	200 ~ 400	45
中孔（过渡孔）	2 ~ 50	0.2 ~ 0.4	400 ~ 600	50
大孔	50 ~ 10000	0.05 ~ 0.1	50 ~ 100	甚微

活性炭孔径不同，在吸附过程中所起的主要作用也不同。对液相吸附，吸附质虽可被吸附在大孔表面，但由于活性炭大孔表面积所占比例较小，对吸附量影响不大，它主要为吸附质的扩散提供通道，使吸附质通过此通道扩散到过渡孔和小孔中去，因此吸附质的扩散速度受大孔影响。当吸附质的分子直径较大时，微孔几乎不起作用，活性炭对吸附质的吸附主要靠过渡孔来完成。

活性焦实质上是一种低比表面积活性炭，其比表面积一般 $\leqslant 600m^2/g$，碘吸附值 850mg/g，亚甲基蓝吸附值 120mg/g。相对于木质活性炭，其中孔比例更高，正是这种孔隙结构比例，使活性焦在污水处理领域有广泛的空间，其吸附性能更优，具有价格相对便宜、机械强度高、耐磨损等优点，其电镜图如图 7-42 所示。

7.6.2.1 活性焦吸附及再生原理

在吸附过程中，活性焦分子和污染物分子之间的作用力是范德华力（或静电引力）时称为物理吸附；活性焦分子和污染物分子之间的作用力是化学键时称为化学吸附。

当污染物分子接近活性焦固体表面时，首先发生物理吸附，此时污染物分子进一步接近活性焦固体表面，由于电子运动的

图 7-42 活性焦电镜图

相互排斥，使污染物分子的势能急剧上升，当污染物分子势能上升到其活化能以上时，就发生化学吸附。

通过研究发现，活性焦在污水温度达到30℃左右时对污染物的吸附能力最强。当水质呈酸性时，活性焦对阴离子物质的吸附能力相对减弱；当水质呈碱性时，活性焦对阳离子物质的吸附能力减弱。

活性焦过滤是将水中悬浮状态的污染物进行截留的过程，被截留的悬浮物充塞于活性焦孔道、表面、空隙间。活性焦对悬浮物截留能力的大小由活性焦比表面积决定。低流速时，活性焦的过滤能力主要来自活性焦的筛除作用；高流速时，活性焦的过滤能力来自活性焦颗粒表面的吸附作用。在过滤过程中，活性焦颗粒的比表面积越大，对水中悬浮物的附着力越强。

活性焦过滤吸附法在处理废水过程中，废水中的污染物质大部分被活性焦过滤吸附，处理后的各项指标均能稳定达到国家最新颁布的各种行业污染物排放限值标准。活性焦吸附达到充分的吸附平衡后，脱水分离装置可将活性焦的含水率控制到50%以下，以减少综合污泥处理量。

活性焦的吸附、催化特性是由其孔隙结构（比表面积、孔容、孔径分布等）和表面化学特性等性质决定，而成品活性焦的物理性质和化学性质又是随着原料的选择以及制备工艺的不同有较大差异。

水处理过程中所产生的饱和活性焦，通过再生系统（图7-43）将吸附在活性焦孔道内的有机污染物进行分解，此时的有机污染物转化为甲烷、乙烷、碳氢化合物等成分组成可燃气体作为热能利用，且活性焦的孔道重新打开，因此活性焦可再次使用，再生产品率高于99%。活性焦再生过程无固废产生。

图7-43　活性焦再生系统布置图

活性焦再生系统的生产工艺主要分为五段：废活性焦储运、废活性焦预处理、废活性焦焙烧、再生活性焦后处理及包装、工艺尾气焚烧处理。再生系统的设备配置包括贮料系统、上料系统、再生机组、冷凝设备、引风装置、烟气回收及净化装置、主机动力柜及控制系统等，其工艺流程如图7-44所示。

7.6.2.2　活性焦吸附塔工作原理

流动床颗粒活性焦吸附塔主体是由罐体和内部构件组成。吸附塔罐体采用标准的建筑用不锈钢、碳钢或玻璃钢制造，通过法兰连接进水、出水和清洗用水管道。内部构件包括进水管、布水器、颗粒活性焦提升装置、颗粒活性焦清洗装置等，活性焦吸附塔结构如图7-45所示。

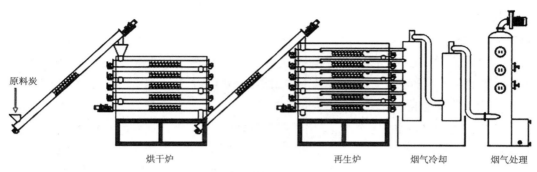

图 7-44　活性焦再生系统工艺流程图

图 7-45 中，活性焦③装入罐体①中至适当的位置，使用污水提升泵将需要进行处理的污水通过进水口④打入到罐体内的布水器⑤，废水在布水器的作用下，均匀流过活性焦③填充层，在溢流堰⑥的调节下，水均匀流入到出水口⑦排出，完成吸附的过程。吸附的过程中，在压缩空气接口⑧通入压缩空气进行活性焦的提升，打开活性焦反冲洗阀门⑨，将活性焦打入反冲洗装置进行清洗。清洗后产生的污水由反冲排污口 ⑫ 排出。当活性焦吸附饱和后，在压缩空气接口⑧通入压缩空气进行活性焦的提升，打开废料排料阀门⑩，将废料排出进行后续的处理。需要对流动床活性焦吸附塔进行维护时，打开卸料口 ⑭ 排出残留的废料，通过放空口 ⑬ 排出吸附塔内的污水。

流动床颗粒活性焦吸附塔可布置成单级或多级过滤，根据过滤水量的需求选择单台运行或多台并联运行，多级流动床活性焦吸附塔并联运行实例如图 7-46 所示，其流程图如图 7-47 所示。

根据图 7-47，多级流动床颗粒活性焦吸附塔由第一级吸附塔①、第二级吸附塔②、第三级吸附塔③、第四级吸附塔④组成，使用污水提升泵将需要进行处理的废水通过第

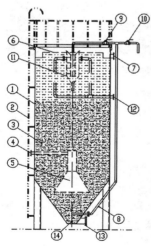

图 7-45　流动床颗粒活性焦
吸附塔结构图

图 7-46　多级流动床活性焦吸附塔并联运行实例

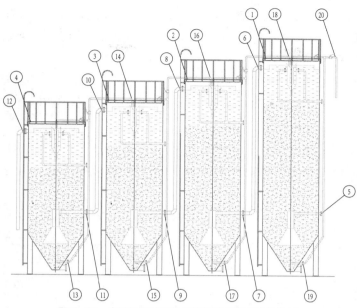

图 7-47　多级流动床活性焦吸附塔吸附工艺流程图

一级吸附塔进水口⑤打入到罐体内，第一级吸附塔出水从出水口⑥自流至第二级吸附塔进水口⑦，第二级吸附塔出水从出水口⑧自流至第三级吸附塔进水口⑨，第三级吸附塔出水从出水口⑩自流到至第四级吸附塔进水口⑪，第四级吸附塔出水从出水口⑫自流至下一级的处理工艺或者达标排放。在颗粒活性焦吸附的过程中，第一级吸附的饱和速度最快，第四级的吸附饱和速度最慢。当第一级颗粒活性焦吸附饱和后，第一级活性焦进行排焦操作，并从最后一级开始逐级向前一级进行回焦操作：使用流动床颗粒活性焦提升装置从提升口⑬，并经过出口管路⑭排出系统外进行再生。第二级吸附塔内的颗粒活性焦从提升口⑮提升到第一级吸附塔进口⑯，第三级吸附塔内的颗粒活性焦从提升口⑰提升到第二级吸附塔进口⑱，第四级吸附塔内的颗粒活性焦从提升口⑲提升到第三级吸附塔进口⑳，并在第四级加入新的颗粒活性焦，实现活性焦在几个罐体的循环利用，提高吸附量。

7.6.3　活性焦吸附中试案例

目前国内部分城市相继出台污水处理厂污染物地方排放标准，其排放指标较一级 A 排放标准更为严格，郑州市也在其中。郑州市颁布《贾鲁河流域水污染物排放标准》（DB 41/908—2014）后正逐步实施《水污染防治行动计划》（国发〔2015〕17 号），积极开展海绵城市、黑臭水体治理项目。市域范围内污水处理厂的排水水质直接影响郑州市所属的淮河流域水质目标的完成，排水标准势必要求进一步提高。

活性炭以其优异的吸附性能在工业废水中应用较为普遍，但价格等因素导致城镇污水鲜有使用。随着技术的进步，活性焦以其高性价比的优势，使得城镇污水处理厂大规模应用成为可能。为此，郑州进行了以活性焦吸附为主工艺对二级处理出水进行深度处理的中试研究。中试结果表明，其出水水质完全满足《地表水环境质量标准》（GB 3838—2002）类Ⅲ类标准的要求。

7.6.3.1 中试概述

郑州马头岗污水处理厂总处理水量 60 万 m³/d，一二期工程各 30 万 m³/d，主要收集处理排水系统内生活污水和工业废水，服务面积 120km²。

一期工程于 2010 年 7 月进行一级 B 升级改造，改造后工艺流程如图 7-48 所示（虚线部分为改造前构筑物，双线部分为改造构筑物，实线部分为改造新增构筑物）。

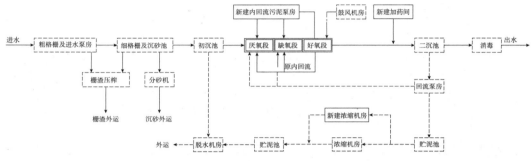

图 7-48　一期一级 B 改造工程工艺流程图

二期工程于 2014 年建成通水，其工艺流程如图 7-49 所示。

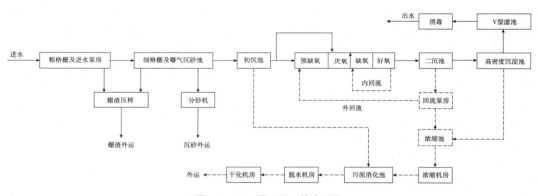

图 7-49　二期工程工艺流程图

河南省于 2014 年 6 月 26 日实施《贾鲁河流域水污染物排放标准》（DB 41/908—2014），其中 COD、NH₃-N 指标均严于一级 A 排放标准。另外《水污染防治行动计划》（国发〔2015〕17 号）、《关于加快推进生态文明建设的意见》（中发〔2015〕12 号）等系列文件提出，到 2020 年淮河流域水质优良（达到或优于Ⅲ类）比例总体达到 70% 以上的具体要求。河南省政府要求郑州市 2017 年底Ⅲ类水体比例达到 52%，2020 年后实现"下河游泳"的目标。

为此，郑州市决定实施马头岗污水处理厂升级改造工程：在处理规模不变的条件下使出水标准优于《贾鲁河流域水污染物排放标准》（DB 41/908—2014），达到《地表水环境质量标准》（GB 3838—2002）中类Ⅲ类水质指标。为了达到这一工程目标，在现有研究成果的基础上进行活性焦吸附工艺的工程中试。

7.6.3.2　中试场地及中试条件

中试时，马头岗污水处理厂尚未办理升级改造工程的征地手续，且现状厂区无条件布置中试装置，因此中试装置布置于郑州新区污水处理厂。新区污水处理厂近期实施规模 65 万 m³/d，总变化系数 1.3，远期设计水量 100 万 m³/d。采用"粗格栅 + 提升泵房 + 转鼓细格栅 + 曝气沉砂池 + 周进周出辐流式初沉池 + 多模式 AAO+ 周进周出辐流式沉淀池 + 高密度沉淀池 + 均质滤料滤池 + 紫外消毒"工艺。

中试时，新区污水处理厂深度处理尚未通水，因此中试水源为二沉池出水；活性焦采用杭州回水科技有限公司提供的活性焦，其性能满足本节第 7.6.2 节的规定。

7.6.3.3　中试过程

一般活性焦吸附应用于工业废水时均采用多级吸附。但由于本工程规模大，用地紧张，因此进行多级活性焦吸附及单级活性焦吸附两次中试。两次中试除级数不一样外，还考虑到工程实施及运行难度，吸附塔采用了不同的直径。

1. 多级活性焦吸附

2016 年 8 月 1 日至 10 月 25 日，进行多级活性焦吸附中试。进水为新区污水处理厂二沉池出水，经过气浮除磷后经三级活性焦吸附塔及一级活性砂滤池，工艺流程如图 7-50 所示。

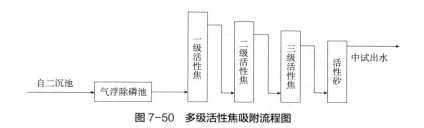

图 7-50　多级活性焦吸附流程图

（1）吸附装置

三级活性焦塔，每一级直径均为 2.5m，高度分别 9m、8m、7m，内部活性焦装填高度分别为 7m、6m、5m，上升滤速约 9m/h，空床停留时间约 45min，活性焦颗粒粒径 2 ~ 5mm。

中试装置如图 7-51 所示。

（2）吸附效果

多级活性焦吸附效果如图 7-52 所示。

(a)　　　　　　　　　　　　(b)

图 7-51　多级活性焦吸附中试装置及出水感官

(a) 中试装置图；(b) 出水感官图

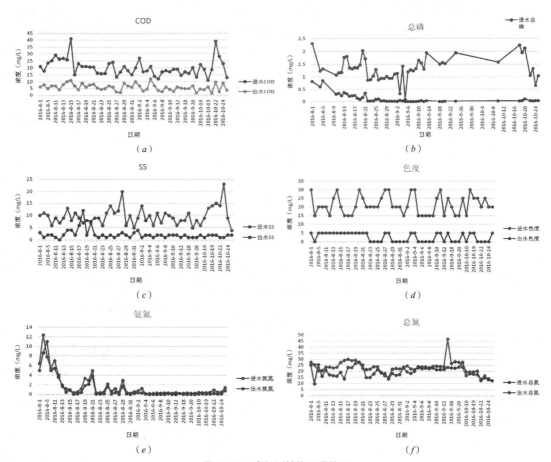

图 7-52　多级活性焦吸附效果

(a) COD 吸附效果；(b) TP 吸附效果；(c) SS 吸附效果；(d) 色度吸附效果；(e) NH$_3$-N 吸附效果；(f) TN 吸附效果

（3）吸附结论

多级活性焦吸附中试前后延续约 3 个月时间，各种污染指标进出水平均值如表 7-9 所示。

<table>
<tr><td colspan="8">多级活性焦吸附中试污染物去除效果　　　　　　　　　　表7-9</td></tr>
<tr><td></td><td>COD</td><td>TP</td><td>NH₃-N</td><td>TN</td><td>SS</td><td>浊度</td><td>色度</td></tr>
<tr><td>进水（mg/L）</td><td>21</td><td>1.33</td><td>1.58</td><td>22.85</td><td>9.73</td><td>4.8</td><td>21.2</td></tr>
<tr><td>出水（mg/L）</td><td>5.8</td><td>0.13</td><td>1.17</td><td>19.75</td><td>2.25</td><td>0.68</td><td>2.6</td></tr>
<tr><td>去除率（%）</td><td>72.4</td><td>90.2</td><td>25.9</td><td>13.5</td><td>76.9</td><td>—</td><td>—</td></tr>
</table>

可以看出，多级活性焦吸附对 COD、TP、SS 均有较高的去除作用，对 NH_3-N、TN 基本无去除作用。

2. 气浮 + 单级活性焦吸附

2016 年 12 月 15 日至 2017 年 1 月 2 日，现场进行了气浮除磷 + 单级活性焦吸附中试。进水为二沉池出水，直接进入气浮除磷池、一级活性焦吸附池及一级活性砂滤池，其工艺流程如图 7-53 所示。

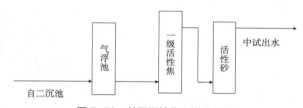

图 7-53　单级活性焦吸附流程图

（1）吸附装置

一级活性焦塔，5.0m 见方，高度 9.5m，内部活性焦装填高度 7m，上升滤速约 6.7m/h，高时空床停留时间约 60min，活性焦颗粒粒径 2 ~ 5mm。中试装置顶部布置如图 7-54 所示。

图 7-54 单级活性焦吸附装置顶部布置图

（2）吸附效果

气浮＋单级活性焦吸附效果如图 7-55 所示。

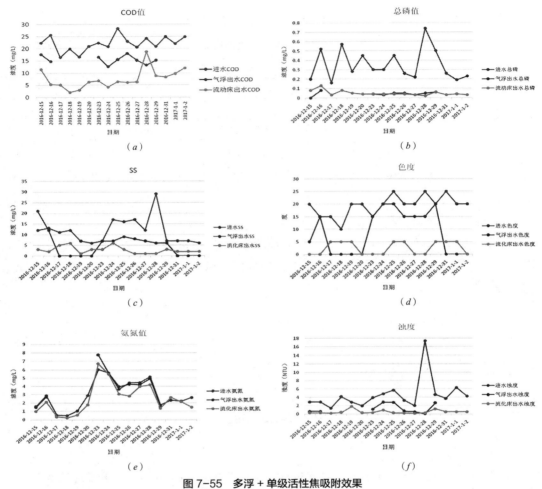

图 7-55　多浮＋单级活性焦吸附效果

（*a*）COD 吸附效果；（*b*）TP 吸附效果；（*c*）SS 吸附效果；（*d*）色度吸附效果；（*e*）NH$_3$-N 吸附效果；（*f*）浊度吸附效果

（3）吸附结论

单级活性焦吸附中试前后延续约半个月时间，各种污染指标进出水平均值如表 7-10 所示。

气浮+单级活性焦吸附中试污染物去除效果　　　　　　　　　　　表7-10

	COD	TP	NH$_3$-N	TN	SS	浊度	色度
进水（mg/L）	22.1	0.36	3.0	14.8	11.6	4.6	19.3
气浮出水（mg/L）	15.1	0.048	2.5	14.6	7.8	1.4	16.9
总出水（mg/L）	5.8	0.047	2.5	13.0	2.8	0.5	2.7
总去除率（%）	73.8	86.9	17	12	80	—	—

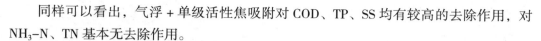

同样可以看出，气浮 + 单级活性焦吸附对 COD、TP、SS 均有较高的去除作用，对 NH₃–N、TN 基本无去除作用。

7.6.3.4 吸附效果总说明

通过上述多级及单级活性焦吸附的中试试验可以看出：

（1）气浮除磷后，TP 浓度均为 0.1mg/L 以下，大部分出水 TP 均低于 0.05mg/L。气浮段 TP 去除率极高，活性焦吸附段 TP 随截留 SS 去除而去除。

（2）经过活性焦吸附，COD 浓度基本位于 10mg/L 以下，部分时段低于 3 ~ 5mg/L。显示了活性焦在去除生物或者物理、化学法不能去除的微量呈溶解状态有机物方面的优异性能。

（3）气浮除磷池 SS 去除率约 40% ~ 50%，活性焦吸附后 SS 总去除率可达 75% ~ 80%，出水 SS 可达 2 ~ 3mg/L。

（4）气浮及活性焦吸附对 NH₃–N 及 TN 基本无去除作用，初步分析，主要和 NH₃–N 及 TN 在水中的离子性和极性有关。

（5）气浮及活性焦吸附对色度及浊度去除率较高，出水色度基本在 5 度以下，浊度均值在 0.7NTU 以下，气浮除磷与活性焦吸附连用，出水水质感官性好。

（6）对于本中试水样，单级与多级吸附效果基本相同，初步分析，是因为中试原水经过生化处理后，大分子物质降解成为小分子物质更易于吸附。这样的中试结果可简化市政污水深度处理的活性焦吸附级数，节省占地，节约工程投资。

7.6.3.5 类比性分析

由于吸附中试原水为新区污水处理厂二沉池出水，为考察本工艺对马头岗污水处理厂的适用性，需要将新区污水处理厂二沉池出水与马头岗污水处理厂现状出水进行比较；又因为马头岗升级改造工程进水分别为一、二期出水，其中一期出水标准较低，所以选取一期 2014 年 12 月 ~ 2015 年 1 月出水与新区污水处理厂中试装置 2016 年 12 月 ~ 2017 年 1 月进水进行比较，结果如图 7-56 所示。

从上述简单比较可以看出，本工程进水污染程度要低于新区厂中试用水，且每年同期污染程度变化趋势相同，又从实际收水系统来看，两厂收水范围内居民生活污水所占比例较高且比例相同，工业种类相同，两厂进出水水质指标具有可比性。所以新区厂气浮除磷 + 单级活性焦吸附工艺的中试能够在一定程度上指导马头岗升级改造工程的具体工程设计。

7.6.4 活性焦吸附工程案例

郑州马头岗污水处理厂升级改造工程，即以本书第 7.6.3 节中试结果为指导进行工程设计。

7.6.4.1 工程概述

为合理确定升级改造工程进水水质，有针对性地提出污染物去除措施，工程详尽统

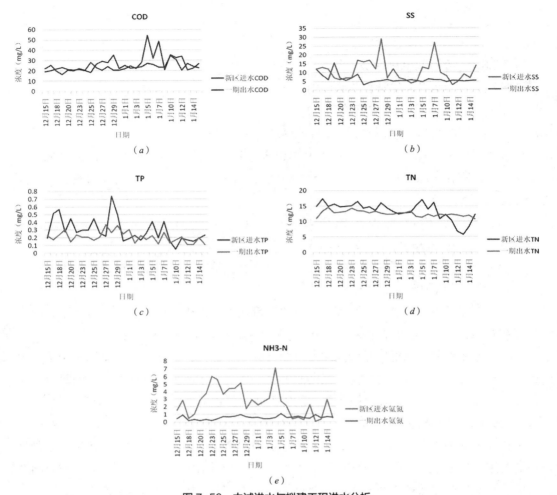

图 7-56　中试进水与拟建工程进水分析

(a) 两厂 COD 比较；(b) 两厂 SS 比较；(c) 两厂 TP 比较；(d) 两厂 TN 比较；(e) 两厂 NH₃-N 比较

计、分析了现状一二期出水水质，结合郑州市治理黑臭水体及淮河流域水质达标的要求，确定工程进出水水质如表 7-11 所示。

本工程进出水水质

表7-11

项目	BOD₅（mg/L）	COD（mg/L）	SS（mg/L）	NH₃-N（mg/L）	TN（mg/L）	TP（mg/L）	色度
进水水质	10	50	15	5	20	1.0	—
出水水质	5	20	5	1	15	0.2	5

　　工程技术路线主要是对现状生物反应池进行挖潜——改变缺氧及厌氧的停留时间、预留投加填料改为 MBBR 工艺解决氨氮、总氮的问题；通过活性焦吸附去除 COD、色度；通过气浮及过滤去除 TP 及 SS，从而使出水全面达到设计标准，其工艺流程如图 7-57 所示。

140

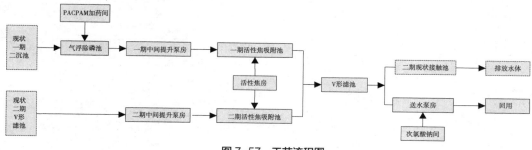

图 7-57　工艺流程图

7.6.4.2　工程设计

1. 气浮除磷池

气浮除磷池全厂设置 1 座，分为 8 组，每组分为独立 2 个系列，共 16 个系列。每系列混合时间 3.45min，絮凝时间 7.29min，气浮表面负荷 27.5m³/（m²·h）。

全池设置 16 台进水闸门，以便分区检修。设置混合搅拌器 16 台，单台功率 5.5kW，絮凝搅拌器 16 台，单台 3kW。每 4 个系列共用 1 台气浮污泥排放泵，共用 1 座污泥储池，污泥泵采用潜污泵，设置 5 台，4 用 1 冷备，单台 Q=50m³/h，扬程 H=30m，功率 N=7.5kW。每座污泥储池设置 1 台污泥搅拌器，共 4 台，单台功率 15kW，将气浮污泥快速搅拌均匀，便于泵送。设置 10 套干式离心溶气回流泵，8 用 2 备，单台 Q=220m³/h，扬程 H=50m，功率 N=55kW，溶气所需要的空压机及罗茨风机配套设置。

气浮除磷池除磷及去除 SS 效果较好，但气浮污泥难以浓缩脱水，本工程气浮污泥输送至现状板框脱水车间。

2. 中间提升泵房

深度处理工程 60 万 m³/d 来水，分为两部分，一期、二期各 30 万 m³/d，均需设置中间提升泵房。

2 座中间提升泵房平面布置基本相同，根据一期、二期实际水力流程，中间提升泵站的溢流及超越设置不同：一期来水由气浮处理池处溢流，一期中间提升泵后超越；二期来水由二期中间提升泵房处设置溢流及超越。

2 座中间提升泵房内分别设置潜污泵 6 台，5 用 1 备，单台 Q=3250m³/h，一期扬程 H=10.2m，功率 N=132kW；二期扬程 H=9.25m，功率 N=110kW。为节约能耗、适应污水水量波动，每座泵房内其中 2 台水泵设置变频。

二期中间提升泵房进水井内设置有全厂水源热泵房取水潜污泵 2 台，单台 Q=173m³/h，扬程 H=20m，功率 N=18.5kW。

3. 活性焦吸附池

本工程 60 万 m³/d 共设置活性焦吸附池 4 座，每 2 座吸附池配套 1 座活性焦房。活性焦吸附池及活性焦房的布置如图 7-58 所示。单座吸附池内设置 5m×5m 活性焦吸附塔 48 座，每列 6 座，共 8 列，每两列共用操作管廊，单座活性焦吸附池共设置 4 个管廊。

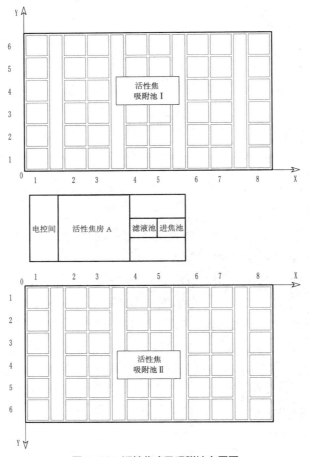

图 7-58 活性焦房及吸附池布置图

每座吸附塔高度 9.5m，内部装填活性焦，粒径 2 ~ 5mm，装填高度 7m，上升虑速约 6.7m/h，空床停留时间约 60min。

单座活性焦吸附塔配套设置排焦管路及排焦阀门、翻焦管路及翻焦阀门、冲洗管路及冲洗阀门等，其工作时序可按表 7-12 进行布置（每段工作时间具体项目可调）。

活性焦单格吸附塔工作时序　　　　　　　　　　　　　表7-12

阀门名称 工作状态	出焦阀	翻焦阀	排焦阀	冲焦阀	排污阀	气提阀	加焦阀
翻焦	√	√	×	×	√	√	×
翻焦后冲洗	×	√	×	√	√	√	×
排焦	√	×	√	×	×	√	×
排焦后冲洗	×	√	×	√	√	√	×
加焦	×	×	×	×	√	×	√
加焦后冲洗	×	√	×	√	√	√	×

4. 活性焦房

每座活性焦房为2座吸附池配套服务。活性焦房二层设有配水渠道及配水堰、空压系统和次氯酸钠加药系统，配水渠为2座活性焦吸附池内的吸附塔均匀配水；空压系统为各管路上气动阀提供压缩空气；加药系统分别投加至活性焦配水渠及后续的V形滤池进水井。活性焦房一层设置变配电间、振动脱水筛间及进焦池、滤液池等。

单座活性焦房设置8台振动脱水筛，单台过筛尺寸1500mm×400mm；进焦干式离心泵10台，8用2冷备，单台Q=40m³/h，扬程H=25m，功率N=7.5kW，由于投加焦水混合物，泵后未设止回阀；干式离心滤液排出泵2台，1用1备，单台Q=40m³/h，扬程H=25m，功率N=7.5kW。

消毒药剂次氯酸钠采用原液投加，设置计量泵4台，3用1备，单台Q=200～500L/h，扬程H=50m，功率N=0.37kW。

5. V形滤池

活性焦吸附池翻焦、排焦过程中会有一部分细小的、磨碎的焦粒被出水带走，影响出水感官，为进一步去除水中SS及流失的细颗粒焦炭，本工程设置V形滤池作为把关单元。V形滤池共22格，单格平面尺寸为15m×（2×4）m=120m²，设计滤速V=9.5m/h，强制滤速V=9.9m/h，滤料粒径1.35mm，不均匀系数小于1.3，滤料层厚度1.5m，每平方米滤板安装长柄滤头56个，气冲强度15L/（s·m²），水冲强度2.5L/（s·m²），扫洗强度1.8L/（s·m²）。

借鉴二期工程经验：考虑到V形滤池反冲洗废水排放渠道容积较大，未设置反冲洗废水排放池，减少1座构筑物；另优化高程布置后使反冲洗废水排放渠道内反冲洗废水可重力排放至厂区污水管道，减少排放泵等设备及设备附件。这种排放方式简单有效，但在设计时需要考虑厂区污水管道的排放能力，避免反冲洗废水排放不畅导致溢流至厂区地面。

6. 送水泵房

本工程出水水质优良，出水泵送至郑州龙湖中心岛及杨金工业园作为水源热泵的冷热源后排放至贾鲁河作为景观用水。

送水泵房按照60万m³/d配置土建及设备。集水井考虑特殊情况下的溢流措施。

泵房内设置12台卧式离心泵，分2组运行。第1组5台，4用1备，送至杨金工业园；第2组7台，6用1备，送至龙湖中心岛。单台参数均为Q=2500m³/h，扬程H=42m，功率N=355kW，均采用10kV高压供电。

7.6.4.3 活性焦吸附塔的控制

1. 控制概述

全厂设2座活性焦房（分别为活性焦房A/B）4座活性焦吸附池（分别为活性焦吸附池Ⅰ/Ⅱ/Ⅲ/Ⅳ）（A焦房对应Ⅰ/Ⅱ吸附池，B焦房对应Ⅲ/Ⅳ吸附池），单座活性焦吸附池8列，6行（X=8，Y=6）。单座活性焦共48格，全厂共192格，马头岗升级改

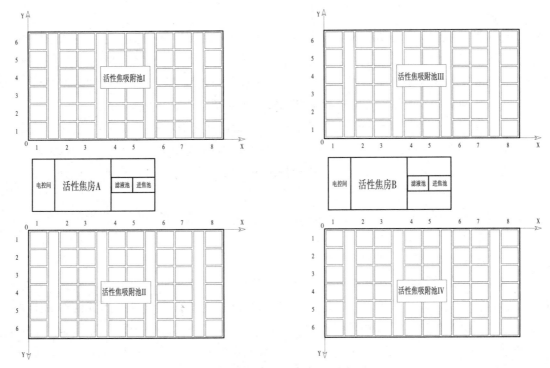

图 7-59 马头岗活性焦房及吸附池布置图

造工程 1 座活性焦房对应 2 座活性焦吸附池（96 格），如图 7-59 所示。单座活性焦房进焦池有效容积 100m³，振动脱水筛后滤液池有效容积 80m³。

2. 加焦控制

全厂 60 万 m³/d，首次运行共需要加焦 12000t；正常运行时按设计进水水质计算，每天需要排焦 60t，加焦 60t（其中 1/3 为新焦、2/3 为再生焦）。全厂 2 座活性焦房，则活性焦房 A、B 每天均需加焦 30t（活性焦密度约 0.5t/m³），每座活性吸附池需加焦 15t，折合 30m³。加焦时焦水比为 1：2，则每次焦水混合液需要配置 90m³，为便于投加，设计一次配完。

加焦时序：焦炭卸料至加焦池，同时注水（深度处理出水）并混合搅拌。全部 90m³ 焦水混合物搅拌均匀后，边泵送边继续搅拌，直至加焦完毕。

每座活性焦房同一时间仅向一座活性焦吸附池加焦——活性焦房 A 向吸附池 I 加焦后向吸附池 II 加焦，活性焦房 B 向吸附池 III 加焦后向吸附池 IV 加焦。

以活性焦房 A 加焦为例，活性焦房 A 第 j（$j=1 \sim 6$）d 向吸附池 I 第（i, j）格（$i=1 \sim 8$，j）依次加焦，6d 为一个周期，轮换进行。每天活性焦房 A 向吸附池 I 加焦完毕后，向吸附池 II 加焦，轮换进行。

活性焦房 A 共设置进焦干式离心泵 10 台，8 用 2 冷备，分 2 组，每组 4 台，分别向吸附池Ⅰ、吸附池Ⅱ加焦。

每次投加所需时间：卸焦 20min，同时加水搅拌，卸焦完毕后继续搅拌 20min，后加焦 40min，后反冲洗水 1min，共约 1.5h。

3. 翻焦（洗焦）控制

为了提高活性焦使用寿命，最大限度利用其吸附能力，活性焦吸附池在正常运行过程中需要翻焦（洗焦）。

每格吸附池可以多次翻焦洗焦，总的翻焦（洗焦）时间为 30min，单格池的压缩空气量为 1m³/min，气压 0.5 ~ 0.6MPa，排污水量为 600L/min。

和加焦一样，吸附池Ⅰ第（i，j）格（i=1 ~ 8，j）依次洗焦，6d 为一个周期，轮换进行。

活性焦房 A 配套空压机 3 台，2 用 1 备，单台 9.5m³/min。则活性焦房 A 可以对吸附池Ⅰ/Ⅱ同时翻焦洗焦。同时活性焦房 B 对应的吸附池Ⅲ/Ⅳ也可以同时翻焦洗焦，关键在于复核振动脱水筛及废水排放的能力。

如果每天每格都进行翻焦洗焦，则一天每座吸附池需要翻焦洗焦 5 行（40 格，另外 8 格需要进焦），4 座可以同时洗，则每天约 3h 可以全部翻焦洗焦完毕。

4. 排焦控制

活性焦房 A 对应的吸附池每天排焦量为 30t，约 60m³。

吸附池每格排焦管口径 DN65，单格池的压缩空气量为 1m³/min，排焦速度 100L/min，每次排焦时间 40min，每格活性焦吸附池总计排焦约 4m³，同时 8 格活性焦吸附池排焦（共 30m³，约 15t）。排焦过程管道中水与焦的比例为 1 : 2（体积比），每格活性焦吸附池的滤液水量为 50L/min，每天排焦过程中产生的总滤液水量为 16m³，瞬时流量为 400L/min。排焦完成后用 V 形滤池出水冲洗管道。

振动脱水筛后滤液池有效容积 80m³，可满足活性焦房 A 对应的吸附池Ⅰ/Ⅱ同时排焦。

7.6.4.4 工程投资、能耗及成本

本实例工程总投资 37061.72 万元，其中第一部分工程费 31163.25 万元，二类费 3354.56 万元。

全部耗电以 60 万 m³/d 为基数核算为 0.185kWh/m³ 污水。其中一期出水部分 0.089kWh/m³；二期出水部分 0.056kWh/m³；送水泵房部分为 0.11kWh/m³。单独活性焦吸附部分为 0.056kWh/m³ 污水。

工程单位成本费用 0.57 元/m³，单位经营成本 0.47 元/m³。用地指标仅 0.107m²/m³。

7.6.4.5 调试期间的出水水质

工程于 2019 年 6 月开始调试，累计调试时间 190d，调试规模 3 万 m³/d。调试时期进出水水质如表 7–13 所示。

调试时期进出水水质 表7-13

项目	7月	8月	9月	10月	11月	12月
进水COD（mg/L）	18	18	19	18	19	19
出水COD（mg/L）	6	7	6	6	7	7

进水COD均值18.5mg/L，出水COD均值6.5mg/L，平均去除率达到64.86%。总的来说，去除率较高，出水水质较好。详细进出水指标如图7-60所示，出水感官如图7-61所示。

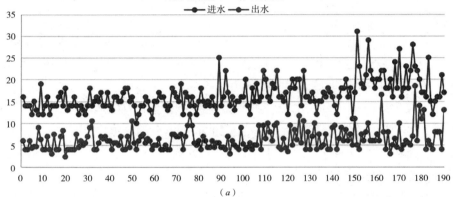

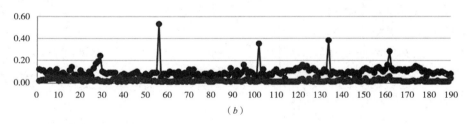

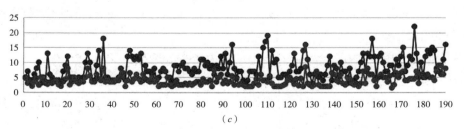

图7-60 调试时期进出水水质其他指标（一）
（a）COD进出水曲线图；（b）TP进出水曲线图；（c）SS进出水曲线图；

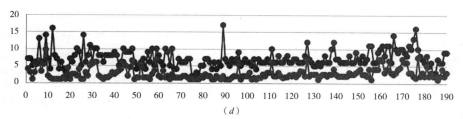

色度去除效果

（d）

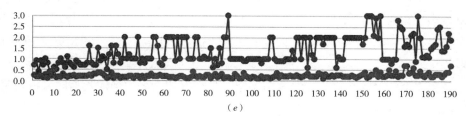

浊度去除效果

（e）

图 7-60　调试时期进出水水质其他指标（二）

（d）色度进出水曲线图；（e）浊度进出水曲线图

图 7-61　出水感官

7.7　鼓风设备

污水处理厂很多工艺段都会用到鼓风机，比如生化工艺段曝气鼓风机、MBR 膜工艺段膜吹扫鼓风机、深度处理工艺段滤池的反冲洗鼓风机……鼓风机既是各个工艺段的核心设备，又是能耗大户。

为了降低污水处理厂电耗及设备维护大修费用，节能、运行稳定、设备价格低廉成为鼓风机选择的首要条件。同时，随着大家环保意识的提高，鼓风设备运行噪声也不容忽视。因此在各工艺段中怎样最大限度地满足和解决以上问题已成为衡量一个鼓风系统好坏的最大标准，也成为鼓风机发展的大方向。

目前国内污水处理厂应用较多的鼓风机形式有：罗茨风机、螺杆风机、单级高速离心风机、多级离心风机、空气悬浮风机、磁悬浮风机。近些年，随着风机技术的发展，分别作为容积式和动力式风机典型代表的螺杆风机和磁悬浮风机在污水处理厂项目中应用较多。

本节主要介绍鼓风机的选型、参数确定、工程安装、运行维护及不同风机之间的对比，以供设计人员参考。

7.7.1　风机分类及特点

一般地，风机主要分为动力式风机、容积式风机，具体分类如图 7-62 所示。

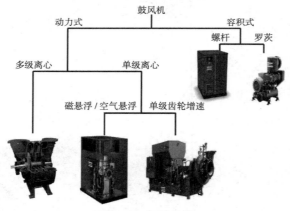

图 7-62　风机分类

很多设计人员在目前的设计工作中接触到的主要是容积式的罗茨风机，动力式的单级离心、空气悬浮、磁悬浮风机，对容积式螺杆风机接触较少。

容积式压缩工作原理：将一定量的连续气体截留于容器内，减小其体积从而使压力提高，然后将压缩空气排出容器。其压缩特性：提供体积流量，出口压力和流量关系不大，压缩空气的体积与气体性质无关。

动力式压缩工作原理：通过叶轮旋转提高气体速度，在静止的扩压器中将速度动能

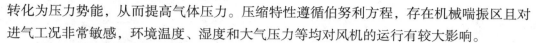

转化为压力势能，从而提高气体压力。压缩特性遵循伯努利方程，存在机械喘振区且对进气工况非常敏感，环境温度、湿度和大气压力等均对风机的运行有较大影响。

7.7.1.1 螺杆风机的特性

螺杆风机不但具备容积式风机的特点，而且结构简单、运行稳定，相比罗茨风机更加节能，压缩过程气流脉动更小，噪声也更低，被广泛应用在曝气和反洗中。

成立于 1873 年的阿特拉斯·科普柯集团是一家全球领先的工业生产解决方案供应商，其具有 40 余年的无油螺杆转子技术，于 2009 年开发了 ZS 系列螺杆鼓风机，极大地推动了螺杆风机的发展和应用。阿特拉斯·科普柯拥有全系列的低压鼓风产品，包括螺杆鼓风机、磁悬浮鼓风机、单级高速和多级离心鼓风机。

对于罗茨风机，空气在通过罗茨风机的转子时，体积并没有被压缩，只是被转子推到后端的管道中，进行背压压缩，即外部压缩。其压缩示意图如图 7-63 所示，压缩过程曲线如图 7-64 所示。

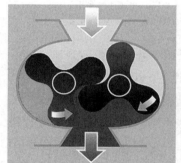
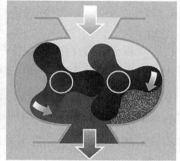
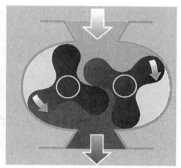

图 7-63 罗茨风机压缩示意图

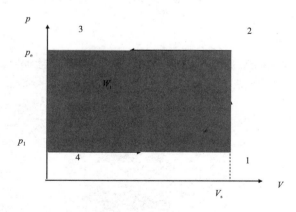

图 7-64 压缩过程曲线

注：4-1 表示吸入空气，体积增长至 V_e；1-2 表示机头后面的管道中的空气回流，产生了压缩的效果；2-3 表示将空气从机头中推向管道；矩形面积 1-2-3-4 代表压缩功 W_t；功耗与阴影区域 1-2-3-4 的面积成正比。

区别于罗茨风机的外部压缩过程，螺杆风机吸入空气通过同步齿轮带动阴阳转子高速转动，体积被内部压缩。螺杆风机压缩示意图如图 7-65 所示，对应的压缩过程曲线如图 7-66 所示。

由此可见，螺杆风机通过螺杆转子的内部压缩过程，大大降低了能耗，而且随着压

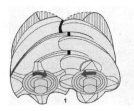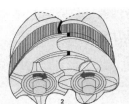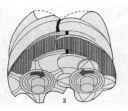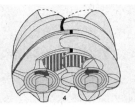

图 7-65　罗茨风机内部压缩示意图

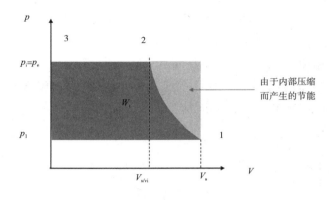

图 7-66　罗茨风机压缩过程示意图

注：4-1 表示吸入空气，体积升至 V_s；1-2 表示螺杆鼓风机转子间内部压缩体积至 V_s/v_i；2-3 表示压缩空气由螺杆鼓风机压向管道。

力的升高，节能效果更加明显，通常在出口压力 70kPa 以上时，能耗可比罗茨风机降低 30% 以上，直接驱动的效率也高于皮带传动。对于噪声，螺杆风机相较罗茨风机的噪声更低，通常 1m 处低于 80db，排气压力可达 150kPa，非常适合高压力工况运行。

螺杆转子是螺杆风机的核心部件，因压缩腔内不能含油，所以阴阳转子需要通过两端的同步齿轮转动，这就要求更高的加工工艺和制造水平。阿特拉斯·科普柯在 2000 年推出的 SAP 非对称型线、6/4 齿数比的等直径螺杆转子（螺杆转子及示意图如图 7-67 所示），可以提供 100% 无油空气，转子啮合面有涂层保护且非接触，涂层保护转子防止腐蚀，并减少转子之间的间隙，提高压缩效率。

7.7.1.2　磁悬浮风机的特性

传统的离心风机主要是多级离心鼓风机和单级齿轮增速风机。离心风机性能曲线如图 7-68 所示。

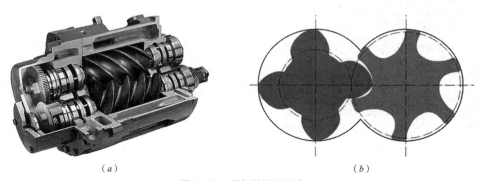

（a）　　　　　　　　　　　　　　　（b）

图 7-67　螺杆转子及示意

（a）等直径螺杆转子；（b）转子示意图

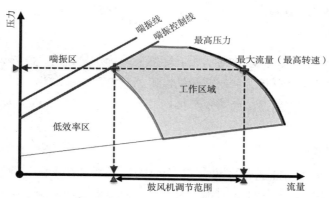

图 7-68　典型的离心风机运行曲线

目前市场上较为常见的悬浮类风机，也属于单级高速风机。主要有磁悬浮及空气悬浮两种形式，均具有效率较高、噪声较小的特点，近十年间发展迅速。磁悬浮风机由磁悬浮高速电机驱动三元流叶轮实现气体压缩输送：自由状态的空气从进口被吸入高速旋转的叶轮，在高速旋转叶轮的带动下产生一部分压力势能和动能，在扩压器和蜗壳作用下动能转化为压力势能，压缩空气在蜗壳和扩压管的引导下排入空气干管。

磁悬浮风机采用磁力悬浮轴承，相对空气悬浮这种被动悬浮形式，磁悬浮对轴承运行的控制程度更高，从而有更好的稳定性，是目前被更多设计院和污水处理厂优先考虑的风机形式。其内部结构及性能曲线如图 7-69 所示。

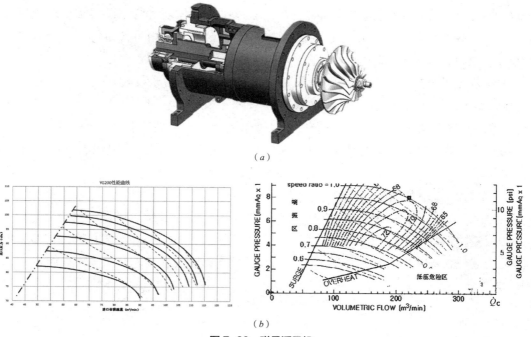

图 7-69　磁悬浮风机
（a）内部结构；（b）性能曲线

7.7.2 选型的影响因素

工艺专业根据设计进出水水质、相关环境条件确定鼓风量及出口风压。从污水处理鼓风机选型匹配的角度分析，如何匹配鼓风机的数量和单台参数是非常重要的。在满足工艺要求的前提下，不同规模的污水处理厂、不同的工艺、不同的使用条件下，风机的最佳匹配选择会有所不同。

7.7.2.1 规模因素

目前国内城镇污水处理厂的建设规模从几百吨的村镇污水到上百万吨的市政污水不等。建设规模直接影响项目投资成本，也影响生产成本各项比例：比如城镇中型污水处理厂运行成本中人工成本和管理成本占比较小，电费、药剂费占比较大，因此节能降耗直接影响投资回报期；乡镇小型污水处理厂人工成本和管理成本占比相对较高，而电费、药剂费所占比例相对减少，控制前期设备投资费用直接影响投资回报期。因此需从投资回报期来考虑不同规模污水处理厂设备台数和参数选择，以达到总成本可控且可以稳定运行的目的。

在城镇污水处理中，鼓风机的风量与污水处理量（容积）的气水比通常为 3：1 ～ 10：1，在我国一般为 5：1 ～ 8：1（根据进出水水质及曝气头特性不同而不同）。

以处理规模 15 万 m³/d，气水比 7：1，风机台数 3 用 1 备为例，单台风量约 15000m³/h，此时选用单级齿轮增速离心风机较为合适；以污水处理厂处理规模大于 5 万 m³/d，小于 15 万 m³/d，气水比 7：1，风机台数按 3 用 1 备为例，单台风量在 5000 ～ 15000m³/h，此时选用高速磁悬浮离心风机更能体现优势；以污水处理规模大于 1 万 m³/d，小于 5 万 m³/d，气水比 7：1，风机台数按 3 用 1 备为例，单台风量为 1000 ～ 5000m³/h，此时选用无油螺杆鼓风机性价比更高。

罗茨风机虽然耗能较高，噪声较大，但对于小规模污水处理厂，单台风量小于 1000m³/h 时，罗茨鼓风机也是不错的选择。

所以，单从规模因素来讲，罗茨风机一般在小型污水处理厂采用，大中型污水处理厂一般采用单级离心鼓风机或者悬浮类风机，而中小型污水处理厂一般建议使用无油螺杆鼓风机。

7.7.2.2 工艺因素

鼓风机的选型主要由污水处理厂曝气系统工艺决定，其中根据曝气池的运行特点分为恒液位系统和变液位系统。典型的恒液位系统有 AAO、BAF、氧化沟工艺等；典型的变液位系统有 SBR 及其变形工艺等。目前,污水处理主流工艺及用气特点如表 7-14 所示。

污水处理主流工艺及用气特点

表7-14

序号	主要工艺类型			适用污水处理厂规模	典型曝气设备	压力流量特点
1	MBR（膜生物反应）二级			Ⅲ、Ⅳ、Ⅴ类（中）	鼓风曝气、反冲洗	定压力 变流量
2	MBBR（移动床生物膜反应器）二级			Ⅱ、Ⅲ、Ⅳ、Ⅴ类（中小）	鼓风曝气、反冲洗	定压力 变流量
3	AO 二级	①	常规	Ⅰ、Ⅱ、Ⅲ、Ⅳ、Ⅵ类	鼓风曝气	定压力 变流量
		②	改良	Ⅰ、Ⅱ、Ⅲ、Ⅳ、Ⅵ类	鼓风曝气	定压力 变流量
4	AAO 二级	①	常规	Ⅱ、Ⅲ、Ⅳ、Ⅴ、Ⅵ类（大中、小）	鼓风曝气	定压力 变流量
		②	改良	Ⅱ、Ⅲ、Ⅳ、Ⅴ、Ⅵ类	鼓风曝气	定压力 变流量
		③	倒置	Ⅱ、Ⅲ、Ⅳ、Ⅴ、Ⅵ类	鼓风曝气	定压力 变流量
5	氧化沟（Oxidation Ditch）二级	①	Carrousel	Ⅲ、Ⅳ、Ⅴ类（中）	机械曝气—鼓风曝气	定压力 变流量
		②	Orbal	Ⅲ、Ⅳ、Ⅴ类	机械曝气	—
6	SBR（序列间歇式活性污泥法）二级	①	经典SBR	Ⅳ、Ⅴ、Ⅵ类（中小）	鼓风曝气	压力流量变化大
		②	ICEAS	Ⅳ、Ⅴ、Ⅵ类	鼓风曝气	压力流量变化大
		③	CASS	Ⅳ、Ⅴ、Ⅵ类	鼓风曝气	压力流量变化大
7	BAF（曝气生物滤池）	①	常规	Ⅰ、Ⅱ、Ⅲ、Ⅳ、Ⅴ、Ⅵ类	鼓风曝气、反冲洗	变压力 大流量

恒液位系统和变液位系统会导致鼓风机选型的较大差异。

对恒液位系统，在出口压头变化不大的情况下，各类鼓风机类型都可选用，具体选型需要结合其他因素，以达到满足设计和运行要求、安全可靠、节约能耗的目的。

对变液位曝气系统，为避免压头变化过程中离心鼓风机风量变化较大可能导致的鼓风机喘振现象，鼓风机选用容积式风机（无油螺杆、罗茨风机）更可靠，若选用离心风机则需审核生产厂家提供的鼓风机性能曲线，以保证鼓风机在高液位和低液位时都能在正常的工作区域运行。当然，风机也可通过变频调速，随着压头的变化平滑调整出口流量以有效避免喘振的发生。如磁悬浮鼓风机可以采用变转速模式根据液位变化调节出口风量以适应运行条件。

鼓风机应用于反冲洗的气洗时，一般启动压力会比正常使用压力高出很多，且每天的使用时间较短、启动频繁，这种运行工况导致离心风机很难可靠运行，且从性价比考虑也不经济。这种情况下，容积式风机（无油螺杆、罗茨风机）可能是最佳选择。

对于处理污水量波动特别大的情况，风机需要满足流量调节能力与处理量匹配。离心风机的调节范围一般能做到50%～100%；容积式风机（无油螺杆、罗茨风机）一般调节范围可以达到20%～100%，且其轴功率线性变化。所以，从现场的实际需求出发来选择鼓风机至关重要。

7.7.2.3　投资因素

项目投资主体、融资方式、经营方式决定了污水处理厂主要设备的档次。但无论是以政府投资为主体的污水处理设施建设项目，还是引进外资和民营资本的特许经营权BOT项目，对于鼓风机选型来讲，在满足风量、风压等技术要求的前提下，如何合理选用不同类型的鼓风机需要考虑多种因素：鼓风机的采购成本、安装难易度、运行维护成本等。这几部分费用涵盖了前期设备投资和整个运营期的维修、运行费用。

投资最少和维修、运行费用最低是选用鼓风机时追求的理想目标。但事实上，投资最少的设备在运行时往往不一定经济；大多数时候，投资多的设备在运行费用方面反而占有一定优势。在压力一定、风量相同时，需要统筹考虑风机的初始投资及后续维修、运行费用。另外，风机的结构系统决定了维护量和易损件的消耗量。

7.7.3 风机选型

7.7.3.1 风量选择及修正
污水处理厂风机大多应用在污水曝气和滤池的反冲洗。

对于曝气来说，空气是由鼓风机输送到曝气头，微生物降解BOD以及硝化需要的氧气都可以换算成空气的质量流量，但同时要考虑曝气区域对污泥搅拌，防止污泥沉积的需气量；对于反冲洗应用来说，需要利用气泡擦洗将污泥或杂质等带走，这时主要看风机的体积流量。

污水处理厂风机选型时，风机样本上给出的均是标准进气状态下的性能参数。我国规定的风机标准进气状态为压力 P_0=101.3kPa，温度 T_0=20℃，相对湿度 ϕ=50%，空气密度 ρ=1.2kg/m³。然而风机在实际使用中并非标准状态，当鼓风机的环境工况，如温度、大气压力以及海拔高度等不同时，风机的性能也将发生变化，设计选型时就不能直接使用产品样本上的性能参数，而需要根据实际使用状态将风机的性能要求换算成标准进气状态下的风机参数来选型。具体换算公式如下：

$$Q_0=Q_d \frac{P_d}{P_0} \times \frac{273+T_0}{273+T_d} \tag{7-4}$$

式中：Q_0——标准进气状态流量，m³/min；

Q_d——工况状态下的进气流量，m³/min；

P_0——标准状态下一个大气压压力，101.32kPa；

P_d——现场工况海拔下的大气压，kPa；

T_d——现场工况的进气温度，℃；

T_0——标准状态温度，20℃。

7.7.3.2 压力选择及修正
对于大多数曝气过程，阻力来源于两部分：大部分阻力为气流需要克服水的静压，静压通常占鼓风机出口压力的80%~90%；其余阻力来源于空气通过管道、配件、阀门和曝气头的摩擦损失，该摩擦损失与流量的平方成正比。

以磁悬浮鼓风机压力选择为例：磁悬浮鼓风机属于高速离心鼓风机，其铭牌压力是指标准状态下气体升压。具体公式如下：

$$\Delta P = \left(\frac{P_s}{P_d} - 1\right) \times 101.32 \qquad (7-5)$$

$$P_s = P_i + P_背$$

式中：ΔP——磁悬浮鼓风机设计升压，kPa；

   P_s——磁悬浮鼓风机的排气绝对压力；

   P_d——当地进气大气压，kPa；

   P_i——磁悬浮鼓风机进口气体绝对压力，kPa；

   $P_背$——管路系统的延程压力损失值、曝气池有效水深压力、曝气头阻力损失之和。

污水处理厂中央控制系统通常用节流阀及相应的控制程序控制曝气量。阀门开度、流量变化会引起系统阻力曲线的变化。通过鼓风机性能曲线与系统阻力曲线的结合以确定实际工作点，尽管正常工作压力会低于设计压力，但鼓风机系统还是必须按最不利情况下设计。

在选择鼓风机升压时，要考虑当地的海拔进行修正，换算成标准状态下的大气压力，且适当留有余量，再与鼓风机型谱图比较以寻找合适机型。注意余量不易留的过大或者过小：余量过大容易造成选型过大，增加设备投入；余量过小导致压力余量不够，后期曝气头产生堵塞或者污泥浓度增大时可能导致风机喘振。建议预留余量为升压的15%～20%。下面用实例说明。

以项目地海拔1007.05m、污水处理厂净水深5.8m、升压68kPa为例，因海拔较高，空气稀薄，需修正：当地大气压约为89.8kPa[海拔每上升9m，大气压约降低0.1kPa，故101.3kPa-（1007m/9m）0.1kPa≈89.8kPa]；根据公式（7-5）选择鼓风机，风压约为77kPa。故海拔修正后，实际风机压力应按77kPa选型。

7.7.3.3 空气密度、大气压力对风机的影响

污水处理厂所需氧气量计算结果一般为标准状态下所需氧的质量流量，然后将其换算成标准状态下所需空气的体积流量。如果鼓风机的使用状态不是标准状态，例如在高原地区，空气密度、含湿量、大气压与平原地区不同，鼓风机所供应的空气体积流量与标准状态相等时，但所供空气的质量流量将减少，有可能导致供氧量不足。因此，必须计算出能供应相同质量流量的体积流量。

7.7.3.4 调节范围与匹配台数

为了应对海拔、温度对供气量变化的影响，除计算要准确外，风机也要能够调节以适应变化。虽然单台磁悬浮鼓风机本身具有50%～100%流量的调节范围，一般情况下是可以满足使用要求。但由于污水处理厂的建设期时序、进水水量、进水水质的影响，需求工况范围变化较大，所以应能满足更大的风量变化范围要求，可采取多台配合模式满足各个时期各种工况运行，且风机风量上进行大小机型的搭配。

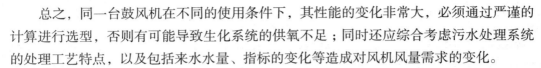

　　总之，同一台鼓风机在不同的使用条件下，其性能的变化非常大，必须通过严谨的计算进行选型，否则有可能导致生化系统的供氧不足；同时还应综合考虑污水处理系统的处理工艺特点，以及包括来水水量、指标的变化等造成对风机风量需求的变化。

7.7.3.5　风机比选实例

　　本节以某工程曝气风机选型过程为例，进行比选说明。

　　某工程曝气总风量需求为 $1385Nm^3/min$，升压 72kPa。目前污水处理厂曝气风机多在多级、单级离心，磁悬浮、空气悬浮离心，螺杆风机中进行比选：多级低速离心鼓风机通过进口蝶阀调节或通过变频电机调节转速来调整风量；单级高速离心鼓风机通过调节鼓风机导叶角度调整风量；空气悬浮、磁悬浮离心鼓风机及螺杆鼓风机通过变频电机调节鼓风机转速来调整风量。五种风机设备参数比较如表 7-15 所示，技术性能比选如表 7-16、表 7-17 所示。

设备参数比选　　　　　　　　　　　　　　　　表7-15

比较项目	螺杆鼓风机	多级低速离心鼓风机	单级高速离心鼓风机	磁悬浮离心鼓风机	空气悬浮离心鼓风机
流量范围（m^3/min）	小于 150	小于 1000	小于 1200	小于 600	小于 600
选型流量（m^3/min）	138.5	277	461.6	277	277
风压（kPa）	72	72	72	72	72
轴功率（kW）	185	413.53	651.3	356.6	360
选型数量（用/备）	10/2	5/1	3/1	5/1	5/1

技术性能比选一　　　　　　　　　　　　　　　表7-16

比较项目	螺杆鼓风机	多级低速离心鼓风机	单级高速离心鼓风机	磁悬浮离心鼓风机	空气悬浮离心鼓风机
整机效率	85%	70%	80%	85%	85%
调节范围	0%～100%	42%～100%	40%～100%	45%～100%	45%～100%
风量调节方式	变频器调节	进口蝶阀、变频器调节	进出口联合导叶调节	变频器调节	变频器调节
机组成套性	鼓风机、电机、控制柜及辅助系统整体成套	鼓风机、电机、控制柜及辅助系统分体成套	鼓风机、电机、控制柜及辅助系统整体成套	鼓风机、电机、控制柜及辅助系统整体成套	鼓风机、电机、控制柜及辅助系统整体成套
占地面积	单台体积小，整体占地面积大	单台体积大，整体占地面积较大	单台体积大，整体占地面积较大	单台体积小，整体占地面积小	单台体积小，整体占地面积小
振动	振动较小，直接摆放到安装位置即可	振动小，重量大	振动小，重量大	振动较小，直接摆放到安装位置即可	振动较小，直接摆放到安装位置即可
噪声	80dB 以下	85dB 以上	85dB 以下	80dB 以下	80dB 以下
轴承类型	—	滑动轴承	可倾瓦滑动轴承	磁性轴承	空气悬浮轴承
轴承使用寿命	10 万 h	10 万 h	10 万 h	半永久	半永久
叶轮形式	双螺杆转子	—	半开式叶轮	半开式叶轮	半开式叶轮

比较项目	螺杆鼓风机	多级低速离心鼓风机	单级高速离心鼓风机	磁悬浮离心鼓风机	空气悬浮离心鼓风机
叶轮寿命	20 年	20 年	30 年	20 年	20 年
日常维护	润滑油检查及定期更换，空气过滤器滤芯的更换，油过滤器滤芯的更换	润滑油检查及定期更换，空气过滤器滤芯的更换，油过滤器滤芯的更换	润滑油检查及定期更换，空气过滤器滤芯的更换油过滤器滤芯的更换	定期更换空气过滤器滤芯，无须其他维护	定期更换空气过滤器滤芯，无须其他维护
易损件	空滤，油滤	空滤，油滤	空滤，油滤	空滤	空滤
维护费用	中	中	中	低	低

技术性能比选二   表7-17

名称	风量（m³/min）	升压（kPa）	轴功率（kW）	数量（用/备）	每年电费估算（万元）	总价估算（万元）	5年保养估算费用（万元）	运行5年总估算费用（万元）	5年差值费用（万元）
多级1	277	72	413.5	5/1	1313	714	100	7379	0
多级2	277	72	413.5	5/1	1313	1130	50	7745	416
单级	461.6	72	651.3	3/1	1240	850	80	7130	−249
磁悬浮	277	72	356.6	5/1	1132	1200	50	6910	−469
空悬	277	72	360	5/1	1145	800	50	6575	−804
螺杆	138.5	72	185	10/2	1175	1021	100	6996	−383

注：1. 多级离心品牌：GDNASH（多级2）、HIBON（多级1）；单级离心品牌：豪顿、飞马、杰尔；磁悬浮品牌：ABS；空悬浮品牌：纽若斯、Turbomax；螺杆风机品牌：艾珍、阿特拉斯（品牌报价是在一定时效内，具体以同类工程成交价为准进行判别更精确）；
2. 轴功率均按40℃下标准大气压，湿度70%的工况选型取值；
3. 鼓风机电耗按照全年无休100%负荷进行计算；
4. 电费按照平均工业用电0.725kW·h计算。

　　螺杆鼓风机采用内压缩，排气压力稳定，压力脉冲低，设备振动低，可通过变频驱动、V形带或直接驱动连接，集成度高，安装灵活，无须特别的安装基座，占地面积最小，机体配套散热夹套，运行温度低，可实现0%～100%的容量控制，可实现40%～100%的输出压力调节。

　　多级离心风机由电动机通过联轴器直连接，固定在同一底座上。转速每分钟3000转，所有部件均为标准件，维护、更换和购买比较简单。运行平稳，振动小。采用外置轴承油浴润滑，自然冷却。现场的操作工在培训以后可自主维护，后期维护费用低。

　　单级高速离心鼓风机是速度型压缩机，与容积式压缩机相比较具有供气量大、运行平稳、效率高、结构简单、占地面积小、重量小、使用年限长、维修量小、壳体内不需润滑、气体不会被油污染等优点。单级高速离心鼓风机配有可调进口导叶和可调出口扩压器，进出口导叶联合使用，双导叶单级离心鼓风机的特点是高效区域范围较多级离心鼓风机宽，在整个工作范围具有极高的工作效率，单台流量调节范围 45% ~ 100%。同时，鼓风机的特性曲线完全是由导叶和叶轮等内在结构特性决定的，根据单级离心鼓风机流量 – 压力差性能曲线，其流量范围曲线形状比较陡，使得流量对压力和温度的变化不很敏感，特别适于大中型污水处理厂。

磁悬浮、空气悬浮高速离心鼓风机均采用高速直联电动机、变频调速调节风量及非接触轴承技术，无须润滑系统，不会对环境造成二次污染，具备高效率、低噪声、无振动和风量调节范围广泛等优点，满足污水处理行业对曝气鼓风机节能环保性能的要求。设备一次投入费用较高，但由于建设过程中节省土建投资，运营过程中节约电耗及维护费用，综合考虑污水处理厂全生命周期成本，这两种新型的单级高速离心鼓风机具有较高的经济效益，是未来污水处理行业曝气鼓风机的主要发展方向。

就所例工程而言，可以得出如下结论：

（1）螺杆鼓风机主要用于小型城镇污水处理厂，大部分适用流量 150m³/min 以内，对本案例来说，需设置 10 台工作机满足工艺需求，台数较多，占地面积较大，故暂不考虑螺杆鼓风机形式。

（2）多级离心鼓风机主要用于中小型城镇污水处理厂，大部分适用流量 1000m³/min 以内，但多级风机效率较低，噪声较大，在设备预算不是非常紧张的情况下，很少选用。

（3）单级离心鼓风机主要用于大中型城镇污水处理厂，大部分适用流量 1200m³/min 以内，本工程若选用 3 用 1 备离心风机，单台风量为 461.6m³/min，占地面积能满足布置要求。

（4）悬浮高速离心鼓风机主要用于中小型城镇污水处理厂，大部分适用流量 600m³/min 以内，对本示例工程来说，需设置 5 用 1 备悬浮类风机来满足工艺需求。

（5）据所选品牌风机的经济测算比较，一次性设备投资费用，磁悬浮＞螺杆＞单级＞空悬＞多级；日常维护费用，多级＞螺杆＞单级＞空悬＞磁悬；电费估算总费用，多级＞单级＞螺杆＞空悬＞磁悬（设备单价，仅为特定时间内、特定条件下的品牌报价，在设备招投标结束后会有一定的变化）。

7.7.4　鼓风机房设计

鼓风机房需要布置在用气点附近，以节省管线长度、节约工程造价及运行能耗，同时也有利于总图管线综合，但也要注意鼓风机房噪声对周围环境的影响。

由于鼓风机运行时散热量较大，如何创造鼓风机合理的运行环境是鼓风机房设计的要点。首先，鼓风机房最好设计成南北向，避免西晒；其次，鼓风机房需要良好的通风系统，屋顶轴流风机在通风降温效果上要优于墙壁轴流风机；再者，如果风机房内有大量裸露出风管道，要采取保温措施；最后，对于风机的水平布置距离，需要考虑检修及散热的需要。风机房的净空高度要满足风机吊装要求。

本节以阿特拉斯螺杆风机及亿晟磁悬浮风机为例，具体介绍鼓风机房的设计。

7.7.4.1 螺杆风机机房的设计

风机为即插即用式，配套有含空气进口过滤器和消声装置、螺杆机头（转子带特氟龙石墨涂层）、启动/安全阀、止回阀、排气消声器、齿轮箱、高效电机、完整的润滑油系统、油过滤器、油冷却器、冷却风扇、航空级高精度齿轮、控制器、变频器/启动器（可标配可自配）。所有这些零部件都撬装在鼓风机隔声罩内，集成在带叉车孔的底盘上。所以工程设计时只需要足够尺寸的平整承重平台即可，不需要额外预留预埋件。

鼓风机房的设计以及安装需要注意以下事项。

1. 鼓风机移动和吊装

为了不损坏底盘和门板，必须使用叉车和起吊设备移动鼓风机。当使用叉车移动鼓风机时，需使用底盘上的狭槽，确保叉车脚从底盘的另一侧伸出。当使用起吊设备移动鼓风机时，在狭槽中插入横梁并确保横梁不会滑动，横梁长度要足够，同时必须使用链条撑开器使链条与机身保持平行，以免损坏鼓风机，必须按垂直吊起鼓风机的方向放置起吊设备，轻缓地吊起和放下，并避免扭转。

2. 鼓风机与墙面以及鼓风机之间的间距

鼓风机与墙面，以及各鼓风机之间的距离需满足鼓风机安装指导文件中的要求。

3. 鼓风机箱体散热排气管道设计

小功率鼓风机产生的热量由压缩后的空气带走，不需单独设置机箱散热；大功率鼓风机机箱需安装有正确尺寸的排气通道，以便散热，其出口管路管径应大于或等于鼓风机出口管径且出口安装截止阀和膨胀节，切勿安装止回阀。管路必要时作隔热和隔声处理。

散热管道自由排风时，管道需高于鼓风机顶部1m，距排放口小于2.5m，且散热管截面积不小于设备顶部排风通道尺寸，散热管不能有缩径，避免转弯过多和转弯半径较小，当散热管长度大于上述要求时，需要在出口加装引流风机以加强散热效果。鼓风机房需保持通风良好，必要时可在机房高处安装轴流风机，直接将机房内热空气排到室外，具体通风量参见各机型的安装指导书。若无较好的散热条件，建议设置阴凉侧鼓风机进风廊道。鼓风机散热管道安装范例如图7-70所示。

7.7.4.2 磁悬浮鼓风机房设计

1. 设备的基本结构及冷却形式

磁悬浮鼓风机一般为撬装结构。以亿昇科技磁悬浮鼓风机为例，其风机主机、电机、变频器、就地控制柜都包含在撬装结构里。工程设计时只需要足够尺寸平台就可以，不需要预留预埋件。

根据不同风量、风压等型号，亿昇科技磁悬浮鼓风机分为风冷、自循环冷却液冷却、水冷三种方式，风冷及自循环冷却液冷却鼓风机如图7-71所示。

鼓风机排风管道正确安装范例

>1m

<2.5m

安装排风管道要注意鼓风机顶部排风口的截面面积、高度和长度。

(a)

鼓风机排风管道正确安装范例

抽风机

如果现场排风管道不具备规范安装条件，需安装足够风量的抽风机，增加排风流速把热量引出室外。

(b)

图7-70 鼓风机散热管道正确安装范例图

(a) 散热管道自由排风；(b) 散热管道强制排风

(a)

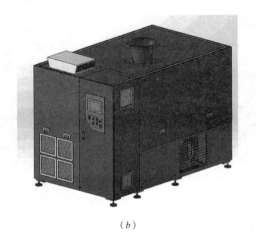

(b)

图7-71 亿昇科技磁悬浮鼓风机

(a) 纯风冷结构磁悬浮鼓风机；(b) 自循环冷却液冷却结构磁悬浮鼓风机

2. 风机安装

（1）为安全、卫生及防止水浸，风机底座顶高建议高于室内地坪10cm以上，并保持平台平整，不需要预留预埋件，平台尺寸要求大于风机周边15cm以上。

（2）风机出口需连接柔性接头、止回阀，止回阀与风机间安装放空阀，止回阀与主管道之间安装手动蝶阀，放空阀后面安装放空消声器。

（3）所有管道均有适当的支承以免管道应力和力矩作用在鼓风机法兰上，旁通管路的阀门均应设有单独的支撑。

（4）目前400kW以下的供电为380V、50Hz、三相，必须提供足够容量的电缆，具体电缆型号根据功率等级不同，可咨询设备提供商进行配置。

3. 机房设计

根据风机运行和操作维护的要求，风机四周需留有足够的空间，建议如下：

（1）风机撬体顶端与屋顶的距离至少应为 1.5m；如果有吊装需求，净空高度需要满足吊装需要。

（2）机组基础要求为钢筋混凝土基础，且有足够强度以支撑鼓风机重量并保证长期稳定性，要避免夹层、架空和空心式地面。

（3）撬体控制柜侧（正面）至少应留有 1m 空间。

（4）撬体鼓风机侧（背面）至少应留有 1m（侧出机型 2m）空间。

（5）相邻 2 台风机间至少应留有 1m 距离。

上述距离还要满足维修要求，以数值较大者为准。

目前，磁悬浮鼓风机有两种进风方式，一是撬装直接进风，二是净风廊道进风，两种进风方式因为取风点不一样，对风机房设计要求也不一样，具体如下：

（1）撬装直接进风结构

鼓风机直接从鼓风机房内取风，不用单独考虑散热问题，需要鼓风机房有足够的进气面积，保持新风不断进入，在设计时建议预留进风口风速小于 1m/s，并且于进风口处设计过滤装置，保证进入风机房空气的洁净度，为了更好地保证进风温度，建议进风口设计在阴面，防止夏季进风温度过高。

（2）净风廊道进风结构

鼓风机从净风廊道内吸入经卷帘过滤器过滤后的洁净空气，但是鼓风机的变频器、电机部分散热会释放在风机房内，需要将风机房内的热空气及时排除，防止风机房内持续高温，影响电器元器件的寿命。设计时应将变频器的热量或自循环水冷散热器的热量通过管道及时排除。必要时除室内风管涂装保温材料外，还可设置屋顶风机辅助散热。

7.8 污泥干化

7.8.1 能耗

污泥干化意味着水的蒸发。水分从环境温度（假设 20℃）升温至沸点（约 100℃），每升需吸收热量大约 80kcal，之后从液相转变为气相，也需要吸收热量约 539kcal（标准大气压力下），因此蒸发每升水最少需要约 620kcal 的热能。

输入干燥系统的全部热能有四种用途：加热空气、蒸发水分、加热物料和热损失。蒸发水分耗热量和输入热能之比成为干燥系统（包括热油或蒸汽传热系统）的热效率。排风量大的系统由于空气带走的热量大，热效率较低；排风量小、热损失小的系统热效率较高。

7.8.2 加热方式

污泥干化是依靠热量来完成的，热量一般由能源燃烧产生。热量的利用形式有直接

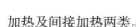

加热及间接加热两类。

直接加热：将高温烟气直接引入干化器，通过高温烟气与湿物料的接触、对流进行换热。该方式的特点是热交换效率高，但烟气排放量大，如不对其循环使用，将造成耗热效率的大大降低；如对其循环利用，则需增加一套循环系统，且排放尾气风量大、温度低、粉尘量大、臭气含量高，热能回收困难，增加后续处理难度。代表性设备有转鼓干化机、带式干化机等。

间接加热：将热量通过热交换器传给导热油、蒸汽或者空气等介质。介质在一个封闭的回路中循环，与被干化的物料没有接触。如以热油为导热介质的间接干化工艺为例：热源与污泥无接触，换热是通过导热油进行的，相应设备为导热油锅炉。间接加热，温度一般低于120℃，污泥中的有机物不易于分解，能大大改善生产环境，且废气处理量小。其热交换效率相对直接加热稍低，但其排放风量小，无须风量循环利用，风量能量密度大，热量回收率高。代表性设备有桨叶式、流化床、转盘式、圆盘等干化机，其中流化床需要大风量来实现污泥流化，故仍需要风量循环系统。

7.8.3 干化工艺选择原则

安全因素是工程第一考虑要素。在安全的基础上，结合污泥的最终处置方式，着重考虑工艺的经济性。一般来讲，干化工艺的选择原则如下：

1. 安全性

作为污水处理厂干化物料的污泥，有机质含量高，在干化过程中可能因自燃或焖烧而发生爆炸。对工艺安全性具有重要影响的要素及其限制指标如下：

（1）粉尘浓度：小于 $50g/m^3$；

（2）含氧量：小于 8%；

（3）点火能量：介于 500mJ 和 1000mJ 之间易发生爆炸，故物料温度低于 40℃时可大大降低其点火能量。

2. 经济性

除设备价格及大修费用等外，能耗是直接影响干化项目运行费用的主要指标，好的干化工艺可尽量减少不必要的能量损耗，且排放的废气浓度高、温度高，热能可回收用于其他用途，等于间接降低了设备能耗。

3. 设备价格

污泥处理项目本身盈利能力不强甚至不具备。污泥项目中设备投资占工程投资的 75% ~ 80%。因此工艺选择需严格控制设备价格，以免污泥处理费大幅上升。

4. 环境影响

系统排放的废气等污染物应能满足相关环境标准的要求。

5. 抗波动能力

进料污泥含水率可能因为脱水段运行不稳定出现波动。干化设备在保证出泥品质的前提下允许这种波动发生的范围越宽，则抗波动能力越强。

6. 处理附着性污泥能力

含水率40% ~ 60%的污泥具有很强的黏滞性，易附着在干化设备上，增加能耗，严重时甚至会引发爆炸事故，因此干化设备处理附着性污泥的能力越强越好。

7. 系统复杂性

系统构成越简洁越便于操作管理，越有利于降低设备维护费用。

8. 占地面积

土地是宝贵的资源，工程要尽可能减少占地。

9. 灵活性

不同的污泥处理方式对污泥含水率要求不同。理想的干化工艺应能根据干污泥颗粒的不同用途而自由方便地调节其含水率，应优先选择既能半干化又能全干化的工艺。

7.8.4　干化设备形式

1. 卧式薄层干化机

卧式薄层干化机（图7-72）最初是由德国BUSS-SMS-CANZLER采用热传导工艺分离技术为浓缩化工行业高黏度介质、浆状介质而开发研制的。1980年通过技术改进，成为全世界污泥干化领域的一项重要技术装备。

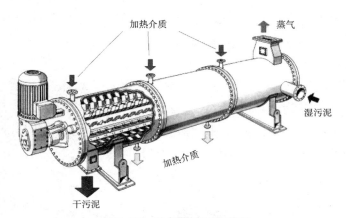

图7-72　卧式薄层干化机简图

卧式薄层干化机属于间接干化，可产出任何含固率的污泥产品。其薄层干化技术可直接跨越"塑性阶段"，不需要返混及相应的料仓、输送设备、计量系统、监测和控制系统等。转子上的浆叶由螺栓固定，可方便调整以适应来泥性状和处理量的变化。分段组合的干化机可根据需要划分为两个或多个加热区域，并可以独立控制温度变化。

本工艺不需复杂的废气处理系统，如旋流器、滤清器、洗涤器等附属设备。极少量的不凝气（仅为蒸发水量的10%）可在锅炉和焚烧炉焚烧，或进入污水曝气系统和微型生物过滤器即可满足排放标准。

2.桨叶式干化机

桨叶式干化也属于间接干化，内含一具有旋转、加热桨叶转轴的加热槽体，其内部结构及外部结构如图7-73所示。待干化产品由上盖进入干化机的前端，因整个设备具有一定的倾斜角，故污泥可通过重力作用沿机槽流到机器的出口端排出，污泥与由热油或蒸汽加热的槽体、桨叶及转轴密切接触后得到干化，桨叶除传热与混合外，并没有输送的功能。在出口端，干化后的产品由机器下方排出。

 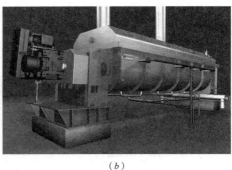

(a)　　　　　　　　　　　　　　　(b)

图7-73　桨叶式干化机

(a)内部结构图；(b)外部结构图

在干化机内，污泥的高度比桨叶高度略高，污泥上方的区域是蒸汽收集区，这些蒸汽最后会排到机器外。桨叶式干化机因轴的转速低，且采用间接干化技术，故产生的排放物非常少，趋近于零，尾气处理系统规模较小。

3.带式干化机

带式干化属于直接干化。干化机由若干独立的单元组成，其结构图如图7-74所示。每个单元包括空气循环系统、加热系统、新鲜空气进入系统和尾气排放系统。热气由下往上或由上往下穿过铺在网带上的物料，加热干燥并带走水分。热空气或烟气的温度多为250℃，可实现污泥的全干化或半干化。著名生产厂商有德国Sevar、Andritz、Siemens等。

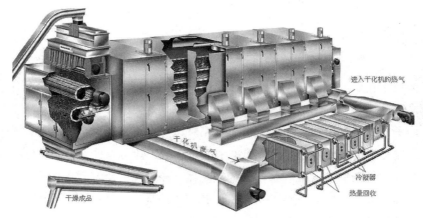

进入干化机的热气

干化机废气

干燥成品

冷凝器

热量回收

图7-74　带式干化机设备结构图

脱水污泥铺设在透气的烘干带上，然后被缓慢输入烘干装置。在烘干过程中，污泥不需要任何机械动作，可以容易地经过"黏糊区"，因此不会产生结块烤焦等现象。此外，烘干过程基本没有粉尘产生。通过循环装置进行抽吸，使烘干气体穿流过烘干带，并在各自的烘干模块内循环流动进行污泥烘干处理。污泥中的水分被蒸发，随同烘干气体一起被排出装置。整个污泥烘干过程可通过输入的污泥量、烘干带的输送速度、输入的热能三个参数进行控制。

4. 两段式干化工艺及设备

两段式组合型工艺包括两级干化，分别为薄层干化和带式干化。其流程图如图7-75所示。

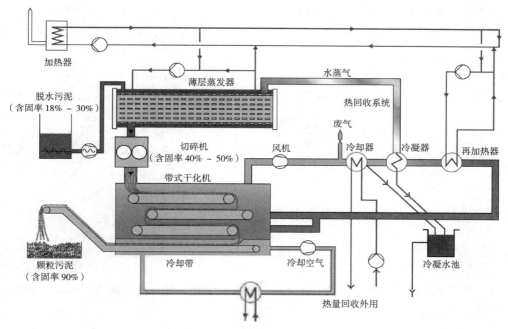

图 7-75　两段法工艺流程图

脱水污泥被输送到污泥料仓，然后通过污泥泵将其输送至一级干化阶段，即薄层干化机。在中心转子高速转动的作用下形成薄层，旋转中心的轴上安装有一套翅片状的装置保证污泥薄层的均匀性，这些翅片向外伸出，推动污泥从干化机的一端转到另一端完成干化。

污泥中含有的水分及蒸发产生的热蒸汽被抽送至冷凝装置或交换器中，为带式干化机的蒸汽提供部分热量。

经过薄层干化机处理后的污泥干度约为 40% ~ 50%，该过程没有粉尘的生成。污泥的温度约为 85 ~ 95℃，蒸汽的温度约为 110℃。从薄层干化机中抽出来的蒸汽用于加热带式干化机中的气体。

污泥从薄层干化机出来后，直接落入切碎机。通过切碎机，污泥可形成 1 ~ 8mm

直径的"面条"。形成的污泥颗粒将通过回转输送装置将污泥在整个宽度范围内配送均匀，然后送到带式输送机的传送带上。传送带以一定的速度前进，保证污泥颗粒不会移动，也不产生摩擦。传送带上有一些小孔，有利于热空气的最佳循环。在传送带的开始阶段，污泥的温度保持在90℃，蒸汽温度约为110℃。带式干化机出口的颗粒长度范围为 10 ~ 100mm，具体数值取决于污泥中纤维的含量。

5. 普通回转式干化机

普通回转式干化机，属于直接干化。干化机的主体是略带倾斜并能回转的圆筒体，如图 7-76 所示。湿物料从左端上部加入，经过圆筒内部时，与通过筒内的热空气和加热壁面进行有效的接触而被干化。热载体的温度约 600 ~ 1000℃，可实现污泥的全干化和半干化。著名生产厂商有荷兰 Vandenbroek、新西兰 Flo-Dry、瑞士 Swiss Combi 等。

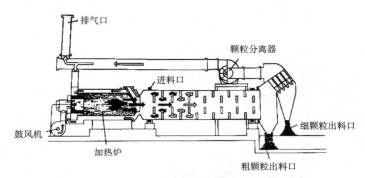

图 7-76　普通回转式污泥干化机

6. 三通回转式干化机

三通回转式干化机（图 7-77），属于直接干化。干化机主体是 3 个同心而不同直径的筒体，物料在气流的带动下分别经过 3 个筒体而被干化。热载体的温度约 600 ~ 1000℃，可实现污泥的全干化。著名生产厂商有美国 Baker-Rullman、MEC、德国 Siemens。

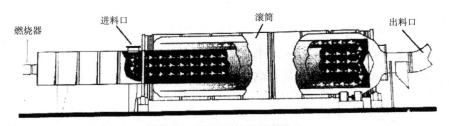

图 7-77　三通回转式污泥干化机

7. 污泥喷雾干化机

污泥喷雾干化机，属于直接干化。其采用雾化器将原料液分散为雾滴，并用热气体干燥雾滴而获得产品。热载体温度多为 400℃左右，可实现污泥的全干化或半干化。污泥喷雾干化流程如图 7-78 所示。著名生产厂商有日本大川原、中国环兴等。

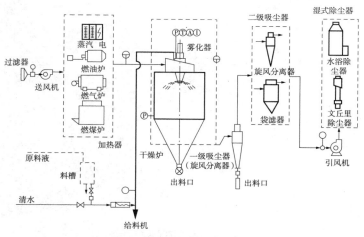

图 7-78　污泥喷雾干化系统

8. 卧式转盘污泥干化机

卧式转盘污泥干化机（图 7-79），属于间接干化。其主要由外壳、转子和驱动装置组成。通过转盘边缘的推进 / 搅拌器作用，污泥被均匀、缓慢地输送通过整个干化机。污泥通过与转盘的热接触而被干化，该系统可实现污泥的全干化或半干化。著名生产厂商有美国 US Filter、丹麦 Atlas-Stord 等。

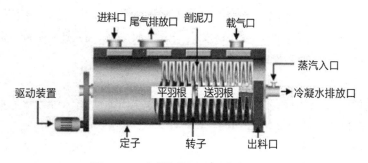

图 7-79　卧式转盘污泥干化机装置结构

9. 流化床干化机

流化床干化系统结合了对流和热传导技术，采用烟气进行直接干化的方法，如转鼓干化机，主要发源于日本和德国。但是，对于污泥处理量较大的应用场合，由于其安全性、经济性和设备占地等问题，目前德国已基本不再采用。

流化床污泥干化机是国际上典型的直接—间接联合干化的装置，其结构如图 7-80 所示。干化机主要由风箱、中间段加热管和抽吸罩等组成。流化床下部风箱将循环气体送入流化床，颗粒在流化气体的直接加热及加热管内热源的间接加热下达到干化。热载体主要是 85℃ 的热空气和 180 ~ 220℃ 的导热油或水蒸气。该系统可实现污泥的全干化

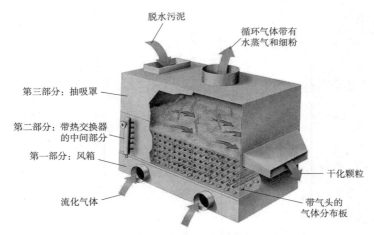

脱水污泥

循环气体带有
水蒸气和细粉

第三部分：抽吸罩

第二部分：带热交换器
的中间部分

第一部分：风箱

干化颗粒

流化气体

带气头的
气体分布板

图 7-80　流化床污泥干化机装置结构

或半干化。著名生产厂商为德国 Wabag、Andritz 等。

7.8.5　我国污泥干化现状及应用

我国《城镇污水处理厂污泥处理处置技术指南（试行）》中指出：污泥干化推荐采用间接干化的方式。其主要原因是采用烟气进行直接干化的方式存在以下问题：

1. 安全性

烟气直接干化的安全性取决于操作温度、氧气含量与粉尘含量三个因素。当烟气温度较高、粉尘含量或氧含量较大时容易发生安全事故问题，特别是在开机和关机的边界条件下最为危险，对控制和操作的要求非常高。

2. 干化烟气温度

污泥同其他废弃物一样，在一定的温度条件下会大量析出污染物。为防止污染物析出，干化烟气温度须低于180℃。

3. 烟气量

干化需要的烟气量大。除了避免污染物析出限制了干化烟气的最高温度外，干化烟气的最低温度还受到酸露点温度的限制。假设烟气的温度利用范围为130～180℃，烟气的温度利用空间仅为50℃，烟气的显热量较小。据估算，1t污泥焚烧产生的烟气量仅够干化0.1t污泥。

目前，各种干化工艺发展成熟。在国内，各种干化设备也均有应用。从实际运行效果来看差距不大。例如：上海竹园750t/d采用桨叶干化；深圳上洋800t/d、北京水泥厂有限责任公司500t/d采用涡轮薄层干化；北京清河污水处理厂400t/d、上海石洞口污泥干化320t/d采用流化床干化；深南电400t/d采用带式干化；重庆唐家沱240t/d采用两段式干化，据报道，均运行较为稳定。

以前污泥干化的主体设备多采用进口。通过不断的工程积累和技术引进，污泥干化技术的国产化进程有了较大的发展。浙江环兴机械联合清华大学环境学院，经过对典型污泥干化工艺的比较，共同开发了喷雾干化关键技术，形成了"雾化干燥技术进行污泥干燥＋回转式焚烧炉进行焚烧"的技术路线，研发出包括新型喷雾干燥设备、回转窑焚烧设备和尾气净化设备的集成装置。目前，处理能力为 360t/d、1200t/d（一期 600t/d）、250t/d 及 300t/d 等不同规格的"污泥干化焚烧集成装置"分别已在萧山、绍兴、嵊州、无锡等地顺利建设或投产、运行，最长工艺已运行 5 年；天通控股股份有限公司通过引进日本三菱全套的圆盘污泥干化技术，实现全部国产化。随着该公司所承担的污泥处理处置项目工程陆续交付使用，其良好的工程营运状况得到了业主及同行的好评，屡获国家相关机构的嘉奖，起到了样板示范作用，进一步推动了国内污泥处理处置技术的发展。这些都能说明国内污泥干化领域设备、技术的不断进步，为国内工程扩大了设备及技术的选择范围。

7.9　消毒的比选

污水处理厂尾水排放根据排放标准、再生回用方向不同，其消毒程度也不同。《室外排水设计标准》（GB 50014—2021）规定：

（1）污水处理厂出水可采用紫外线、二氧化氯、次氯酸钠和液氯消毒，也可采用上述方法的联合消毒方式。

（2）采用紫外线消毒时，其剂量宜根据试验资料或类似运行经验确定；也可以按照下列标准确定：二级处理的出水为 15 ～ 25mJ/cm^2，再生水为 24 ～ 30mJ/cm^2。

同时，建议参考《城镇给排水紫外线消毒设备》（GB/T 19837—2019）的规定或相关试验数据。

（3）采用二氧化氯、次氯酸钠或氯消毒，污水处理厂出水的加氯量应根据试验资料或类似运行经验确定。当无试验资料时，可采用 5 ～ 15mg/L，再生水的加氯量按卫生学指标和余氯量确定。

我国污水处理厂早期消毒大部分采用液氯消毒，其经济优势明显，但由于液氯消毒副产物的存在及经济水平的提高，目前已很少采用。为避免或减少消毒时产生的二次污染物，宜采用紫外线法或二氧化氯法（紫外线消毒不产生副产物，二氧化氯消毒产生的副产物不到氯消毒产生的 10%）。

随着经济的发展，污水处理厂的排放标准逐步提高，但此标准提供的二氧化氯或氯消毒的投加量基本沿用上一版《室外排水设计规范》（GB 50014—2006）（2016 年版）中二级处理出水时所列数据，按照目前污水处理厂高标准排放的实际情况，设计时盲目套用此标准投加量已为不妥。

7.9.1　消毒剂量

目前国内污水处理厂项目，其可研阶段很少且也无条件进行消毒剂量及效果试验，绝大部分工程及设计单位根据标准及以往工程经验进行设计。这有可能带来几个方面的问题：

（1）采用二氧化氯、次氯酸钠消毒的，一般以有效氯计。标准为"可采用 5 ~ 15mg/L"。设计人员普遍采用均值 8 ~ 15mg/L 投加量进行设备选型。由于目前出水标准提高，大部分污水处理厂采用长流程处理工艺，出水 SS 限值很低，MBR 工艺、纳滤反渗透等高级处理工艺后 SS 值更低，在一定程度上可以减少对消毒剂的消耗。李激等《新冠肺炎疫情期间城镇污水处理厂消毒设施运行调研及优化策略》的调研数据也充分说明了这一点。另外，可行性研究及设计阶段要考虑消毒药剂投加装置的台数及单台能力范围，配置流量调节装置便于节约药剂。

（2）采用紫外消毒的，目前国内部分污水处理厂消毒效果良好而有些效果欠佳，主要原因是紫外线有效剂量不足或在线灯管套管清洗系统效果不佳导致。因此建议在前期咨询阶段，紫外线设备的选用应依据有效剂量（生物验定剂量）进行设计，对于污水消毒，紫外线设备须配备机械加化学在线同步自动清洗系统。对于水源为市政污水，且采用 MBR 工艺的高品质回用水，紫外线设备也须配备机械加化学在线同步自动清洗系统或在线机械自动清洗系统；有经济基础的地方建议在前期咨询阶段，紫外线有效剂量应适当高于标准所列数值。

7.9.2　二氧化氯和氯气的等效比

《给水排水设计手册》（第 3 册）表明：二氧化氯是强氧化剂，氧化能力是氯气的 2.5 倍，但其未表明是同质量，还是同摩尔数。一般认为其消毒效果为氯气的 2 ~ 10 倍，主要和水的 pH 及氨氮浓度有关。

根据化合价等变化情况：1mol 二氧化氯被还原时化合价变化为 5，相对分子质量为 67.5，1mol 氯气被还原时化合价变化为 2，相对分子质量为 71，说明单位质量二氧化氯氧化能力是单位质量氯气的 2.63 倍，即 1g 二氧化氯相当于有效氯 2.63g。

7.9.3　二氧化氯制备方法和成本

1. 氯酸钠及盐酸制备

$$NaClO_3+2HCl \rightleftharpoons ClO_2+0.5Cl_2+NaCl+H_2O \qquad (7-6)$$

每生成 1kg 二氧化氯，附带生成 0.53kg 氯气，总产生有效氯 3.16kg，需消耗 1.57kgNaClO_3；3.49kg31% 的盐酸。折合到 1kg 有效氯，需要理论上消耗 0.497kgNaClO_3，1.10kg 31% 的盐酸。理论上每产生 1kg 有效氯药剂成本 2.76 元（氯酸钠单价按 5000 元/t 计，31% 盐酸按 250 元/t 计，下同）。

这种发生方式，NaClO_3 转化率 70%，盐酸转化率 80%。则每产生 1kg 有效氯，消耗氯酸钠 0.6kg（98%），盐酸 1.3kg（31%）。

另外，水耗不可忽略：一般地，10kg/h 有效氯产量的二氧化氯发生器，其用水量

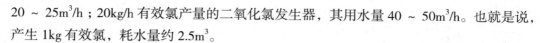

$20 \sim 25 \text{m}^3/\text{h}$；20kg/h 有效氯产量的二氧化氯发生器，其用水量 $40 \sim 50 \text{m}^3/\text{h}$。也就是说，产生 1kg 有效氯，耗水量约 2.5m^3。

2. 亚氯酸钠及氯气制备

$$2NaClO_2 + Cl_2 === 2ClO_2 + 2NaCl \qquad (7-7)$$

每生成 1kg 二氧化氯，需要 $NaClO_2$ 1.34kg、液氯 0.53kg。$NaClO_2$ 单价较高，约 $13000 \sim 15000$ 元/t；液氯由于管制的原因，其价格不等，从几百元到几千元一吨，我们按照不利情况计算液氯 3600 元/t，每千克 ClO_2 理论药剂成本为 22 元，折合 1kg 有效氯成本 8.365 元。

3. 亚氯酸钠及盐酸制备

$$5NaClO_2 + 4HCl === 5NaCl + 2H_2O + 4ClO_2 \qquad (7-8)$$

每生成 1kg 二氧化氯，理论上需要 $NaClO_2$ 1.68kg、31% 盐酸 1.74kg。此种合成方式，每千克 ClO_2 理论药剂成本 25.6 元，折合 1kg 有效氯 9.73 元。

7.9.4　次氯酸钠制备及成本

次氯酸钠是一种强氧化剂，在溶液中的次氯酸根离子通过水解反应生成次氯酸起消毒作用，消毒原理与氯消毒相同。

次氯酸钠水溶液可购买成品，也可现场制备。购买成品的有效氯浓度约 10%，现场制备有效氯浓度一般约为 0.8%。所谓有效氯，是指含氯化合物（尤其作为消毒剂时）中氧化能力相当的氯量，可以定量地表示消毒效果。

成品次氯酸钠所含有效氯易受阳光、温度的影响而分解，可行性研究阶段应考虑拟建厂的储存环境条件及购买药剂运输距离等因素对有效氯浓度的影响。

用电解食盐水的方法现场制备次氯酸钠，每产生 1kg 有效氯需要耗电 $5.2 \text{kW} \cdot \text{h}$，需食品级食盐 3.5kg，水 125kg，1kg 有效氯生产成本约 5.5 元。

电解次氯酸钠发生器系统一般包含饱和盐水制备及投加部分、次氯酸钠溶液制备部分、脱氢部分、存储及投加部分、控制部分，目前，市面上格兰富 Selcoperm SES 系列电解制备次氯酸钠系统具有较好的安全性、经济效益，其系统安装示意如图 7-81 所示，电解槽及反应原理示意如图 7-82 所示。

次氯酸钠发生器电解槽中发生以下反应：

$$2NaCl + 2H_2O \longrightarrow 2NaOH + Cl_2 + H_2 \qquad (7-9)$$

产生的氯（Cl_2）马上与形成的氢氧化钠溶液（NaOH）反应，生成次氯酸钠溶液（NaClO）：

$$Cl_2 + 2NaOH \longleftrightarrow NaCl + NaClO + H_2O \qquad (7-10)$$

产生的次氯酸钠溶液用作消毒剂，pH 介于 8.5 和 9.5 之间，有效氯浓度为 0.8%，即 8g/L。这个浓度的次氯酸钠溶液半衰期为数月，适合存储。将这种溶液投加到水中，pH 无须修正，事实上使用隔膜法在电解时需要经常修正 pH。

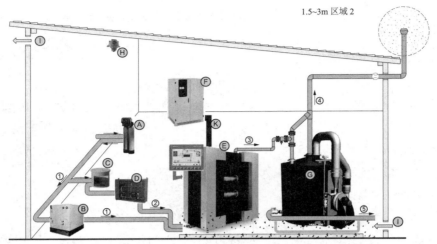

图 7-81　格兰富 Selcoperm SES 系列电解制备次氯酸钠系统

Ⓐ—软水机组；Ⓑ—冷却 / 加热机组；Ⓒ—溶盐罐；Ⓓ—盐水投加站；Ⓔ—电解柜；Ⓕ—整流柜；
Ⓖ—带传感器和脱气风机的脱气储存罐；Ⓗ—气体报警系统；Ⓘ—建筑通风；Ⓚ—DC 电缆套件；
①—软水管路；②—盐水管路；③—次氯酸钠溶液管路；④—排气管路；⑤—通往投加点的次氯酸钠溶液管路

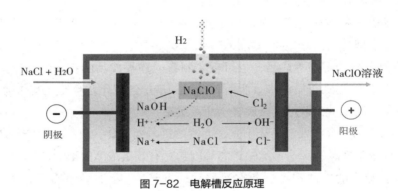

图 7-82　电解槽反应原理

　　电解过程中产生的氢气经过脱氢系统，稀释到 1% 以下（体积比），安全地排放到室外。

　　需要注意的是：

　　（1）电解食盐水产物含氢气，设计时请注意，需要符合《建筑设计防火规范》（GB 50016—2014）（2018 年版）表 3.1.1 的规定。为了安全，建议按甲类厂房考虑进行防爆设计。

　　每套发生器应配备独立的脱氢罐，排氢风机管路应设置风量传感器，出口风量可实时监测，排放到大气的氢气浓度应低于 1%。

　　氢气收集、稀释、排放管路的设计和布置应保证任何区域均无氢气积聚，电解槽的出液管路应有不小于 1% 的向上坡度，管路上不得设置阀门。

　　氢气室外排放点应高出设备间建筑物 1 ~ 2m，具体由单位时间的氢气产量决定，排放点半径 1 ~ 2m 内设一球形防爆区域，不应有任何点火源、不应有任何遮挡物、不应设有其他氢气排放点。

次氯酸钠发生器所在建筑的屋顶不应有吊顶、下翻梁。

次氯酸钠发生器及制成液储存设施的所在房间应设置每小时换气 8 ～ 12 次的高位通风设备。

（2）电解系统用水应为软化自来水，软水硬度小于 20mg/L CaCO$_3$；水温度宜控制在 10 ～ 20℃，水温不满足时，需配置软水制冷或加热机，否则电极容易结垢。

食盐应符合《食用盐》（GB/T 5461—2016）标准要求，且应为无碘盐。

7.9.5　紫外线及灯管

《城市给排水紫外线消毒设备》（GB/T 19837—2005）的相关规定：为保证达到《城镇污水处理厂污染物排放标准》（GB 18918—2002）中所要求的卫生学指标的一级 A 标准，当 SS 不超过 10mg/L 时，紫外线消毒设备在峰值流量和紫外线灯运行寿命终点时，考虑紫外线灯管结垢影响后所能得到的紫外线有效剂量不应低于 20mJ/cm^2。紫外线消毒设备在工程设计和应用之前，应提供有资质的第三方用同类设备在类似水质中所做的检测报告。目前国内有些水厂反馈紫外线消毒效果欠佳，主要和紫外线设备选用有效剂量较低、是否选用在线灯管套管清洗系统及清洗系统的清洗方式与水质是否配套有关。

目前，工程应用中较为成熟的紫外线灯管主要有低压高强灯管和中压灯管。其主要对比如表 7-18 所示。

低压高强灯管和中压灯管对比　　　　　　　　　　表7-18

项目	低压高强灯管	中压灯管
发射波长（nm）	253.7	200 ～ 280
汞蒸汽压力（Pa）	0.13 ～ 1.33	13000 ～ 1330000
工作温度（℃）	4 ～ 200	600 ～ 900
线性发射强度（W·cm^{-1}）	0.4 ～ 10	50 ～ 250
线性有效剂量（W·cm^{-1}）	0.15 ～ 3.5	5 ～ 30
光电转换率（%）	20 ～ 40	10 ～ 20
放电弧长（cm）	10 ～ 150	5 ～ 120
灯管数量	较多	较少
灯管寿命（h）	12000 ～ 15000	5000 ～ 10000
优点	1. 发射波长集中，有效灭活剂量高；2. 光电转换率较高；3. 灯管寿命较长；4. 单根灯管失效对消毒的影响较小	单根灯管功率大，灯管数量少，反应器尺寸小，布置紧凑，更换方便，过反应器水头损失小
缺点	1. 单根灯光功率小，反应器尺寸大；2. 灯管数量多，过反应器水头损失大	1. 运行温度较高、清洗要求高；2. 光电转换率低；3. 灯管寿命相对较短

总的来说，对于同一类型的灯管，在有效消毒剂量（生物验定剂量）相同的情况下，灯管数量越少、所需灯管总功率越低，设备更优。对于不同类型灯管而言，采用低压灯、

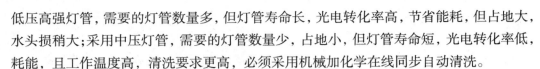

低压高强灯管，需要的灯管数量多，但灯管寿命长，光电转化率高，节省能耗，但占地大，水头损稍大；采用中压灯管，需要的灯管数量少，占地小，但灯管寿命短，光电转化率低，耗能，且工作温度高，清洗要求更高，必须采用机械加化学在线同步自动清洗。

综上所述，如果电费高、用地不受限制，用低压灯或低压高强灯管；如果电费不高，但占地紧张可采用中压灯管。

7.9.6　二氧化氯和次氯酸钠消毒比较实例

某项目二期工程，设计及运行时均采用二氧化氯消毒，但从二氧化氯消毒所采用的原料盐酸及氯酸钠的运输安全角度出发，拟采用成品次氯酸钠替代。根据实际运行情况，在厂内做了二氧化氯与次氯酸钠两种消毒方式的简单技术经济比较，如表7-19、表7-20所示。

二期二氧化氯消毒成本核算　　　　　　　　　　　表7-19

（单位：元/t）

建设成本		运行成本	
基建	—	电费	（9×3×24+55×24×1+1.5×2）×0.68÷300000=0.005
设备		人工费	1500×2÷30÷300000=0.00033
		药剂费	（9.8×220+2.4×4690）÷1000000=0.0134
合计	—	合计	0.019
基建成本	—	运行成本	0.019

注：1. 日进水量约30万t，根据实际运行数据，单台二氧化氯发生器功率9kW，每台最大产气量为20kg/h；动力水泵运行1台，全天24h运行，单台功率55kW；用电单价以0.68元/（kW·h）计算。

2. 人工，两个临时工进行化料，每人月工资为1500元。

3. 2015年8月盐酸加药量为9.8mg/L，氯酸钠为2.4mg/L。盐酸单价220元/t，氯酸钠单价为4690元/t。

临时次氯酸钠消毒成本　　　　　　　　　　　表7-20

建设成本			运行成本（元/t）	
基建	利用现有PAC加药间	—	电费	忽略不计（2台0.75kW隔膜泵）
设备	玻璃钢储罐	6.4万元	药剂费	18.6×708÷1000000=0.0132
	隔膜泵	7万元		
	附属备件及管道安装	约5万元	—	—
合计	18.4万元		合计	0.0132
基建成本	18.4÷30=0.61元		运行成本	0.0132

注：以2015年8月份实际运行数据进行测算，8月份次氯酸钠投药量为18.6mg/L，药剂单价708元/t。

根据现场实际对比数据可知，在未计二氧化氯建设成本的情况下，每立方米水用二氧化氯消毒费用依然高于次氯酸钠消毒费用。

在满足消毒效果的前提下，次氯酸钠消毒生产性试验成品投加量仅为18.6mg/L，远低于标准数值。在厂内随后进行的一期一级 A 升级改造中，也改为次氯酸钠消毒，设计最大液体次氯酸钠量 60mg/L，单投加点配备投加泵 3 台，根据运行反馈，一般情况下，设计投加量仅为 20mg/L，根据流量比例进行自动投加，单投加点仅运行 1 台，目前消毒效果良好。

7.9.7　多级屏障消毒

王昊、沈小红在《高原地区某净水厂紫外线 / 氯消毒连用系统设计探讨》（中国给水排水，2018 年 10 月）中表明：目前在给水处理中，部分给水厂根据实际情况，考虑了多级屏障消毒，其概念是指系统中具有足够富裕，可在一定程度上克服由人为失误或自然界不可预知情况造成的威胁。在西方发达国家，科研人员总结了 15 个国家的 69 起水污染事件，其中爆发大规模的介水烈性疾病严重地影响了人们的健康，给社会稳定和经济发展带来了极大的威胁。这些事例均说明，在水处理过程中采用多级屏障策略的重要意义。这些研究也表明，多级屏障策略设置较多富裕手段，初期投入相对较大，但考虑水污染之间可能带来的风险损失，相对单一保护策略更为经济。

目前我国污水处理厂排放标准无论是国标还是地标，卫生学指标仅为单一的"粪大肠菌群数"，如天津市地方排放标准中的 A 标准为 1000 个 /L。

为了解我国污水处理厂消毒设施的运行效果，李激等在《新冠肺炎疫情期间城镇污水处理厂消毒设施运行调研及优化策略》一文中针对全国 56 座城镇污水处理厂进行了调研，总结了消毒单元中存在的问题并提出相应的应对措施。调研结果表明，超过 80%的城镇污水处理厂采用次氯酸钠和二氧化氯作为消毒剂。次氯酸钠和二氧化氯消毒的优势在于消毒的持久性效果较好，以及运行管理相对简单。不过在调研中发现，由于各种原因，29.4%的城镇污水处理厂有效氯投加量超过 4mg/L，部分污水处理厂因为消毒接触时间不足，因此通过采取增大氯投加量实现水中粪大肠菌群的去除；此外，50%的污水处理厂未对消毒后的总余氯进行测试，在已检测该指标的污水处理厂中，总余氯浓度在 0.20mg/L 以上的占比达到 70%。

2020 年 1 月，传染性强的新型冠状病毒在全国爆发蔓延，为了严防冠状病毒通过污水传播扩散，2 月 1 日，生态环境部印发了《关于做好新型冠状病毒感染的肺炎疫情医疗污水和城镇污水监管工作的通知》（环办水体函〔2020〕52 号），其中特别指出："地方生态环境部门要督促城镇污水处理厂切实加强消毒工作，结合实际，采取投加消毒剂或臭氧、紫外线消毒等措施，确保出水粪大肠菌群数指标达到《城镇污水处理厂污染物排放标准》（GB 18918—2002）要求"。目前各地城镇污水处理厂均在积极落实该通知要求，为了确保出水粪大肠菌群数指标稳定达标，一些原设计为紫外线消毒的污水处理厂临时增设次氯酸钠投加设施，将两种消毒方式串联使用；部分污水处理厂由于缺少接触消毒池，采取加药消毒后直接通过管道混合处理出水；部分主要以次氯酸钠作为消毒剂的污水处理厂则将原来的有效氯投加量从 1.5mg/L 增大至 4 ~ 5mg/L。

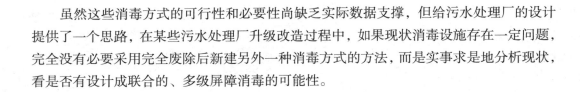

虽然这些消毒方式的可行性和必要性尚缺乏实际数据支撑，但给污水处理厂的设计提供了一个思路，在某些污水处理厂升级改造过程中，如果现状消毒设施存在一定问题，完全没有必要采用完全废除后新建另外一种消毒方式的方法，而是实事求是地分析现状，看是否有设计成联合的、多级屏障消毒的可能性。

7.10 碳源的比选

《室外排水设计标准》（GB 50014—2021）无碳源投加的内容。《给水排水设计手册》第三版第 5 册第 6.10.1 节虽详细介绍了碳源投加的相关内容，但操作性不强，本节主要介绍碳源投加的相关内容。

7.10.1 碳源的作用

当污水处理厂进水中没有足够的碳源时，反硝化将受到直接的影响：反硝化率不高，出水 TN 很难达标。在氮的去除过程中，投加碳源通过直接为反硝化过程提供电子促进反硝化反应，从而提高脱氮效率。

污水处理中，碳源的多少及如何使用既影响着脱氮效果也影响着除磷效果。对脱氮和除磷效果的影响主要看碳源的种类及投加位置：

（1）如果投加的碳源含有挥发性脂肪酸，并且碳源投加到厌氧区，那么外加碳源中一部分被聚磷菌利用可提高总磷去除效果，另外一部分碳源进入缺氧区被反硝化菌利用提高脱氮效果。

（2）如果投加的碳源不含有挥发性脂肪酸，碳源的主要作用就是促进反硝化，提高脱氮效率。

7.10.2 碳源的种类

碳源主要分为两大类：内碳源、外碳源。对初沉污泥或剩余活性污泥发酵实现颗粒物质至溶解性挥发性脂肪酸的转变称之为内碳源开发，发酵产物即为内碳源，主要是乙酸和丙酸的混合物，有利于磷、氮的去除；外加的低分子有机物和糖类物质，如甲醇、乙醇、乙酸、乙酸钠、甜菜糖浆、工业浓液及其混合物称之为外加碳源。

7.10.3 碳源投加点

目前国内绝大部分污水处理厂，碳源投加的目的是为了提高脱氮效果。碳源投加点主要有生物反应池的缺氧区、厌氧区、后续反硝化滤池、反硝化深床滤池。不同的投加点，反硝化脱氮的效果及碳源的利用率不一样，同样的投加量，由于生物膜法反硝化速率要高于活性污泥法，所以投加在反硝化滤池的脱氮效率要高于投加在生物反应池。至于反硝化深床滤池，由于其兼有反硝化和出水 SS 过滤的把关功能，一般作为主处理工艺的末端工艺，由于无后续好氧区把关，因此要特别注意碳源投加量的控制，避免过量投加引起出水 COD 的增高，另外，如果间歇应用反硝化深床滤池的反硝化工程，应加强运行管理，预留出生物膜培养驯化的时间。

7.10.4 外碳源投加技术参数

现有的研究表明，多种物质都可以作为反硝化过程所需的外加碳源，不同物质被反硝化细菌利用的程度、代谢产物均不同，反硝化的效率及投加成本也不同。现有的外加碳源大体上分为两类：一是以葡萄糖、甲醇、乙醇、乙酸、乙酸钠等液态有机物（也有应用三水合乙酸钠固体的）及其混合物为主的传统碳源；二是以一些低廉的固体有机物为主，包括含纤维素类物质的天然植物及一些可生物降解聚合物等在内的新型碳源。

目前大多数污水处理厂外加碳源均采用低分子有机物和糖类等液体碳源。主要原因是低分子有机物易于生物降解、极易被反硝化菌利用且微生物细胞产率较低，液体药剂投加方便，可减少工作人员劳动强度。

也有部分水厂考虑到投加商品药剂成本较高而投加工业废料，如投加糖废料、糖蜜、医药制造中的废乙酸溶液。使用这些外加碳源时，一要注意废料安全性，二要注意来源稳定性。

常用外加碳源的特性及生物动力学参数分别如表 7-21、表 7-22 所示。

常用外加碳源的特性　　　　　　　　　　　表 7-21

碳源	化学式	相对密度	估算的 COD 含量（mg/L）
甲醇	CH_3OH	0.79	118.8 万
乙醇	CH_3CH_2OH	0.79	164.9 万
乙酸（100% 溶液）	CH_3COOH	1.05	112.1 万
乙酸（20% 溶液）	CH_3COOH	1.026	21.9 万
蔗糖（50% 溶液）	$C_{12}H_{22}O_{11}$	1.22	68.5 万

常用外加碳源生物动力学参数　　　　　　　　表 7-22

碳源	反硝化菌的最大比增长速率 m_{max}（d^{-1}）	温度（℃）	Y（g 生物量 COD/ g 底物 COD）	COD/NO$_3$-N 比率
甲醇	0.5 ~ 1.86	10 ~ 20	0.38	—
乙酸	1.3 ~ 4	13 ~ 20	1.18	—

《给水排水设计手册》第三版第 5 册第 6.10.1 节推荐碳源投加公式如下：

$$C=2.86\left[NO_3\text{-}N\right]+1.71\left[NO_2\text{-}N\right]+DO \qquad (7\text{-}11)$$

式中：C——反硝化过程中有机物需要量（以 BOD 表示），mg/L；

［NO_3–N］——需要反硝化的硝酸盐浓度，mg/L；

［NO_2–N］——需要反硝化的亚硝酸盐浓度，mg/L；

　　DO——投加外加碳源区域溶解氧浓度，mg/L。

折合到甲醇量，公式如下：

$$C_m=2.47［NO_3–N］+1.53［NO_2–N］+0.87DO \qquad （7–12）$$

式中：　C_m——甲醇投加量，mg/L；

［NO_3–N］——需要反硝化的硝酸盐浓度，mg/L；

［NO_2–N］——需要反硝化的亚硝酸盐浓度，mg/L；

　　DO——投加外加碳源区域溶解氧浓度，mg/L。

1mg 甲醇理论 COD 值为 1.5mg，所以可生物降解的 COD 表示的碳源有机物需氧量 $CODR$ 可以表示为：

$$CODR=3.17［NO_3–N］+2.3［NO_2–N］+1.3DO \qquad （7–13）$$

周丹、周鼋在《污水脱氮工艺中外部碳源投加量简易计算方法》中认为上述多段活性污泥法外加碳源投加量计算公式过于理论化，与实际情况有偏差，在实设计工作中不好操作，不适用于单段活性污泥脱氮系统。因此建议采用下式计算：

$$C_m=5N \qquad （7–14）$$

式中：C_m——外部碳源投加量（以 COD 计），mg/L；

　　5——反硝化 1kg 硝态氮所需外部碳源投加量（以 COD 计），kgCOD/kg NO_3–N；

　　N——需要利用外部碳源反硝化去除的氮量，mg/L。

上式系数"5"是根据德国 ATV 标准针对单段活性污泥法污水处理厂设计的指导性文件得出的，其中标准规定反硝化 1kg 硝态氮所需外部碳源投加量（以 COD 计）为 5kg，这是从大量工程实践中得出的经验值，更接近实际情况。

常用碳源的 COD 当量如表 7–23 所示。

常用外部碳源参数值　　　　　　　　　　　　　　　表7–23

参考单位	甲醇	乙酸	乙酸钠	葡萄糖
密度（kg/L）	0.796	1.049		
COD 当量（kg COD/kg）	1.5	1.07	0.68	0.6
COD 当量（kg COD/L 碳源）	1.194	1.122		

7.10.5　碳源的比较

不同外加碳源对硝酸盐氮反硝化过程的影响不同，主要影响反硝化速率、处理效果，同时在选择外碳源时还需要考虑系统的稳定性和运行的灵活性等问题。

目前，国内污水处理厂常用的外加碳源包括：甲醇、乙醇、乙酸、乙酸钠、葡萄糖等。

周丽颖、凌薇等在《污水处理厂反硝化外加碳源的选择》中表明：

（1）甲醇、乙酸钠、葡萄糖作为外加碳源时，甲醇响应时间较慢，初次投加时，甲醇并不能被所有微生物利用，需要一定的适应期才能发挥效果。

（2）未经驯化，初次投加外碳源，去除 1mg/L 硝态氮，平均需要乙酸钠（含纯乙酸钠 60%）5.7mg/L，葡萄糖 21mg/L，甲醇 19mg/L。试验结果表明，甲醇具有毒性，初次投加甲醇作为碳源，不但发挥反硝化作用有限，还增加出水 COD；投加乙酸钠后硝态氮的去除可以立即获得响应，驯化时间极短。

（3）对于甲醇的驯化时间：试验初期去除硝态氮需要投加大量甲醇，1 周后投加量明显下降，经过 2 周后，去除 1mg/L 硝态氮的甲醇投加量趋于稳定，约 3.8mg/L。

（4）三种外加碳源技术经济分析如表 7-24 所示。

周丽颖、凌薇等的三种外加碳源技术经济分析结果　　　　　表7-24

碳源	甲醇	乙酸钠	葡萄糖
工业级含量（%）	99	60	99
运输安全性	较差	好	好
反硝化反应响应性	需驯化 1 个月	好	较好
去除单位硝态氮投加量纯碳源投加量（g/g）	3.8	5.7	21
市场单价（元/t）	2500	2500	2680
吨水去除单位 TN（1mg/L）成本（元/t水）	0.01	0.028	0.057

杨敏、孙永利等在《不同外加碳源的反硝化效能与技术经济分析》中也对三种常用快速外加碳源（乙醇、乙酸和乙酸钠）进行 AO 工艺静态试验，表明：

（1）反硝化特性与投加外部碳源与否有一定的关系，如表 7-25 所示。

反硝化特性与投加外部碳源的关系　　　　　表7-25

投加碳源类型	第一阶段		第二阶段		第三阶段
	反硝化速率 $[mgNO_3-N/(gVSS \cdot h)]$	时间（min）	反硝化速率 $[mgNO_3-N/(gVSS \cdot h)]$	时间（min）	反硝化速率 $[mgNO_3-N/(gVSS \cdot h)]$
未投加碳源	1.50	15	0.77	75	0.59
乙醇	2.26	60	1.32	30	0.79
乙酸	6.80	15	1.29	75	0.87
乙酸钠	7.70	15	1.21	75	0.79

（2）三种外加碳源，乙醇、乙酸和乙酸钠的单位 NO_3-N 去除量的 COD_{cr} 投加量，即 COD/TN，分别为 4.85、3.52 和 3.66，乙酸和乙酸钠反硝化效能均较高，乙醇反硝化效能最小。

（3）三种外加碳源的技术经济分析，如表 7-26 所示。

三种外加碳源的技术经济分析　　　　　　　　　　　　表7-26

碳源	乙醇	乙酸	三水合乙酸钠
级别	工业级	工业级	工业级
含量（%）	95	99	58 ~ 60（以纯乙酸钠计）
安全性	好	好	较好
单位 NO_3-N 去除量的 COD_{cr} 投加量（g/g）	4.85	3.52	3.66
实测 COD_{cr} 当量（g/g）	1.44	0.76	0.60
单位 NO_3-N 去除量的碳源投加量（g/g）	3.37	4.63	10.17
市场均价（元/t）	4250	3250	2850
吨水去除单位 TN（1mg/L）成本（元/t水）	0.015	0.015	0.029

从技术经济分析，就三种外投碳源来讲，乙酸最佳，其具有污泥产率低、反硝化速率高、反硝化效能强和投加成本低的优点。

但是，由于乙酸不稳定，不容易保存且浓度较高的乙酸具有腐蚀性，可导致皮肤烧伤，眼睛永久失明以及黏膜发炎，因此需要适当的防护。上述烧伤或水泡不一定马上出现，大部分情况是暴露后几个小时出现。乳胶手套不能起保护作用，所以在处理乙酸的时候应该带上特制的手套，例如丁腈橡胶手套。

从投加的便利性、经济性等考虑，目前国内污水处理厂还是以投乙酸钠为主。

7.10.6　在前期咨询时可采用的设计参数

7.10.6.1　设计投加量

目前，甲醇、乙酸、乙酸钠作为外加碳源最为常见，甲醇较为经济，但近年来，出于安全运行角度，甲醇的应用逐渐减少。

在设计中，可按照 1g 无水乙酸钠折合 0.68gCOD，1g 乙酸折合 1.07gCOD，1g 葡萄糖折合 0.6gCOD，1g 甲醇折合 1.5gCOD 计算；去除硝酸盐氮，甲醇投加量一般应在 3.5mg/mg NO_3-N 以上（美国环保局建议为3）；如采用乙酸钠（纯）投加量一般应在 5.7 ~ 6mg/mg NO_3-N 以上。

7.10.6.2　碳源价格参数

目前，甲醇单价约 2500 ~ 3000 元/t，三水合乙酸钠商品药剂（含乙酸钠 58% ~ 60%）单价约 2500 ~ 3500 元/t，液体乙酸钠（含纯的 30%）单价 1500 元/t，100% 乙酸单价约 3600 元/t，20% 乙酸单价约 790 元/t。单价均需要考虑产地与药剂使用地之间的运输距离。

7.10.6.3　不同外加碳源经济比较

为方便设计人员选取，特将甲醇、乙酸、乙酸钠三种碳源投加的价格成本列表，如表 7-27 所示。

不同外加碳源价格成本比较　　　　　　　　　　　　　表7-27

碳源	CH₃OH	CH₃COOH（含纯乙酸36%）	CH₃COONa（纯乙酸钠）
单位价格（元/t）	2500～3600	1400～2000	4400～5600
平均单位价格（元/t）	3050	1700	5000
投加量（mg碳源/mgNO₃-N）	3.1～3.3	14.3～14.9	5.0～6.4
平均投加量（mg碳源/mgNO₃-N）	3.2	14.6	5.7
去除的NO₃-N量（mg/L）（假定）	1	1	1
需要的碳源投加量（mg/L）	3.2	14.6	4
单位水量成本（元/m³）	0.01	0.025	0.03

7.10.6.4　外加碳源对出水水质的影响

碳源投加的位置和投加量的控制，会影响后续出水 BOD、COD 的浓度。

根据实际运行案例，在现状反应池缺氧段投加碳源后，出水硝酸盐氮及总氮迅速降低，即使碳源投加稍过量，但因为投加的碳源反硝化速率大，被利用降解得比较充分，后续有较长时间的好氧段，出水 COD 及 BOD 无变化。

对于外加碳源投加到后置反硝化滤池、反硝化深床滤池，则需要根据进水 TN 及出水 TN 要求，精确控制碳源投加量，避免投加过量影响出水 COD 及 BOD。

7.10.6.5　对反应池容的影响

改造项目，若是在现状反应池缺氧段投加外加碳源，则一般现状反应池好氧段的容积不做任何调整。

新建碳源不足的污水处理厂，好氧池容不必根据投加碳源后的 BOD 进行计算，好氧区可以在原设计进水 BOD 的基础上适当放大即可。

按照现行的计算（德国 ATV 标准），污水处理厂好氧区的容积主要根据泥龄和 BOD 的去除率来计算，其前提条件是氨氮在一定的范围内。如果氨氮进水水质浓度很高，那么好氧池容积不能仅仅按照 BOD 和硝化反应确定好氧泥龄，还需要校核一下氨氮的硝化速率。

在进水碳源不足的时候，计算缺氧池容积可以按照周雹《污水脱氮工艺中外部碳源投加量简易计算方法》进行计算：先确定 VD/V，然后确定 K_{DE}；算出所需要进水总 BOD，进而算出所需外碳源折合的 BOD；补充碳源之后总 BOD 按照 BOD/TN=3.5 计算已足够。

7.11　除磷

城市污水中所存在的含磷物质基本上都是不同形式的磷酸盐，简称磷或总磷，用 P 或 TP 表示。

根据其物理特性（0.45μm微孔滤膜过滤）可将污水中的磷酸盐分为溶剂性和颗粒性两类；根据化学特性可分为正磷酸盐、聚合磷酸盐和有机磷酸盐。

城市污水中所含的磷主要来源于人类活动的排泄物及废弃物、合成洗涤剂和家用清洗剂等。有机磷化合物主要存在于工业废水，主要包括磷酸酯、磷酸铵、亚磷酸酯、焦磷酸酯和次磷酸酯等类型；有机磷剂是20世纪90年代出现的高效农药，主要品种有对硫磷、内吸磷还有甲拌磷、马拉硫磷和乐果等。有机磷化合物属生物难降解物质，其毒性很大，但遇碱容易分解，残效很小。

磷酸盐的去除主要包括化学沉淀法和生物除磷两大类，有机磷的去除则包括臭氧氧化、湿式氧化、氯氧化、水解和生化法等。在污水处理过程中，有机磷转化成正磷酸盐、聚合磷酸盐也被水解为正盐形式，通过污泥或者沉淀去除。

由于条件多变，新建污水处理厂的进水磷浓度变化幅度较大，难以预测，通常需要长时间水质监测才能准确确定。

7.11.1 生物除磷

郑兴灿在《污水除磷脱氮技术》中指出：在常规二级生物处理系统中，BOD的生物降解过程伴随着微生物菌体的合成，磷作为微生物正常生长所需求的元素也成为生物污泥的组分从而部分去除。常规活性污泥系统中，微生物正常生长时活性污泥含磷量一般为污泥干重的1.5%～2.3%，通过剩余污泥的排放仅能获得10%～30%的除磷效果。这主要取决于进水BOD/TP值、泥龄、污泥处理方法及处理液回流量等因数。

随着生物超量除磷现象的发现，开发了新的脱氮除磷工艺，磷的去除率可达到80%～95%，一般情况下出水总磷低于1mg/L。超量除磷就是微生物吸收的磷量超过微生物正常生长所需的磷量，通过污水生物处理系统的设计改进或运行方式的改变，使细胞含磷量相当高的细菌菌体能在处理系统的基质竞争中取得优势。目前所有污水生物除磷工艺流程中都包含厌氧操作段和好氧操作段，可使剩余污泥的含磷量达到3%～7%，由于进入剩余污泥的总磷量增大，处理出水的磷浓度明显降低。

7.11.1.1 生物除磷机理

随着对生物超量吸磷现象的研究，大家普遍认为只要有足够的活性污泥经过厌氧状态释放正磷酸盐，就能在接下来的好氧状态有很强的磷吸收能力。目前，广泛认可的除磷过程及机理是：

1. 厌氧阶段的释磷

（1）发酵作用：在没有溶解氧和硝态氮存在的厌氧状态下，兼性细菌将溶解性BOD转化为VFAs（低分子发酵产物）。

（2）生物聚磷菌获得VFAs：细菌利用厌氧区产生的或者原水中的VFAs，将其运送至细胞内，同化成胞内碳能源存贮物（PHB/PHV），所需的能量来源于聚磷的水解以及细胞内糖的酵解。这个步骤就是厌氧释磷。

厌氧释磷分为有效释放和无效释放，无效释放不伴随有机物的吸收和储存，比如内源消耗、pH变化、毒物作用引起的磷的释放均属于无效释放。

2. 好氧阶段的过量吸磷

（1）磷的吸收：细菌以聚磷的形式存储超过自身需要的磷，通过能源存储物（PHB/PHV）的氧化代谢产生能量，用于磷的吸收及合成，从而去除污水中的磷。

（2）合成新的细胞。

3. 污泥排放除磷

通过剩余污泥的排放，将磷从系统中除去。

从上述机理来看，生物除磷，一是必须要营造适应聚磷菌释磷、超量吸磷的环境；二是要有足够的活性污泥参与这个过程，如果部分污泥或参与的污泥量不够（如填料工艺、多点进水等），势必影响除磷效果；三是要加大排泥量，只有通过排泥才能提高生物除磷效率，部分工艺如MBR工艺，其污泥龄长，排泥量少，生物除磷效果有限。

7.11.1.2 生物除磷影响因素

想要微生物发挥作用，最重要的是创造并维持微生物发挥作用的环境。由于生物除磷主要是通过微生物在适当的环境下去除，那么在咨询工作中，生物除磷必须考虑各种环境及其他污染物质的影响。具体来说主要有以下几点：

1. 出水SS

作为污染物指标的SS是一种替代参数，并不能精确描述水处理过程。我国的国家排放标准及地方排放标准对SS的限制是较为严格的，其主要原因是SS指标关系到BOD、COD、氮磷类等指标是否能够达标。一般污水处理厂MLSS中磷的含量大概为2%~5%，所以降低出水SS浓度是目前高标准TP排放要求的必要措施。

2. 进水BOD

生物除磷效果的好坏取决于处理系统中除磷细菌所需要的发酵基质与除磷量的比值。现阶段一般以进水BOD/TP值来衡量，BOD/TP高于20时，认为生物除磷效果良好。

3. 泥龄和硝酸盐氮的影响

脱氮与除磷在泥龄要求上不可调和——脱氮要求泥龄长，除磷要求泥龄短——泥龄越长活性生物量比例越低，处理能力就相应减弱；泥龄越长，剩余污泥排放量就低，通过剩余污泥排放的磷就少。

外回流污泥携带的硝态氮会降低进水有效BOD/TP的比值，从而影响释磷，进而影响除磷效果。

4. 污水温度

除磷与硝化、反硝化不同，无论是水温高还是水温低，生物除磷工艺都能成功运行。5~10℃时，对除磷更有利，可能的原因是低温导致了生物种群的转换，生长较慢的嗜冷细菌具有较高的细胞产率。

5. pH

pH 低于 6.5 时，生物除磷效果会大大下降，因此碱度在处理过程中同样重要。

6. DO 值

生物脱氮与生物除磷相结合的系统好氧区 DO 浓度保持在 1.5 ~ 3.0mg/L。如果太低，好氧区不能足够吸磷，除磷率下降，硝化受到抑制，污泥沉降性能不好；如果太高，则回流溶解氧高，反硝化受到限值，硝酸盐浓度高可影响厌氧释磷。

7.11.2 化学除磷

从运行成本角度看，市政污水处理首选生物除磷。但在进水总磷浓度高、碳源相对不足、出水总磷排放要求严格时，化学除磷必不可少。化学除磷是生物除磷的辅助。

化学除磷包括两个过程：一是投加药剂，通过药剂与溶解性含磷物质充分混合反应，将其转化成悬浮或颗粒状态；二是通过沉淀或者气浮将这些固体物质从污水中去除。

7.11.2.1 除磷药剂的作用与种类

除磷药剂的作用，就是与污水中溶解性的含磷物质形成不溶性的磷酸盐沉淀物，然后通过固液分离将磷从污水中去除。

可用于化学除磷的金属盐有三种：铝盐、铁盐和钙盐。常用的有硫酸铝、聚合氯化铝、三氯化铁、氯酸钠、硫酸铁、硫酸亚铁、氯化亚铁、石灰等。

若应用石灰法；必须调整 pH，pH 调整到较高时能使残留的溶解磷浓度降到较低的水平。污水碱度所消耗的石灰通常比形成磷酸钙类沉淀所需的石灰大几个数量级，因此石灰法除磷投加所需的石灰量取决于污水的碱度，而不是污水的含磷量。满足除磷要求的石灰投加量大致为总碳酸钙碱度的 1.5 倍。石灰法除磷的 pH 通常控制在 10 以上，过高的 pH 抑制微生物的增殖和活性。因此石灰法不能用于协同沉淀，只能用于前置和后置投加。另外，石灰法投加，污泥量巨大，且石灰法之后的处理水必须调整 pH 才能满足排放要求。

铝盐和铁盐的投加要考虑沉淀物的溶度积常数。溶解性化合物会导致残留磷浓度升高，残留磷的浓度取决于 pH。在金属盐过量投加的过程中，除用于磷酸盐的沉淀，过剩的金属离子将以金属氢氧化物的形式沉淀。

影响化学药剂选择的主要因素是药剂价格、碱度消耗、污泥产生量及投加过程的安全控制。铝盐中硫酸铝价格低，但投加会消耗碱度，目前主要使用聚合氯化铝；铁盐中硫酸亚铁价格最低，但为取得最大除磷效果，需要氧化成高价铁盐；其他铁盐如氯化铁也具有腐蚀性，投加时需要注意选择泵的配置；铁盐投加要适量，过量投加会引起出水色度的变化。

7.11.2.2 药剂的投加点

按工艺流程，投加点主要有三处：前置投加、协同投加、后置投加。前置投加于原污水，沉淀物与初沉污泥一起排除；协同投加可投加在生物反应池进水、生物反应池内及生物反应池出水，形成的沉淀物与二沉池剩余污泥一起排放；后置投加于深度处理，形成的沉淀物通过滤池等装置进行分离。

目前，国内污水处理厂除磷主要采用后置投加。

7.11.2.3　药剂投加技术参数

按照德国标准 ATV-A131 的规定，一般去除 1.0kg 磷需要投加 2.7kg 铁或 1.3kg 铝。对特定的污水，金属盐投加量需通过试验确定，进水 TP 浓度和期望的除磷率不同，相应的投加量也不同。

采用化学除磷方法，污泥产量将增加，仅由沉淀剂与磷酸根和氢氧根结合生成的干泥量为 2.3kgTS/kgFe 或 3.6kgTS/kgAl，除此以外，还要考虑附带的其他沉淀物。因此在实际应用中，按每千克用铁量产生 2.5kg 污泥或每千克用铝量产生 4.0kg 污泥来计算泥量。

对于改扩建污水处理厂，生物除磷效率可通过现状运行污水处理厂实际测定，然后估算新建工程生物除磷量；若为新建污水处理厂，还可通过类似污水处理厂生物除磷效率或根据污泥产量及污泥含磷量反向测算生物除磷量：

（1）一般污水处理厂其生物除磷效率约 50% ~ 60%；

（2）富磷污泥中磷含量一般约 3% ~ 7%。

以某 30 万 m³/d 污水处理厂为例，其剩余污泥量约为 50.8t/d，由于所选工艺同时脱氮除磷，所以除磷效率与 AO 除磷工艺相比相对较低，以 3% 含磷率计，则生物除磷量约为 5mg/L。其余部分考虑通过投加化学药剂的方式去除。

几种化学除磷药剂的经济比较如表 7-28 所示，设计人员可在具体设计项目中根据不同边界条件进行技术经济比选。

7.11.3　重力式浓缩池的释磷

《室外排水设计规范》（GB 50014—2006）（2016 年版）第 7.2.1 条规定：

浓缩活性污泥时，重力式污泥浓缩池的设计，应符合下列要求：

（1）污泥固体负荷宜采用 30 ~ 60kg/（m² · d）；

（2）浓缩时间不宜小于 12h；

（3）由生物反应池后二沉池进入污泥浓缩池的污泥含水率为 99.2% ~ 99.6% 时，浓缩后污泥含水率可为 97% ~ 98%；

（4）有效水深宜为 4m；

（5）采用栅条浓缩机时，其外缘线速度一般宜为 1 ~ 2m/min，池底坡向泥斗的坡度不宜小于 0.05。

此规范第 7.2.3 条规定：当采用生物除磷工艺进行污水处理时，不应采用重力浓缩。

此规范第 7.2.3 条条文说明：污水生物除磷工艺是靠积磷菌在好氧条件下超量吸磷形成富磷污泥，将富磷污泥从系统中排出，达到生物除磷的目的。重力浓缩池因水力停

常用化学药剂经济比较

表7-28

项目	硫酸铝		聚氯化铝		聚合硫酸铁		三氯化铁						硫酸亚铁		
处理规模 Q (m³/d)	10000														
变化系数 K_z	1														
需要去除的 P 浓度 (mg/L)	1.0														
需要去除的 P 总量 (kg/d)	10														
混凝剂名称	硫酸铝		聚氯化铝		聚合硫酸铁		三氯化铁						硫酸亚铁		
国家/行业标准代号	HG 2227—91		GB 15892—2003		GB 14591—93		GB 4482—93						GB 10531—89		
	工业污水废水用		工业污水废水用		亚铁和硫酸生产		无结晶水的固体			液体			工业水处理		
等级							优等	一等	合格	优等	一等	合格	优等	一等	合格
状态	固体	液体	液体	固体	液体	固体									
Al_2O_3 含量	15.6	7.8	10	27	—	—	—	—	—	—	—	—	—	—	—
全铁含量	—	—	—	—	11	18.5	—	—	—	—	—	—	—	—	—
$FeCl_3$ 含量	—	—	—	—	—	—	98.7	96	93	44	41	38	—	—	—
$FeSO_4 \cdot 7H_2O$ 含量	—	—	—	—	—	—	—	—	—	—	—	—	97	94	90
M^{3+} 和 PO_4^{3-} 的摩尔比	2.0	2.0	2.0	2.5	2.0	2.0	2.0	2.0	2.0	2.0	2.0	2.0	2.0	2.0	2.0
去除 1gP 需消耗药量 (g/g P)	21.09	42.18	32.90	15.23	32.84	19.53	10.62	10.92	11.27	23.83	25.57	27.59	10.81	11.15	11.65
药剂消耗总量 (kg/d)	210.9	421.8	329.0	152.3	328.4	195.3	106.2	109.2	112.7	238.3	255.7	275.9	108.1	111.5	116.5
去除 1mg/LTp 需要投加的药剂量 (mg/L)	21.1	42.2	32.9	15.2	32.8	19.5	10.6	10.9	11.3	23.8	25.6	27.6	10.8	11.2	11.6
混凝剂单价 (元/T)	800	300	700	1900	900	2000	2800	3700	3500	1000	900	800	300	300	300
混凝剂耗费 (元/d)	168.7	126.6	230.3	289.4	295.6	390.6	297.4	404.1	394.6	238.3	230.1	220.7	32.4	33.5	34.9
吨水混凝剂耗费 (元/m³)	0.017	0.013	0.023	0.029	0.030	0.039	0.030	0.040	0.039	0.024	0.023	0.022	0.003	0.003	0.003
产生的化学污泥 (t/d)	0.070	0.070	0.070	0.087	0.090	0.090	0.090	0.090	0.090	0.090	0.090	0.090	0.090	0.090	0.090

留时间长，污泥在池内发生厌氧放磷，如果将污泥水直接回流至污水处理系统，将增加水处理的磷负荷，降低生物除磷的效果。因此，应将重力浓缩过程中产生的污泥水进行除磷后再返回处理构筑物进行处理。

2021 年 10 月 1 日起，《室外排水设计标准》（GB 50014—2021）替代《室外排水设计规范》（GB 50014—2006）（2016 年版），其关于重力浓缩池的采用在规定上有变化，变为："当采用生物除磷工艺进行污水处理时，不宜采用重力浓缩。当采用重力浓缩池时，宜对污泥水进行除磷处理"。

《给水排水设计手册》第三版第 5 册《城镇排水》第 9.3.1 节列出了设计规定及数据，列举如下：

（1）进泥为初沉污泥时，其含水率一般为 95% ~ 97%，污泥固体负荷采用 80 ~ 120kg/（m² · d），浓缩后的污泥含水率可到 90% ~ 92%；当为活性污泥时，其含水率一般为 99.2% ~ 99.6%，污泥固体负荷采用 30 ~ 60kg/（m² · d），浓缩后的污泥含水率可到 97.5%。浓缩池的容积还应按浓缩 12 ~ 16h 进行核算，不宜过长；否则将发生厌氧分解或反硝化，产生 CO_2 和 H_2S。

（2）浓缩池的上清液应重新回流到污水处理系统进行处理。如有必要应进行除磷或磷回收。

（3）重力浓缩池电耗少，缓冲能力强，但其占地面积大，易产生磷的释放，臭味大，需要增加除臭设施；剩余污泥一般不宜单独进行重力浓缩；初沉污泥与剩余活性污泥混合后进行重力浓缩，含水率可由 96% ~ 98.5% 降至 93% ~ 96%。

《室外排水设计规范》（GB 50014—2006）从 2006 年 6 月 1 日开始实施。此规范中关于重力浓缩池的规范条文及解释一直延续至《室外排水设计规范》（GB 50014—2006）（2016 版），至今已十多年之久。这期间我国排放标准已由《城镇污水处理厂污染物排放标准》（GB 18918—2002）中一级 B 排放标准提高到《城镇污水处理厂污染物排放标准》（GB 18918—2002）中一级 A 排放标准甚至到各个地方排放标准。随着排放标准的提高，关于重力浓缩池的设计应该有新的认识：

（1）相对于《室外排水设计规范》（GB 50014—2006）（2016 年版）规定的"浓缩时间不宜小于 12h"只建议了停留时间的下限，新版手册中"浓缩池的容积还应按浓缩 12 ~ 16h 进行核算，不宜过长"，其时间下限同此规范，但也从厌氧角度给出了停留时间上限，更为合理。

（2）无论是《室外排水设计规范》（GB 50014—2006）（2016 年版）还是《给水排水设计手册》（第三版），关于重力浓缩其设计参数都是将此种浓缩方式作为全厂唯一一种浓缩方式给出的停留时间、固体负荷等参数范围，未给出重力浓缩 + 机械浓缩运行方式下的参数建议。

（3）关于"污泥在池内发生厌氧释磷"的问题。一方面要看释磷释放多少会影响实际工程的进水总磷浓度，也就是看释磷对进水总磷提高的贡献率是多少；二要认识到随着排放标准的提高，污水处理厂内出水 BOD 的排放标准限制已由 20mg/L 提高到 10mg/L，甚至某些地方排放标准的 6mg/L。在实际运行过程中，为了总氮达标排放，污水处理厂一般按照全部硝化进行设计及运行，在这种条件下，出水 BOD 一般只有 2～5mg/L，甚至不能检出；另外，为了深度除磷，水厂一般采用生物除磷＋化学药剂除磷协同方式，且化学药剂过量投加，在这种情况下，重力浓缩池进水几乎无剩余可用碳源，微生物自身分解内源代谢物质导致的释磷较为轻微。

（4）《室外排水设计标准》（GB 50014—2021）第 8.2.3 条的条文说明中应进一步详细明确哪些条件下可以设置浓缩池。避免部分设计人员根据此条表面字义从而做出拒绝使用重力浓缩的错误判断。

（5）《给水排水设计手册》中表明"剩余污泥一般不宜单独进行重力浓缩"。但一般有初沉池的污水处理厂，初沉污泥一般不进入重力浓缩，主要原因是初沉污泥池含水率为 96% 左右，已满足脱水机的进泥条件，另外重要的原因就是，如果初沉污泥进入重力浓缩池，其含有大量碳源，在重力浓缩池内会快速引起厌氧释磷。

郑州市马头岗污水处理厂，总处理规模 60 万 m³/d，浓缩采用重力＋机械联合浓缩，有效地减少了机械浓缩的负荷和装机数量。

现阶段实际运行过程中，污水有时超越初沉池，超越初沉池时剩余污泥干泥量约 120t/d，含水率 99%，采用一座直径 30m、有效水深 4.3m 的重力浓缩池，其停留时间 6h，实际固体负荷 170kg/（m²·d）。经现场检测，污泥重力浓缩池未见较为严重的释磷现象。但在实际运行中观测到，由于剩余污泥排放量波动，当排放量较大时，浓缩池跑泥，沿着厂内污水排放管道排放至进水泵房，与进水混合后，磷有快速释放现象。另外，现场二沉池试验：不进水的条件下停留 24h 以上，剩余污泥不释磷，投加碳源后释磷明显。2019 年 6 月 4 日，加测总磷，预浓缩池上清液 0.42mg/L，浓缩机上清液 0.73mg/L，脱水机上清液 20.6mg/L。

另外，吉林市污水处理厂二期工程，采用 MBR 工艺，进行膜池剩余污泥的烧杯试验，静沉 36h 后发现释磷现象。

2017 年 7 月，运行单位针对马头岗污水处理厂一期工程浓缩上清液、脱水上清液进行实测，结果如表 7-29 所示。

一期工程污泥水污染物实测 　　　　表7-29

日期	样品	氨氮（mg/L）	TP（mg/L）	TN（mg/L）	备注
2010.7.8	2# 浓缩机上清液	0.818	9.08	11.4	剩余污泥浓度约为 7050mg/L；浓缩机进泥含水率为 98.98%，出泥含水率为 98.03%，上清液含水率为 99.88%
	3# 浓缩机上清液	0.220	6.93	11.2	
	3# 脱水机上清液	33.5	92.7	47.2	脱水机进泥含水率为 97.64%，出泥含水率为 76.21%，上清液含水率为 99.90%，脱后泥有机份为 63.98%
	4# 脱水机上清液	31.9	89.8	51.2	

续表

日期	样品	氨氮（mg/L）	TP（mg/L）	TN（mg/L）	备注
2010.7.9	1# 浓缩机上清液	1.35	8.00	11.7	剩余污泥浓度约为6988mg/L；浓缩机进泥含水率为98.93%，出泥含水率为98.13%，上清液含水率为99.90%。
	2# 浓缩机上清液	1.23	9.35	11.6	
	2# 脱水机上清液	29.5	148	42.9	脱水机进泥含水率为96.81%，出泥含水率为78.09%，上清液含水率为99.88%，脱后泥有机分为50.89%
	3# 脱水机上清液	31.0	146	47.3	

一期工程剩余污泥进入浓缩机浓缩，浓缩后与初沉污泥混合后入脱水机脱水。从实测数据可知：浓缩后上清液，NH_3-N、TN 与出水水质基本一致，磷有所释放，但程度轻微；脱水后上清液，NH_3-N、TN 数值与进水水质基本持平，不会造成冲击负荷，但磷释放程度较大，是进水的 10 ~ 20 倍，经初步估算，可使进水水质 TP 浓度提高 10%。

此例也充分说明：在现行排放标准下，若无初沉污泥进入重力浓缩池，仅剩余污泥在浓缩池引起的轻微释磷在工程上是可控的，对进水总磷的贡献率很低，可不必过分担心厌氧释磷对工程后续流程的影响。

7.12 加药泵及加药间

污水处理厂各种设备中，药剂投加泵流量、功率均较小，在污水处理厂中不属于大型设备，往往易被设计人员忽略，但加药泵选择及加药间设计合理与否影响污水处理厂的长期稳定运行，所以本节简要介绍加药泵的选择及加药间的设计。

目前，在污水处理领域，药剂投加泵主要有计量泵、螺杆泵、蠕动泵等。

7.12.1 计量泵

7.12.1.1 概述

根据驱动和控制方式，计量泵可以大致分为隔膜泵（分为电磁计量泵、机械隔膜计量泵、液压隔膜计量泵），数字计量泵，柱塞计量泵等。

计量泵还有其他分类方式，根据过流部分，分为柱塞式、隔膜式（分机械和液压两种形式）；根据驱动方式分为电机驱动、电磁驱动、压缩空气驱动。

柱塞式计量泵主要分为有阀泵和无阀泵两种，因其结构简单和耐高温高压等优点而被广泛应用于石油化工领域。针对普通柱塞泵在高黏度介质及高压力工况下的不足，开发出了一种无阀旋转柱塞式计量泵，这种泵受到越来越多的重视，被广泛应用于糖浆、巧克力和石油添加剂等高黏度介质的计量添加。因被计量介质和泵内润滑剂之间无法实现完全隔离这一结构缺点，柱塞式计量泵一般只用于高压、对碳钢无腐蚀性的介质，但不适用于污水处理厂加药。

除柱塞计量泵，其他均为隔膜式计量泵；电磁计量泵采用电磁驱动，其他均为电机驱动。污水处理行业，机械隔膜计量泵、液压隔膜计量泵、数字计量泵应用较多，如图7-83所示。

（a）　　　　　　　　　　（b）　　　　　　　　　　（c）

图7-83　污水处理常用计量泵
（a）机械隔膜计量泵；（b）液压隔膜计量泵；（c）格兰富数字计量泵

隔膜式计量泵利用特殊设计加工的柔性隔膜取代活塞，在驱动机构作用下实现往复运动，完成吸入—排出的过程。

由于隔膜的隔离作用，在结构上真正实现了被计量流体与驱动润滑机构之间的隔离。高科技的结构设计和新型材料的选用已经大大提高了隔膜的使用寿命，加上复合材料优异的耐腐蚀特性，隔膜式计量泵目前已经成为流体计量应用中的主力泵型。

单隔膜式计量泵如果出现隔膜破损将造成药液泄漏和可能的设备腐蚀损坏，因此有些型号的计量泵可选配隔膜破损传感器，实现隔膜破裂时的报警和自动连锁保护，具有双隔膜结构泵头的计量泵进一步提高了安全性，适合于投加强酸强碱或应用于不允许泄漏的场合。

计量泵不论是柱塞式还是隔膜式，都属于容积式泵，具有一定的自吸功能，自吸高度一般不超过2m。计量泵自吸高度达到1m以上时，泵的计量精度会下降，不建议计量泵在有吸程的方式下运行，设计时以泵前储罐的液位高度不低于泵头为好。

计量泵的吸程有限，在甲醇投加等场合，由于甲醇储存于埋地的罐体内，除非在高程上或者控制上有特殊设置，否则最好应用软管泵（一种蠕动泵），其吸程可达8m，一般情况下完全满足需要。蠕动泵的价格和液压隔膜计量泵相当。

下面对几种常用的隔膜计量泵进行分述。

7.12.1.2　电磁驱动隔膜计量泵

电磁驱动隔膜计量泵为电磁直接驱动、机械隔膜式计量泵，一般简称电磁泵。

电磁驱动计量泵由信号发生器、电磁驱动装置和泵头组成，分为手动、脉冲输入及4～20mA输入三种控制方式，通过控制每分钟内计量泵的冲程次数来调节输出流量。电磁泵输出流量、压力较小，价格低廉。

电磁计量泵的最大流量可达100L/h以上，但由于输出脉动尖锐，振动和噪声大，可靠性不高，一般在 30L/h 以下采用，主要用于纯净饮用水处理、废水处理、游泳池水处理、楼宇冷却系统循环水处理以及小型锅炉循环水系统处理等。

7.12.1.3　机械隔膜计量泵

机械隔膜计量泵由机械驱动装置和泵头组成。往复直线运动的推杆直接驱动隔膜。机械隔膜计量泵的特定结构决定了此类泵的允许输出压力和流量处于中等范围，输出压力 0.3 ~ 1MPa，最大流量 1500L/h 左右。适用于市政水处理、废水处理、工业水处理及树脂再生水处理等需要精确定量投加不含固体颗粒的液体药剂等场合。

机械隔膜计量泵一般采用单泵头形式，有些型号也可选择双泵头。当选择双泵头时，2 个泵头的吸入和排出反向，即一个泵头吸入，另一泵头排出。单泵头适用于单一液体的投加；双泵头可作比例泵使用，也可并联使用，以达到较大排量，同时减少输出液体的脉动。不同材质的泵头可输送的液体温度范围不同：PVC 泵头输送温度范围为 0 ~ 40℃，PVDF 泵头输送温度范围为 –10 ~ 60℃。机械隔膜计量泵不适用于输送高黏度液体，输送低黏度液体时需要选择带弹簧止回阀的泵头。

机械隔膜计量泵本身带有冲程调节装置，通过手动或电动执行器调节膜片在泵腔内的冲程长度，从而线性调节投加量。调节手轮的刻度指示膜片行程长度，一般为 10% ~ 100%，精确度为 95%。也可根据使用要求装配变频电机或防爆电机。装配变频电机时，可通过外接变频器调节转速，进而线性调节投加量。

计量泵的理想特性是输出流量与输出压力的变化无关。但机械隔膜计量泵的膜片在泵头压力变化时的不同形变量对计量精度有影响，输出压力越高，输出流量越小；尤其在冲程只有 30% 以下时，影响效果更加明显，因此机械泵的工作压力和冲程通常设计在 0.4MPa 以下，30% 以上为好。

7.12.1.4　液压隔膜计量泵

液压驱动隔膜计量泵由机械驱动装置、液压传动系统和泵头组成。工作时由往复直线运动的柱塞推动液压油，液压油再驱动全柔性隔膜。液压传动系统的引入，使计量泵能够应用于高压力大流量投加系统。产品的规格参数覆盖范围广，适用于市政水处理、废水处理、工业水处理、树脂再生水处理、电站锅炉炉内循环水处理、石化及化工工艺反应过程、油田输油管线处理及油田井内加注等。

液压隔膜计量泵设有安全释放阀、排气阀、补油阀。安全释放阀的开启压力高于管道系统压力，排气阀用于排放液力端气体，补油阀用于液力端自动补油。

由于采用液压油均匀地驱动隔膜，隔膜两面承受的液体压力相等，克服了机械直接驱动方式下泵隔膜单向受力的缺点，提升了隔膜寿命、计量精度、最大流量、工作压力上限。通常液压隔膜寿命是机械隔膜的 2 ~ 3 倍，精度可达 1% ~ 1.5%，最大工作压力可达 20MPa，流量范围 5 ~ 6000L/h。

液压隔膜计量泵流量选型范围大于机械隔膜计量泵。同流量范围的，液压隔膜计量泵的设备费用是机械隔膜计量泵的 3 ~ 4 倍。

7.12.1.5　数字隔膜计量泵

格兰富的数字计量泵是采用智能控制和传动机构的新一代机械隔膜计量泵，具有输出流量占空比大、脉动小、流量可调范围宽、精度高、简化外围电气自动化配置、维护量小、节能等显著特点。

格兰富数字泵规格从 7.5L/h 到 940L/h，输出压力最大 1.6MPa，最小 0.4MPa。内置步进电机作为驱动器和电子控制。配置带有微处理器的智能控制模块，包含显示屏、按键、点触轮和防护罩。输出流量的调节比不低于 1 ∶ 800，由于调节比至少 10 倍于传统计量泵，数字计量泵有更大的适应性和精确度。

与传统的冲程长度调节不同，数字泵始终运行在全冲程状态，其吸入冲程时间和排出冲程时间分别可调。每个冲程的常规设定模式：快速吸入，然后根据设定的流量输出值由微处理器精确控制步进电机的排出速度。每个冲程都准确计时，优化吸入冲程，确保均匀投加。数字计量泵的独特设计不需要外接伺服马达 / 变频器，只需外接单相 220V 电源，可实现超低能耗。功耗只有传统计量泵的 1/3。

通过计量泵上的显示屏可以直接读出设定的流量（mL/h 或 L/h），脉冲或批量流量，运行模式可以通过显示屏上的图案简单设定。

当计量产气液体，如次氯酸钠，泵头带有压力传感器选项的数字泵可自动排气，避免了由泵头气泡导致的计量误差。

当选择慢速模式（抗气蚀）时，泵的吸入冲程被平顺地延长，从而使吸入冲程更加柔和。根据应用的不同，吸入冲程的电机速度可以降低到大约正常电机速度的 50% 或 25%，最大输出流量也将相应降低。

计量泵可以在实际安装时校准，以确保显示数值的正确。由于采用优化的构造和平顺的数字计量原理，与常规泵相比，维护周期延长 2 倍。不过，为了保持计量精度和较高的工序可靠性，必须定期更换磨损部件。当需要维修磨损部件时，泵的维护显示屏会提醒。

另外，数字泵可以监测液体的计量过程，出现问题时立即发出错误信息。集成的压力传感器，可测量系统的实际压力并在显示屏上显示，且可设置最大压力。若系统中的压力超过设置的最大值（如由关闭的阀门导致），压力监测功能会立即中止计量过程，背压降到设定的最大值以下后，计量过程将继续；若压力下降到低于最小限额（如排出管线爆裂），泵将停机，以防止重要的化学品泄漏。

选配压力传感器的数字泵可以精确测量和显示实际的计量流量。通过模拟 0/4 ~ 20mA 输出，实际流量信号可以很容易地传输到任何过程控制系统，无须任何额外的测量设备。当激活自动流量适应功能时，即使泵出现各种异常现象，如气泡、吸入量不足等问题，也将得到相应补偿，以实现所需的目标流量。

相比传统隔膜计量泵，数字泵不需要定期更换油封和齿轮箱油。数字隔膜泵综合成本介于机械隔膜泵和液压隔膜泵之间。

7.12.1.6 计量泵的流量调节

电磁泵、机械隔膜泵、液压隔膜泵属传统计量泵，流量调节方式相似。数字计量泵为内置微处理器智能控制。

1. 电磁泵、机械隔膜泵、液压隔膜泵流量调节方式

按电机驱动泵配置变频器考虑，流量计算公式：

$$计量泵的流量 = 每个冲程容积 \times 单位时间的冲程次数 \qquad (7-15)$$

每个冲程容积与冲程长度成正比，单位时间的冲程次数与电机转速或变频器输出频率成正比，因此：

$$计量泵的流量 = 额定流量 \times 冲程长度（\%）\times 变频器频率（\%）\qquad (7-16)$$

式中：额定流量——100% 冲程、工作频率 50Hz 下经实际测试得到的计量泵输出流量，

基本等于泵的铭牌标注流量；

冲程长度——以百分比表示的冲程长度，%。

（1）冲程长度调节流量方式

冲程长度调节可选择手动方式或带有电动冲程调节器的自动调节方式。由于电动冲程调节器成本较高，通常采用手动冲程调节 + 自动变频调节的方式。

一般冲程长度（%）调节范围：机械泵为 30% ～ 100%，液压泵为 10% ～ 100%。

当采用电动冲程调节器控制冲程时，电动伺服机构替代手动调节结构，根据外部信号改变计量泵冲程长度，从而调节计量泵输出流量。

电动冲程调节器由三个部分组成：

1）供电电源回路和控制回路：供电电源回路为整个电动冲程调节器提供电源供电，包括电路供电和驱动机构供电；控制回路接受外部信号后，将此电流信号转化成电压控制信号。

2）驱动机构：驱动机构接收控制信号后开始驱动计量泵的冲程调节机构。

3）反馈机构：驱动机构工作的同时，会通过反馈机构建立反馈电压，并与控制电压进行比较，到达外部控制信号设定的冲程位置后及时停止驱动机构的工作。

电动冲程调节器接受 4 ～ 20mA 模拟信号和 220V 单相电源。在接线过程中必须避免信号电缆与电源电缆的干扰，电缆必须采用屏蔽电缆，尤其是信号电缆。电源接地与信号接地必须分开，并且信号电缆是一端接地。这样才能较好地避免外界干扰对电动冲程调节器的影响。电动冲程调节器可以对计量泵冲程进行 0 ～ 100% 范围的调节，但是相比较变频调节流量方式，电动冲程调节器的成本较高，尤其应用于防爆区域，更为昂贵。对于高载荷设备，电动冲程调节器的外形尺寸较大，满量程调节时间较长。所以，必须根据工艺条件的要求合理选用。

对于防爆区域，可考虑选择气动冲程调节机构。

（2）变频调节流量方式

变频调节方式采用外置交流变频器，根据外部 4 ～ 20mA 控制信号或通信接口改变

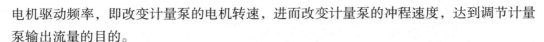

电机驱动频率，即改变计量泵的电机转速，进而改变计量泵的冲程速度，达到调节计量泵输出流量的目的。

通常用于变频控制的电机有两种选择：

1）专用变频电机。

采用多方面的适用性设计，使之允许电动机低频运行，调节比为 10：1，表示在 5 ～ 50Hz 范围。大部分专用电机均为风扇独立供电的强制风冷电机，保证电机冷却风量不变，避免低频率工作散热不足导致的过热问题。

2）普通恒速电机。

此类电机在频率降低过程中，电机的输出扭矩会随之降低，所以在过低频率下工作时可能会出现过载损坏，通常会采用放大电机功率来适应低频工作的要求，但是由于普通电机是同轴风扇散热，所以在低频工作时，电机的通风量会降低，导致散热不足，长期工作会对电机内部绝缘造成损坏。为此，对于普通电机用于变频控制，通常建议频率不要低于 25Hz。

变频调节通过改变冲程速度实现流量调节，是一种低成本高性价比的控制方式。

采用专用变频电机的计量泵的自动流量调节比最大为 1：10。如该范围不能满足投加量需求，可通过改变冲程长度平移变频流量范围。

2. 数字计量泵流量调节方式

传统计量泵每个冲程的吸入和排出时间始终相等，实际产生流量输出的占空比始终为 50%，类似于半波整流方式。因此只能通过改变冲程长度和速度的方式调节输出流量，同时脉动也较大。

数字泵工作在全冲程状态，每个冲程的吸入时间短促固定，而排出时长根据设定的输出流量自动精确控制；流量大排出时间短，流量小排出时间长。随着输出流量的减小，占空比逐渐增大，泵出液体的脉动也逐渐减小。因此，通过精确控制步进电机的转速，可达到不低于 1：800 的流量调节比。

数字计量泵由于取消了冲程调节机构和变频器，只需一个控制参数，简化了系统结构和空间，也有利于自控系统的设计运行和可靠性。

7.12.1.7　计量泵的选型

在污水处理厂设计中，计量泵的流量及装机功率较小、投资占比不高、引起的重视程度不够。但如果计量泵参数选择不合理，则严重影响污水处理厂药剂投加系统的平稳运行。一般来讲，计量泵选型主要遵循以下步骤：

（1）合理配置数量：数量的多少，除影响加药间占地面积、设备投资外，还决定加药系统是否能够平稳运行。应避免单台泵多点投加的情况，否则流量难以调节。

（2）确定流量：选取的计量泵流量应等于或略大于工艺所需流量。考虑到计量泵的重复再现精度，计量泵流量的使用范围在计量泵额定流量范围的 30% ～ 100% 较好；考虑到经济实用，建议计量泵的实际运行流量为计量泵额定流量的 50% ～ 90%。

（3）确定压力：选取计量泵的额定压力要略高于所需要的实际最高压力（静扬程与损失之和），高出比例一般为 10% ~ 20%。

（4）确定泵头（液力端）材质：计量泵的具体型号规格确定后，再根据过流介质的属性选择过流部分的材质。这一步非常重要，若选择不当，将会造成介质腐蚀损坏过流部件或介质泄露污染系统等，严重时还可能造成重大事故。

一般铁盐、铝盐、乙酸钠、次氯酸钠、氢氧化钠、PAM 等常规药剂均可采用 PVC 材质泵头，浓硫酸建议选择 PVDF 材质泵头。

7.12.2 螺杆泵

螺杆泵属容积式转子泵，诞生于 1931 年，其结构独特，具有自吸能力较强、容积效率高、零部件较少、相对重量小、工作可靠、维修简易等特性，可输送黏度范围宽广的非腐蚀性、非研磨性的各种介质。已广泛应用于石油化工、航运、电力、机械液压系统、食品、造纸、污水处理等工业部门。

作为节能和节材产品，螺杆泵在我国的应用范围不断扩大，需求量连年增长，越来越受到重视。

7.12.2.1 螺杆泵基本知识

螺杆泵有不同的分类标准，按照螺杆数量，可分为单螺杆泵、双螺杆泵以及三螺杆泵。污水行业常用单螺杆泵。

单螺杆泵是一种新型的内啮合回转式容积泵，其依靠螺杆（转子）与衬套（定子）相互啮合产生容积变化达到输送介质的目的。与其他泵相比，单螺杆泵有着自己独特的优势。

（1）相对于离心泵，单螺杆泵不需要装阀门，流量与转速呈线性关系，可满足计量要求。

（2）相对于柱塞泵，单螺杆泵具有更好的自吸能力，在一定条件下吸上真空高度可达 8.5m。

（3）相对于隔膜泵，单螺杆泵可输送三相（气液固）混合介质、无脉动且可实现双向输送。

（4）相对于齿轮泵，单螺杆泵可输送高含固量、高黏度的物质。

7.12.2.2 工作原理及性能

螺杆泵类型很多，应用于不同领域，螺杆泵的特点也不尽相同。但从根本而言，螺杆泵的基本工作原理是一致的。

1. 螺杆泵的基本工作原理

螺杆泵是利用螺杆的回转来吸排液体的。中间螺杆为主动螺杆，由电机带动回转，两边的螺杆为从动螺杆，随主动螺杆作反向旋转，各螺杆相互啮合，螺杆与衬筒内壁紧密配合，在泵的吸入口和排出口之间，被分隔成一个或多个密封空间。随着螺杆的转动和啮合，吸入端不断形成密闭空间，将吸入室中的液体封入其中，并自吸入室沿螺杆轴向连续地推移至排出端，将封闭在各空间中的液体不断排出。

从其工作原理可以了解螺杆泵的优点：

（1）输送介质的种类和黏度范围宽广；

（2）泵内的回转部件惯性力较低，双螺杆泵和三螺杆泵可使用很高的转速；

（3）三螺杆泵由于受力平衡和密封性能良好，允许的工作压力可高达 20MPa，特殊设计可达 40MPa；

（4）由于介质轴向吸入，不受吸入介质的离心力影响，其吸入性能好；三螺杆泵在一定条件下吸上真空高度可达 8m，单螺杆泵可达 8.5m；

（5）流量均匀连续与转速呈线性关系，机械振动小、噪声低；

（6）与其他回转泵相比，对进入的气体不太敏感，适合输送三相介质；

（7）结构简单，安装保养方便。

但螺杆泵存在的缺点也比较明显：

（1）螺杆的加工精度和间隙配合要求较高，加工精度及间隙配合情况直接影响泵的使用寿命及效率；

（2）单螺杆泵的每级导程所承受的压力是固定的，故对于高扬程的场合只能通过增加导程来满足要求，泵长度会随之增加，占地面积也相对较大；

（3）由于转子为金属材质，输送腐蚀性和研磨性的介质需要慎重与制造商研讨其适用性；

（4）随着定转子的磨损或腐蚀，流量特性会变差，因此作为计量泵使用时，通常需要在出口安装电磁流量计来监测和进行自动流量控制。

2. 螺杆泵的性能

螺杆泵的性能参数有排量、功率两项。

螺杆泵的理论排量可由下式计算：

$$Q_t = 60Ftn \qquad (7-17)$$

式中：Q_t——理论排量，m^3/h；

F——泵缸的有效截面积，cm^2；

t——螺杆螺纹的导程，m；

n——主动螺杆的每分钟转数。

其内部泄漏量一般用 Q_s 来表示：

$$Q_s = \alpha P/\sigma m \qquad (7-18)$$

式中：P——泵的工作压力；

σ——所排送的液体的黏度；

α——与螺杆直径和有效长度有关的系数；

m——0.3 ~ 0.5。

泵在压送不同黏度的液体时，其排量会发生变化。

排量和黏度的关系可由下式表示：

$$Q_2 = Q_t - (Q_1 - Q_1)(\sigma_1/\sigma_2)m \tag{7-19}$$

螺杆泵的轴功率一般为输出功率、摩擦功率和泄漏损失功率这三部分的总和。

输出功率是指单位时间内泵传给液体的能量；摩擦功率是指液体黏性阻力产生的摩擦损失；泄漏损失是指液体从高压处漏回低压处所造成的功率损失。当泵运送的液体黏度不同时，泵的轴功率也将不同。

螺杆泵的流量可以通过调节电机转速得到想要的流量。

7.12.2.3　单双螺杆泵的区别

单螺杆泵，顾名思义，即在泵内只有一根螺杆。单螺杆泵的螺杆称为转子，螺杆衬套称为定子。由外界动力源驱动的转子和定子相啮合，构成将吸入腔和排出腔隔开的密封腔，使泵能有效地工作。

目前世界各国生产的单螺杆泵绝大多数还是单头螺旋的转子和双头内螺旋的定子相啮合。近十多年来，国外开发的双头螺旋的转子和三头内啮合螺旋的定子相啮合的单螺杆泵，已发展到大批量生产和销售阶段，我国也有少数制造厂进行研制。

双螺杆泵用同步齿轮传动，连接两套螺旋，螺旋之间不接触，无机械摩擦，使用寿命长。

单螺杆泵是橡胶套（定子）和转子配合啮合，输送介质自润滑，摩擦导致橡胶套逐步失效，输送洁净自润滑性能较好的介质一般寿命在半年左右，若含有杂质会大大降低使用寿命，所以其缺点非常明显：加工精度要求更高，加工精度不高会影响转子和定子的配合均匀度；加工工时多、难度大、生产成本较高。当然，也可以制造转子和定子螺旋头数更多的单螺杆泵，但对制造精度的要求更高，且流量并不是总随螺旋头数增加而增大，已无多少实际意义。

7.12.2.4　螺杆泵的选型

螺杆泵应用广泛，有"螺杆泵可以输送任何介质"的说法。但这不是说某一种螺杆泵可输送所有的介质，而是根据介质的特性和性能参数要求选择不同类型的螺杆泵。如果挑选到不合适的螺杆泵，很有可能会带来不必要的麻烦。单、双、三和五螺杆泵各有优点，在推广应用螺杆泵时必须有选择，只有充分利用其各自的特点，才能更好地实现节能节材、增效益或满足某种特殊要求。单螺杆泵选型要点如下：

1. 压力确定

单螺杆泵最大输出压力是根据衬套级数即衬套（定子）数来确定的，1级最高工作压力为0.6MPa，2级最高工作压力为1.2MPa，4级最高工作压力为2.4MPa。根据输送压力要求来选择合适的定子级数。

2. 转速选择

单螺杆泵由于其结构特点，大部分应用在输送较高黏度及含有颗粒的液体的场合，因此其转数的选择非常关键。对于单螺杆泵转速的选择主要依据介质的磨损性以及介质黏度。

螺杆泵的流量与转速呈线性关系，相对于低转速的螺杆泵，高转速的螺杆泵虽能增加流量和扬程，但功率明显增大。高转速加速了转子与定子间的摩擦损耗，必定使螺杆泵过早失效，而且高转速螺杆泵的定转子长度很短，极易磨损，因此缩短了螺杆泵的使用寿命。通过减速机构或无级调速机构来降低转速，使其转速保持在每分钟 300 转以下较为合理的范围内，与高速运转的螺杆泵相比，使用寿命能延长几倍。

3. 衬套橡胶材料的选择

单螺杆泵衬套为橡胶制品，为易损件。橡胶材料的好坏直接影响衬套的寿命，一般正常情况下衬套的寿命为 3 ~ 6 个月，如果选用不当，衬套可能从钢管中脱落或橡胶掉块。

4. 材料组合选择

输送不同性质的介质，需不同材料的组合。

5. 性能

一般单螺杆泵的性能表或特性曲线都是以 20℃清水为介质时的数据，对于输送不同黏度的液体，其流量与轴功率不同。

6. 轴封

根据需要和输送介质，可采用机械密封和填料密封两种，且这两种结构具有互换性。

7. 泵的驱动方式

由于单螺杆泵为低速泵，泵的驱动方式较多，一般有低速电机直联（ 6 级、8 级）、齿轮减速电机驱动、无级变速电机驱动等多种方式。

8. 配套设备

湿污泥中混入的固体杂物会对螺杆泵的橡胶材质定子造成损坏，所以确保杂物不进入泵的腔体非常重要。很多污水处理厂在泵前加装了粉碎机，也有安装格栅装置或滤网的，阻挡杂物进入螺杆泵。

9. 运行管理

螺杆泵决不允许在断料的情形下运转；否则，橡胶定子由于干摩擦会瞬间产生高温而烧坏，所以，粉碎机完好、物料畅通是螺杆泵正常运转的必要条件之一。为此，有些螺杆泵还在泵身上安装了断料停机装置，当发生断料时，停机装置会使螺杆泵停止运转。

螺杆泵运转时需要保持恒定的出口压力，当出口端受阻以后，压力会逐渐升高甚至超过预定的压力值，此时电机负荷急剧增加。传动机械相关零件的负载也会超出设计值，严重时会发生电机烧毁、传动零件断裂等故障。为了避免螺杆泵损坏，一般会在螺杆泵出口处安装旁通溢流阀，用以稳定出口压力，保持泵的正常运转。

7.12.3 软管泵

软管泵属于蠕动泵的范畴。蠕动泵是转子式容积泵的一种，因其工作原理类似消化道以蠕动方式输送气、固、液三相介质而得名。

相较其他类型的容积泵，软管泵适于计量输送下列特点的介质：研磨性介质，如石灰溶液、粉末活性炭溶液、含砂污泥；带有腐蚀性的酸性或黏稠介质，如浓硫酸、活化硅酸；需要强自吸能力、气液混合介质，如从地下储池抽取三氯化铁、次氯酸钠、甲醇等。

软管泵无阀、无密封，同介质接触的唯一部件是橡胶软管的内腔，压缩软管的转子完全独立于介质之外。

软管泵的独到之处在于没有其他泵种比软管泵具有更好的自吸能力，可以产生高达9.5m 的吸程；输送含气液、泡沫液而无气阻；输送高黏度、剪切敏感性介质也是强项；每转固定的排量且与出口压力无关，计量精度不低于1%，广泛应用于黄金冶炼、有色冶炼、化工、采矿、食品加工、酿造、陶瓷、水处理等行业。

一台高质量的软管泵寿命在 7 ~ 10 年，最大的挑战在于软管泵的软管，它是软管泵的核心部件，其寿命直接关系到泵的使用成本。可以这么说，软管泵的设计是围绕软管寿命最大化来进行的。

软管泵的特点如下：

（1）由于无机械密封和压盖填料等密封部件，不必担心泄漏；

（2）由于没有密封部分，可以空运转，作为真空泵使用；

（3）因为流体只在特制胶管中通过，叶轮、转子、圆筒等运转部分不接触液体，不搅拌起泡，故可在原状态直接输送；

（4）可通过反转轻而易举地排出管内残留的流体；

（5）接触液体的部件只是橡胶，耐磨性好并且转速低，故适合于浆体的输送。

7.12.4　加药间的设计

7.12.4.1　加药泵选择

污水处理厂常用的药剂有絮凝药剂，如 PAC、铁盐、PAM 等；碳源药剂，如乙酸钠、甲醇等；消毒药剂，如次氯酸钠等。

根据投加药剂的黏度、腐蚀性确定加药泵的类型。

一般铁盐、PAM 用螺杆泵较多，其他药剂用隔膜计量泵较多。

7.12.4.2　加药间设计要点

（1）选择规格合适的计量泵，一般混凝剂加药主要为液压隔膜计量泵、数字隔膜计量泵、机械隔膜计量泵。

1）液压泵流量范围广、允许输出压力高、运行稳定可靠，特别是大于 1500L/h 时适于选用。

2）数字泵在 1000L/h、0.4MPa 以下的应用中具有系统设计简单、控制范围广、操作显示灵活丰富、自动化程度高、维护量小的特点。

3）机械隔膜单泵流量一般在 1500L/h 以下，其设备价格较低。

（2）为计量准确和实现自动控制调节加注量，一般每一个加药点设一台或一台以上加药泵，不宜多点共用一台。在大型水厂或者加药量大的场合，为减少泵的台数，可采用有多个泵头的加药泵。

（3）加药泵应考虑备用，同一水厂或者投加系统应尽量采用同型号同规格的加药泵，以方便管理，减少备品备件。

（4）投加特殊药剂时，需要考虑防腐。

7.12.4.3　隔膜泵系统配置要点

隔膜计量泵的基本配置包括：

（1）计量泵校验柱，一般为透明柱体，带有刻度，用来校验加注量。

（2）过滤器，在每台计量泵入口采用 Y 型过滤器，防止颗粒过大杂质进入计量泵，透明的外壳有利于及时发现过滤器存积过多的杂质。

（3）脉冲阻尼器，计量泵为脉冲输出，阻尼器将其转化为稳定的连续流。每一台计量泵的出口管路上安装有脉冲阻尼器，可减小药液脉动对管道的冲击。

（4）背压阀，一般投加点的背压均小于 0.1MPa，此情况需要设置背压阀，使得计量泵保持一定的输出压力，保证正常运行，同时防止储罐的药液直接自流到投加点。一般机械隔膜泵和液压隔膜泵的出口和入口压差应分别不低于 0.1MPa 和 0.2MPa。

（5）安全释放阀，设在每一台计量泵出口处。当出现由于系统误操作或管道堵塞导致管道压力异常升高时，安全阀会开启将流体导入药池，以保护计量泵隔膜。

（6）入口缓冲器，每台泵的入口设置缓冲器，防止冲程吸入阶段泵头内出现高真空影响计量精度以及对隔膜的损害。

（7）设置管路冲洗系统，每一台计量泵的入口设置冲洗阀，必要时便于清洗计量泵及管路。

7.13　管道和池体的防腐

城镇污水工程基础结构中由于存在大量微生物而产生硫化氢气体，在嗜酸氧化硫硫杆菌的作用下产生大量硫酸，酸性物质的存在导致混凝土管道及池体的腐蚀随着菌群的大量繁殖而加重，高温及高浓度硫化氢的存在又加剧了这种生物腐蚀。

城镇污水管道及污水处理厂设计时往往遗漏防腐设计。尤其是在温度高、湿度大的南方区域，混凝土池体的预处理段、污泥处理段及生物反应池的厌氧、缺氧段，更容易受到腐蚀。混凝土的腐蚀具有周期长、发现后不好补救，且停水修复造成经济损失巨大等特点。虽然国内对污水排水系统结构的防腐保护起步较晚，但是近十年来进步非常迅速，尤其是近几年，设计单位和建设单位非常重视污水排水基础结构的防腐保护问题。

一般设计院根据国家建筑标准设计图集 08J333《建筑腐蚀构造》和对应的环境、条件，选择标准防腐做法。但施工做法及过程的规定并不是十分详细，给实施造成了一定的障碍。

　　本节介绍一种新型防腐材料——无机防腐砂浆，作为一种特种砂浆，由于其产生的胶凝材料能抑制生物菌群的生长繁殖而使得其表面的硫酸浓度常年稳定在 pH 为 4 以上，从而大大减弱污水排水基础结构中的生物腐蚀。自从 20 世纪 30 年代在欧洲首次采用无机防腐砂浆对混凝土管道进行防腐保护以来，已经被广泛应用于球墨铸铁管、钢筋混凝土管、地下管廊、泵站、窨井及污水处理厂等各基础结构的防腐保护。

7.13.1　防腐背景

　　各国污废水中对混凝土有侵蚀作用的排放指标如下：

　　美国：pH 6.5 ~ 8.5，硫酸盐 500mg/L，氯化物 500mg/L，硫化物 1mg/L，水温 32.5℃；日本：pH 5.8 ~ 8.6；法国：pH 5.5 ~ 8.5，水温 30℃；加拿大：pH 5.5 ~ 10.6，氯化物无要求；德国：pH 6 ~ 9，水温 30℃；瑞士：pH 6.5 ~ 8.5，亚硫酸根 1mg/L；意大利：pH 5.5 ~ 9.5；印度：pH 5.5 ~ 9.0，硫酸根 1000mg/L，氯化物 600mg/L，水温 50℃；新加坡：pH 6 ~ 9，硫酸根 600mg/L，氯化物 1000mg/L，硫化物 1mg/L。

　　我国并无相关指标，但《城镇污水处理厂污染物排放标准》（GB 18918—2002）可供参考，其对大气的污染物排放标准分为三级，其中废气中硫化氢浓度一、二、三级排放标准分别为 0.03mg/m³、0.06mg/m³、0.32mg/m³。

　　李文平等在《无机防腐砂浆在排水基础结构的侵蚀机理研究及应用》一文中表明：随着城镇化进程的快速发展，城市污水处理中，因各种原因产生的腐蚀对污水管网、池体结构产生严重的影响。污水中所含的酸性和有毒物质对排水管内壁及池体结构的混凝土产生了严重的侵蚀，尤其是污水处理厂内管道、池体内由于微生物作用产生的硫化氢带来的生物源硫酸腐蚀是困扰建设单位的常见问题。

7.13.2　腐蚀机理

　　随着环保措施的严格执行，为了改善污水处理厂周边大气环境而采取密闭、除臭（以硫化氢为主）等措施后，与臭气源密切相关的管网、池体的混凝土结构腐蚀加剧。结构腐蚀会影响管网的正常运营，频繁修复会耗费大量的维护资金；而且如果修复不及时，可能导致结构破坏，产生公共安全隐患的严重问题。

　　要想有效地防止池体腐蚀就要探求腐蚀发生的根本原因：1945 年，Parker 在墨尔本指出，混凝土管的腐蚀与微生物有关；1988 年，上海开展治理苏州河及其支流的污染，提出了混凝土管防污水侵蚀的问题，其中包括防微生物腐蚀；上海建筑科学研究院及苏州混凝土水泥制品公司也对此作过探索性研究。

　　硫化氢含量较高的污水管道和污水处理设施中，混凝土的腐蚀主要是由生物产生的酸（如硫酸）导致的，其中硫氧化菌（SOB）产生的硫酸量不容忽视，其机理为污水输送及处理系统中普遍存在缺氧环境，此时硫酸盐被当作电子受体降解为硫化氢等硫化物，在低 pH 条件下，硫化氢气体挥发升至污水管道顶部空间，生长在此处生物膜中的 SOB 利用硫化氢气体产生硫酸，对混凝土产生腐蚀。

通过实验可验证，嗜酸氧化硫硫杆菌（A.T）通过本身强大的产酸能力可对混凝土产生较严重的腐蚀作用，使混凝土腐蚀溶出、表面粗糙、砂粒脱落、质量损失严重，进而降低强度影响使用性能，同时也证实了 SOB 菌属包括 A.T 菌在管道混凝土腐蚀中的重要作用。

C. Lors 等学者对不同种类混凝土与生物菌在污水管道中进行了长达 5 年的系统研究，结果发现测试 5 年后，混凝土表面与普通硅酸盐水泥结合的菌类数量是特种无机防腐砂浆的 40 倍以上，其中 A.T 菌的数量是特种无机防腐砂浆的 13 倍以上。并且腐蚀后的普通混凝土表面的 pH 远低于特种无机防腐砂浆表面的 pH，特种无机防腐砂浆表面的 pH 为 4 以上。Holger Wack 等详细阐述了污水排水基础结构中生物源腐蚀的机理，如图 7-84 所示。

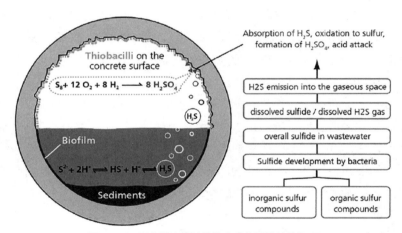

图 7-84　污水排水基础结构中生物源腐蚀的机理

注：图片来源于 Holger Wack, Tilman Gehrke etc. Accelerated testing of materials under the influence of biogenic sulphuric acid corrosion. RILEM publications S.A.R.L. 2018：45–55

7.13.3　无机防腐砂浆的应用

排水基础结构，尤其是硫化氢浓度较高时，会对结构顶部（水气结合处及以上区域）产生较大的生物腐蚀，因此选择一种恰当的防腐材料显得尤为重要。

高文桥在《H_2S 引起的污水管道腐蚀及其控制》一文中，根据硫化氢的产生机理给出了抑制硫化氢腐蚀的 7 种方法，其中就包括使用内衬防腐蚀保护层这一方法。

7.13.3.1　应用特点

无机防腐砂浆以无机材料为主，具有较高的黏结性、防腐性、抗氯离子渗透性、耐老化性等性能。其独特的化学成分和矿物相成分，使它可以为市政污水系统基础结构提供独一无二的保护功能，以抵御硫化氢带来的腐蚀。由于其有如下特点而特别适合于新建基础设施（如污水处理厂池体、箱涵等）的保护层及修复混凝土管、钢管、检查井、泵站、反应池池体等：

（1）在弱酸环境（pH＞3.5）不受腐蚀（或者微腐蚀），有效地保护结构本体；中和强酸的能力很高，在等量酸液作用下，损耗速度比普通混凝土慢得多；

（2）抑制排水管道硫杆菌生长，截断硫酸产生源泉，从而大大提高耐久性；

（3）耐磨性高，能更好地抵抗污水中砂粒对管道及池壁的磨损；

（4）即使环境和基层潮湿（无流水）的情况下也可以顺利施工，最快施工后4h内恢复通水；

（5）具有良好的粘结性能，用其所做的保护薄层具有良好的粘结强度、早期和长期强度以及耐磨性；良好的机械强度对结构具有一定的补强作用；

（6）喷涂施工速度快，节省施工成本；施工厚度可选（10～50mm），满足现场维护需求；

（7）施工工艺包括喷涂、人工涂抹等工艺，具有施工方便、灵活，甚至必要时可以带水作业的特点；

（8）无异味，无可挥发性物质，健康环保；

（9）良好的抗冻融性能可满足温差较大的应用领域。

7.13.3.2　无机防腐砂浆在管廊中的应用

无机防腐砂浆在地下管廊的应用工艺过程包括：混凝土表面的处理、无机防腐砂浆的搅拌及喷涂、施工后的砂浆收光养护及清理等，其流程图如图7-85所示。

（a）　　　　　　　　　　（b）　　　　　　　　　　（c）

图7-85　无机防腐砂浆在地下管廊中的应用
（a）表面处理；（b）喷涂；（c）收光养护

无机防腐砂浆的施工可参考《干混砂浆机械化施工技术规程》（SB/T 11214—2017）的相关规定。其他规定参考《上海市城镇排水管道非开挖修复技术指南》《成都市城镇排水管道非开挖修复技术指南》《广州市城镇排水管道非开挖修复技术指南》及《给水排水管道内喷涂修复工程技术规程》等相关指南或者规程。

7.13.3.3　无机防腐砂浆在新建污水处理厂中的应用

无机防腐砂浆目前在新建污水处理厂得到了较为广泛的应用。其可以应用于污水处理厂所有与污水接触的部位，包括格栅渠道、进出水廊道、沉砂池、泵站、生物反应池等区域。可以根据污水处理厂各生产环节硫化氢浓度及污水流速、墙面 pH 等不同情况而选择不同性能的无机防腐砂浆。无机防腐砂浆在上海及江苏某新建污水处理厂的应用如图 7-86 所示。目前，无机防腐砂浆已经广泛应用于上海、湖南、江苏、广州、北京等地的新建污水处理厂的预防腐处理。

（a）　　　　　　　　　　　　　　　（b）

图 7-86　无机防腐砂浆在新建污水处理厂中的应用

（a）上海某新建污水处理厂；（b）江苏某新建污水处理厂

第8章 电气自控、结构专业基本知识

污水处理厂设计咨询工作一般由工艺专业牵头，工艺专业人员作为项目负责人。项目负责人责任重大，需要有多专业的知识积累，要有预判的能力，需要对其他专业有同样的敏感度，在调研及咨询过程中，需要从多专业的视角考虑问题。本章简要介绍工艺专业应该掌握的电气自控、结构等专业的基本知识。

8.1 电气系统

8.1.1 负荷分级及计算

8.1.1.1 负荷分级原则

电力负荷应根据对供电可靠性的要求，以及中断供电对人身安全、经济上所造成的影响程度进行分级，一般分为一级负荷、二级负荷和三级负荷。

符合下列情况之一时，视为一级负荷：

（1）中断供电将造成人身伤害；

（2）中断供电将造成经济重大损失；

（3）中断供电将影响重要用电单位的正常工作。

在一级负荷中，当中断供电将造成人员伤亡或重大设备损坏或发生中毒、爆炸和火灾等情况的负荷，以及特别重要场所的不允许中断供电的负荷，视为一级负荷中特别重要的负荷。

符合下列情况之一时，视为二级负荷：

（1）中断供电将在经济上造成较大损失；

（2）中断供电将影响较重要用电单位的正常工作。

不属于一级负荷和二级负荷者视为三级负荷。

8.1.1.2 污水处理厂负荷分级

具体到污水处理厂，应根据上述原则及污水处理厂工艺方案、工艺流程及工艺设备运行情况，对全厂电力负荷按照对供电可靠性的要求及中断供电对人身安全、经济损失上所造成的影响程度进行分级。

全地下或半地下污水处理厂中与消防、保障污水处理厂不发生污水外溢的相关设施及设备等，划分为一级负荷；常规污水处理厂的污水处理流程及相关设施、设备等，一般划分为二级负荷；污泥处理流程及相关设施、设备（消化处理、热干化处理除外）等，一般可划分为三级负荷；空调（包括水源热泵）、电供暖等，可列为季节性负荷。

8.1.1.3 负荷计算的基本概念

负荷计算的目的：获得供配电系统设计所需的各项负荷数据，用以选择和校验导体、电器、设备、保护装置和补偿装置，计算电压降、电压偏差、电压波动等。

负荷计算的内容：求取各类计算负荷，包括最大计算负荷、平均负荷、尖峰电流、计算电能消耗量等。

实际负荷：接在电网上的各种电气负荷。

计算负荷：假想的持续性负荷，它在一定的时间间隔中产生的特定效应与变动的实际负荷相等。

8.1.1.4 设计负荷分类

设计中常用的计算负荷如下：

1. 最大负荷或需要负荷（通称计算负荷）

（1）此负荷用于按发热条件选择电器和导体，计算电压偏差、电网损耗、无功补偿容量等。

（2）此负荷的热效应与实际变动负荷产生的最大热效应相等。

2. 平均负荷

（1）年平均负荷用于计算电能年消耗量。

（2）最大负荷班平均负荷用于计算最大负荷。

8.1.1.5 负荷计算法的选择

1. 单位指标法

（1）包括负荷密度指标法（单位面积功率法）、综合单位指标法、单位产品耗电量法。

（2）源于实用数据的归纳，用相应的指标可直接求出结果。

（3）计算过程简便，计算精度低；指标受多种因素的影响，变化范围很大。

（4）适用于设备功率不明确的各类项目，尤其适用于设计前期的负荷估算和对计算结果的校核。

2. 需要系数法

（1）设备功率乘以需要系得出需要功率；多组负荷相加时，再逐级乘以同时系数。

（2）计算过程较简便。计算精度与用电设备台数有关，台数多时较准确，台数少时误差大。

（3）适用于设备功率已知的各类项目。

8.1.1.6 污水处理厂负荷计算法的选择

污水处理厂可行性研究阶段为简化计算，负荷计算一般采用需要系数法。需要系数的选取，可参照《城镇排水系统电气与自动化工程技术标准》（CJJ/T 120—2018）表 4.3.9。照明等其他负荷一般采用单位指标法统计。

污水处理厂总变电站（分变电站）的总负荷，是上述计算负荷乘以同时系数。可行性研究阶段分变电站同时系数可取 $K\sum P=K\sum Q=0.95$，总变电站同时系数可取

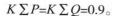

$K\sum P=K\sum Q=0.9$。

8.1.2　供电电源及电压等级的确定

8.1.2.1　各级负荷供电要求

一级负荷应由双重电源供电，当一电源发生故障时，另一电源不应同时受到损坏。

一级负荷中特别重要负荷的供电，应符合下列要求：

（1）除应由双重电源供电外，尚应增设应急电源。

双重电源：一个负荷的电源是由两个电路提供的，这两个电路就安全供电而言是互相独立的。

应急电源：用作应急供电系统组成部分的电源。

（2）设备的供电电源切换时间，应满足设备允许中断供电的要求。

（3）二级负荷的供电系统，宜由两回线路供电。在负荷较小或地区供电条件困难时，二级负荷可由一回路 6kV 及以上专用的架空线路供电。

（4）三级负荷对电源无特殊要求，对供电可靠性要求不高，只需一路电源供电。

8.1.2.2　电源选择

公共电网供电可靠性高，用电单位的电源宜优先取自地区公共电网。

符合下列情况之一时，用电单位宜设置自备电源：

（1）需要设置应急电源作为一级负荷中特别重要负荷的应急电源时。

（2）当第二电源不能满足一级负荷要求的条件时。

（3）所在地区偏僻或远离电力系统，设置自备电源经济合理时。

8.1.2.3　电压选择

用电单位的供电电压应从用电容量、用电设备特性、供电距离、供电线路的回路数、用电单位的远景规划、当地公共电网现状和它的发展规划以及经济合理等因素考虑决定。我国常用的 1～220kV 交流三相系统的标称电压为 6kV、10（20）kV、35kV、66kV、110kV。

需要两回电源线路的用电单位，宜采用同级电压供电。

配电电压的高低取决于供电电压、用电设备的电压以及供电范围、负荷大小和分布情况等。

8.1.2.4　污水处理厂电源及电压选择

污水处理厂一般采用双回路供电，任一回路容量应满足污水处理厂全部一级、二级负荷的用电需求。

污水处理厂供电电源的电压等级，应结合项目属地电力部门的配电网建设原则落实，一般情况下可参照如下原则：当满足污水处理厂全厂一级、二级负荷时，其变压器总安装容量＞ 10000kVA 时，宜采用 35kV 及以上电压等级的电源供电；变压器总安装容量≤ 10000kVA 时，采用 10kV 电源供电。优先采用电缆线路供电设计。

厂内机械设备单机功率大于 400kW 时，宜采用 10kV 供电；当机械设备单机功率大于 400kW，且采用潜水电机时，宜采用 660kV 供电；其他机械设备无特殊情况时，一般采用 380V/220V 供电。

应急电源应结合重要负荷的容量大小、允许中断时间、负荷分布等不同情况，分别采用发电机组、EPS、UPS 等作为应急电源。一般情况下，厂内重要电子信息类设备采用 UPS 作为应急电源，重要动力负荷采用发电机组作为应急电源。

8.1.3　供配电系统

8.1.3.1　供配电系统设计原则

供配电系统设计应贯彻执行国家的技术经济政策，做到保障人身安全、供电可靠、技术先进和经济合理。

供配电系统设计应按照负荷性质、用电容量、工程特点和地区供电条件，统筹兼顾，合理确定设计方案。

供配电系统设计应根据工程特点、规模和发展规划，做到远近期结合，在满足近期使用要求的同时，兼顾未来发展的需要。

供配电系统设计应采用符合国家现行有关标准的高效节能、环保、安全、性能先进的电气产品。

同时供电的两回及以上供配电线路中，一回路中断供电时，其余线路应能满足全部一级负荷及二级负荷的用电需要。

供电系统应简单可靠，便于操作管理。同一电压等级的配电级数，高压不宜多于两级，低压不宜多于三级。

根据负荷的容量和分布，变电站应靠近负荷中心。

8.1.3.2　污水处理厂供配电系统

污水处理厂的高压配电系统（10kV、35kV）一般采用地区电网提供电源，双回路进线，任一回路均能满足污水处理厂全部二级及二级以上负荷的用电需求。

高压主接线宜采用线路变压器组形式，放射式供电，配电级数不多于两级；总变电站（分变电站）靠近负荷中心；低压配电系统一般采用单母线分段形式，配电级数不超过三级。

8.1.4　计量

8.1.4.1　电能计量设置原则

电能计量装置应满足供电、用电准确计量的要求。

执行功率因数调整电费的用户，应装设具有计量有功电能、感性和容性无功电能功能的电能计量装置；实行分时电价的用户应装设复费率电能表或多功能电能表。

8.1.4.2　污水处理厂电能计量

污水处理厂一般采用高压计量方式，中压配电系统（35kV，20/10kV）应设置专用的计量柜，变电站内设置单独的电度表屏，装设复费率电能表，可计量有功电能、感性和容性无功电能等。

电能计量装置的准确度不应低于表8-1的要求。

电能计量装置准确度要求　　　　　　　　　　表8-1

电能计量装置类别	准确度最低要求（级）			
	有功电能表	无功电能表	电压互感器	电流互感器
I	0.2s	2.0	0.2	0.2S 或 0.2
II	0.5s	2.0	0.2	0.2S 或 0.2
III	1.0	2.0	0.5	0.5S
IV	2.0	2.0	0.5	0.5S

注：1. 月平均用电量5000MWh及以上或变压器容量为10MVA及以上的高压计费用户的电能计量装置，为I类电能计量装置。
　　2. 月平均用电量1000MWh及以上或变压器容量为2MVA及以上的高压计费用户的电能计量装置，为II类电能计量装置。
　　3. 月平均用电量100MWh及以上或负荷容量为315kVA及以上的计费用户的电能计量装置，为III类电能计量装置。
　　4. 负荷容量为315kVA以下的计费用户的电能计量装置，为IV类电能计量装置。

8.1.5　功率因数补偿与谐波治理

8.1.5.1　无功功率及无功补偿的概念

无功功率是交流电磁设备工作的需要，也是交流电网的基本特征。电网中的电力负荷，如变压器、电动机等，大部分属于感性负载，感性负载是根据电磁感应原理工作，在能量转换过程中需要建立交变磁场，在一个周期内吸收的功率和释放的功率相等，这种功率称为无功功率。

电力系统中发电机所发的无功功率不足以满足负荷的无功需求和系统中的无功损耗，所以需要在负荷中心加装无功功率补偿设备，降低线路和变压器输送无功功率造成的电能损耗，这就是无功补偿。

（1）无功功率补偿的设计，应按全面规划、合理布局、分层分区补偿、就地平衡的原则确定最优补偿容量和分布方式。

（2）无功功率补偿的设计，应首先提高系统的自然功率因数，不足部分再装设人工补偿装置。

（3）在110kV及以下用户中，人工补偿主要是装设并联电容补偿装置。

8.1.5.2　谐波及谐波危害

交流电网中，由于许多非线性电气设备的投入运行，其电压、电流的波形实际上不是完全的正弦波形，而是不同程度畸变的非正弦波。

基波频率为电网频率（工频50Hz），谐波次数（h）是谐波频率与基波频率的整数比。

按照谐波次数，分为偶次谐波、奇次谐波、间谐波（非整数次谐波）。

谐波的危害如下：

（1）谐振

无功补偿的电容器、系统中的分布电容，它们与系统的感性部分组合，在一定的频率下，可能存在串联或并联的谐振条件。当系统中某次频率的谐波足够大时，就会造成危险的过电压或过电流。

（2）对旋转电机的影响

谐波对旋转电动机的危害主要表现为产生附加损耗和转矩。

（3）对变压器的影响

谐波电压可使变压器的磁滞及涡流损耗增加，使绝缘材料承受的电气应力增大，谐波电流可使变压器的铜损增加。

（4）对电容器的影响

电容器与电网其他部分之间产生的串联谐振或并联谐振，可能会发生危险的过电压及过电流，这往往引起电容器熔丝熔断或使电容器损坏。

8.1.5.3 污水处理厂无功补偿的设置

污水处理厂内如有中压用电设备，如 10kV 鼓风机、10kV 进水泵等，则宜在 10kV 母线上设 10kV 中压无功功率集中自动补偿装置，对中压用电设备进行功率因数自动补偿。10kV 电容器组采用中性点不接地星形接线。

低压用电设备，应在变电站低压母线上设置低压无功功率集中自动补偿装置。低压电容器组一般采用三角形接线。

无功功率补偿装置的容量，应按照补偿后功率因数不低于 0.90 以上设置，可研阶段可按照变压器容量的 30% 估算。

8.1.5.4 污水处理厂谐波的治理

在考虑预防性措施后，污水处理厂配电系统仍存在可能产生高次谐波设备时，需考虑设置谐波治理装置。可研阶段谐波电流可按照全厂总负荷计算电流的 15% ~ 20% 估算，谐波治理装置宜采用有源滤波装置。

8.1.6 操作电源

8.1.6.1 操作电源的概念

变电站的控制、信号、保护及自动装置以及其他二次回路的工作电源称为操作电源。对操作电源的基本要求如下：

（1）在正常情况下，应能提供断路器跳闸、合闸以及其他设备保护和操作控制的电源。

（2）在事故状态下，电网电压下降甚至消失时，能提供继电保护跳闸电源，避免事故扩大。

8.1.6.2　污水处理厂的操作电源

污水处理厂 35kV、20/10kV 开关柜操作电源一般采用 DC220V 或 DC110V，通过直流屏集中供电；分变电站 20/10kV 开关柜操作电源一般采用 DC220V 或 DC110V，通过分布式直流电源供电；0.4kV 配电柜操作电源一般采用 AC220V，通过柜内隔离变压器供电。

8.1.7　继电保护

8.1.7.1　继电保护的基本概念和要求

继电保护是能及时反映电力系统故障和不正常状态，并动作于断路器跳闸或发出信号的自动化设备。其主要任务：

（1）自动、迅速、有选择地切除故障器件，使无故障部分设备恢复正常运行，故障部分设备免遭毁坏。

（2）及时发现电气器件的不正常状态，根据运行维护条件动作于发信号、减负荷或跳闸。

其设计应以合理的运行方式和可能的故障类型为依据，并应满足可靠性、选择性、灵敏性和速动性四项基本要求：

（1）可靠性是指在规定的保护范围内，发生了应该动作的故障时，不应该拒绝动作；在不该动作时的情况下，不误动作。

（2）选择性是指保护装置动作时仅将故障元器件从系统中切除，使停电范围尽量缩小，保证系统中无故障部分仍能继续安全运行。

（3）灵敏性是指在设备或线路的被保护范围内发生故障时，保护装置应具有必要的灵敏系数。

（4）速动性是指保护装置应能尽快地切除短路故障，提高系统稳定性，减轻故障设备和线路的损坏程度，缩小故障波及范围。

8.1.7.2　污水处理厂的继电保护

根据上述原则，污水处理厂配电系统一般采用以下继电保护配置：35kV、20/10kV 进线设延时电流速断；35kV 变压器设纵联差动保护、过电流保护、过负荷保护、温度保护等；10kV 变压器设电流速断、过电流保护、过负荷保护、温度保护、单相接地保护等；10kV 电动机设电流速断、过电流保护、过负荷保护、低电压保护、缺相保护和单相接地保护；10kV 电容器设电流速断、过电流保护、过电压保护。

8.1.8　主要用电设备

污水处理厂内主要用电设备是以电动机拖动的各类机械设备为主。

8.1.8.1　电动机选择要点

电动机的工作制、额定功率、最小转矩、最大转矩、转速及其调节范围等电气和机械参数，应满足电动机所拖动的机械在各种运行方式下的要求。

电动机类型的选择，应符合下列规定：

（1）机械对启动、调速及制动无特殊要求时，应采用笼型电动机。

（2）机械对启动、调速及制动有特殊要求时，电动机类型及其调速方式应根据技术经济比较确定。

（3）变负载运行的风机和泵类机械，当技术经济上合理时，应采用调速装置，并应选用相应类型的电动机。

电动机额定功率的选择，应符合下列规定：

（1）连续工作负载平稳的机械应采用连续工作制定额的电动机，其额定功率应按机械的轴功率选择。

（2）选择电动机额定功率时，根据机械的类型和重要性，应计入适当的储备系数。

（3）当电动机使用地点的海拔和冷却介质温度与规定的运行条件不同时，其额定功率应按制造厂的资料予以校正。

电动机的额定电压应根据其额定功率和所在系统的配电电压选定，必要时，应根据技术经济比较确定。

电动机的防护形式应符合安装场所的环境条件。

电动机的结构及安装形式应与机械相适应。

8.1.8.2 污水处理厂电动机的选择

污水处理厂内主要用电机械设备有水泵、风机、污泥泵、加药泵、脱水机、消毒设备等，一般采用交流笼型电动机驱动。

其额定功率应按机械的轴功率选择，并计入适当的储备系数。

机械设备电机单机功率大于 400kW 时，宜采用 10kV 供电；当机械设备电机单机功率大于 400kW，且采用潜水电机时，宜采用 660kV 供电；其他设备无特殊情况时，电动机一般采用 380V/220V 供电。

可行性研究阶段，除工艺专业有要求，采用变频调节的机械设备外，当机械设备单机容量超过变压器容量的 20% 时，需要采用限流启动措施。

8.1.9 电气设备选型

8.1.9.1 高压、低压成套电器设备的选择条件

根据使用要求和环境条件确定选用户内型或户外型开关柜；根据开关柜数量的多少、断路器的安装方式和对可靠性的要求，确定使用固定式还是移开式开关柜。

选用开关柜应符合一次、二次系统方案的要求，满足继电保护、测量仪表、控制等配置及二次回路要求。

开关柜的选择应力求技术先进、安全可靠、经济适用、操作维护方便，设备选择要注意小型化、标准化、无油化、免维护或少维护。

开关柜还应满足正常运行、检修、短路和过电压情况下的要求，并考虑远景发展。

选择开关的操动机构时，要结合变电站操作电源情况确定。

高压开关柜应具备连锁功能。

低压成套设备的额定电流不应小于成套设备内所有并联运行的电路额定电流总和乘以额定分散系数。

8.1.9.2 污水处理厂成套电器设备的选择

污水处理厂电气设备选型应按照污水处理厂的总体布置，充分考虑不同安装区域的环境，采用与环境相适应、性能稳定的产品，保障设备安全、可靠地运行。

变电站（分变电站）等处，35kV（10kV）开关柜优先采用可靠性高、维护方便的铠装移开式金属封闭开关柜。当空间受限时，宜采用紧凑型金属封闭开关柜。当安装环境较恶劣（潮湿、存在污染可能）时，可采用固体绝缘开关柜。慎用气体绝缘开关柜。

35kV（10kV）断路器优先采用全固封极柱真空断路器，慎用六氟化硫断路器。断路器配过电压吸收装置，采用弹簧储能操作机构。

35kV（10kV）开关柜内采用微机型综合继电保护装置，通过通信口将各种运行、故障信号及各种电量（电流、电压、有/无功功率、频率、有/无功电能等）送至电力监控计算机管理系统。

35kV（10kV）开关柜采用直流操作系统，操作电源采用DC220V（DC110V）直流屏，配免维护铅酸直流电池屏组。

35kV（10kV）变压器优先选用室内型、低损耗的环氧树脂绝缘干式变压器。

变电站（分变电站）等处，0.4kV开关柜优先采用抽出式或固定分隔式模块化开关柜。

对于机械设备相对集中的工艺处理建（构）筑物，宜采用二级配电。二级配电的0.4kV开关柜可采用抽出式或固定分隔式模块化开关柜或固定式动力配电柜。

无功功率补偿装置优先采用静止无功功率发生装置（SVG）。当采用静态无功功率补偿装置（SVC）或接触器切换电容器组时，每只电容器应具备完善的保护功能，并装有放电装置，并根据系统参数配套适当的电抗器，以限制涌流和减少高次谐波的影响。

机旁控制箱和按钮箱宜随工艺设备配套，采用耐腐蚀材料箱体，户外型控制箱和按钮箱防护等级不低于IP55，户内型不低于IP4X。

8.1.10 变（配）电站的设置与布置

8.1.10.1 变（配）电站总平面布置原则

变（配）电站总平面布置应满足总体规划要求，布置紧凑合理，便于设备的操作、搬运、检修、试验和巡视，还要考虑发展的可能性，并使总平面布置尽量规整。

地下（户内）变（配）电站与站外相邻建筑物之间应留有消防通道，消防车道的净宽和净高满足相关标准规定。

变（配）电站主变压器布置除应运输方便外，并应布置在运行噪声对周边环境影响较小的位置。

变（配）电站内的建筑物标高、基础埋探、路基和管线埋深，应相互配合。

各种地下管线之间和地下管线与建（构）筑物、道路之间的最小净距，应满足安全、检修安装及工艺的要求。

适当安排建筑物内各房间的相对位置，使配电室的位置便于进出线，控制室、值班室和辅助房间的位置应便于运行人员工作和管理等。

尽量利用自然采光和自然通风，变压器室和电容器室尽量避免西晒，控制室尽可能朝南。

配电室、控制室、值班室等的地面，宜高于室外地面 300 ～ 600mm。

20/10kV 变（配）电站宜单层布置。当采用双层布置时，变压器室应设在底层。设于二层的配电室应设搬运设备的通道、平台或孔洞。

高压、低压配电室内，应留有适当的配电装置备用位置。低压配电装置内，应留有适当数量的备用回路。

户内变电站的每台油量为 100kg 及以上的三相变压器，应设在单独的变压器室内，并应有储油或挡油、排油等防火设施。

有人值班的变（配）电站，应设单独的值班室（可兼作控制室）。宜设有厕所和给水排水设施。

8.1.10.2　污水处理厂变电站布置

污水处理厂的总变电站应结合污水处理厂总平面布置，独立布置，采用户内型，靠近负荷中心。布置应紧凑合理，预留发展空间。

总变电站除设备间（变压器室、高压配电室、低压配电室、高压电容器室、控制室）外，宜设置独立的值班室及卫生间。

分变电站应靠近供电区域的负荷中心，采用户内型。布置紧凑合理，预留发展空间。

总变电站及分变电站室内地坪宜高于室外地坪 0.6m。

户外通道应考虑设备的运输、搬运与安装。

全地下污水处理厂的变电站宜布置在地下构筑物内，宜布置在地下负一层，室内地面标高不应低于同层地面标高 0.1m，房间层高不应小于梁下净空 4.5m。地下变电站设置处不能仅有负一层，负二层的建筑面积不应小于负一层变电站建筑面积，层高不应低于 2.5m。

8.1.11　电缆选型与敷设

8.1.11.1　电缆绝缘材料及护套选择

1. 聚氯乙烯（PVC）绝缘电线、电缆

聚氯乙烯绝缘及护套电力电缆优点是能耗低，没有敷设高差限制，重量轻，弯曲性能好，接头制作简便；耐油、耐酸碱腐蚀，不延燃。适用在线路高差较大地方或敷设在电缆托盘、槽盒内；也适用直埋在一般土壤以及含有酸、碱等化学性腐蚀土质中。

聚氯乙烯的缺点是对气候适应性能差，低温时变硬发脆，不适宜在 −15℃ 以下的环境温度使用。高温或日光照射下，增塑剂易挥发而导致绝缘加速老化。

普通聚氯乙烯燃烧时会散放有毒烟气，故对于需满足一旦着火燃烧时要求低烟、低毒的场合，不宜采用聚氯乙烯绝缘或者护套型电缆。

2. 交联聚乙烯绝缘电线、电缆

交联聚乙烯绝缘聚氯乙烯护套电力电缆优点是绝缘性能优良，介质损耗低；外径小，质量轻，载流量大；敷设方便，不受高差限制。

普通交联聚乙烯绝缘材料不具备阻燃性能。交联聚乙烯材料对紫外线照射较敏感，在露天环境下长期强烈阳光照射下的电缆应采取覆盖遮阴措施。

3. 橡胶绝缘电力电缆

移动式电气设备的供电回路应采用橡胶绝缘橡胶护套软电缆。

普通橡胶耐热性能差，允许运行温度较低，故对于高温环绕又有柔软性要求的回路，宜选用乙丙橡胶绝缘电缆。

8.1.11.2 电缆敷设的一般原则

电缆敷设路径的选择：不宜受到机械性外力、过热、腐蚀等损伤；便于敷设、维护；在满足安全条件下，使电缆路径最短。

常用的电缆敷设方式：地下直埋，导管，电缆桥架（梯架或托盘），电缆沟，电缆隧道，电缆排管。

不同的敷设方式时，电缆的选型宜满足下列要求：

（1）地下直埋敷设宜选用具有铠装和防腐层的电缆。

（2）在确保无机械外力时，选用无铠装电缆。

（3）易发生机械外力和振动的场所应选用铠装电缆。

（4）移动式电气设备等经常弯曲或有较高柔软性要求的回路，应选用橡胶绝缘电缆。

（5）易受腐蚀的场所宜选用具有防腐层的电缆。

（6）电缆在户内、电缆沟、电缆隧道和电气竖井内明敷时，不应采用易延燃的外保护层。

（7）在有腐蚀性介质的户内明敷的电缆，宜选用塑料护套电缆。

（8）矿物绝缘电缆适用于户内高温或有耐火需要的场所。

电缆不应在有易燃、易爆及可燃的气体管道或液体管道的隧道或沟内敷设。

电缆不宜在有热力管道的隧道或沟内敷设。

支撑电缆的构架采用钢制材质时，应采取热浸锌或其他防腐措施。

电缆敷设长度的计算，除计及电缆敷设路径的长度外，还应计及电缆接头制作、电缆蛇形弯曲、电缆进入建筑物和配电箱（柜）预留等因素的裕量。

8.1.11.3　污水处理厂电缆选型与敷设

污水处理厂电缆选型应符合经济合理、安全适用、便于施工和维护的原则。

35kV（10kV）电缆宜选用交联聚乙烯绝缘聚乙烯护套电缆，0.4kV电缆宜选用交联聚乙烯绝缘聚乙烯护套电缆。因空间受限需要减小电缆弯曲半径的场合可选用硅橡胶绝缘硅橡胶护套电缆。高温或有耐火需要的场所选用矿物绝缘电缆。

电缆截面应按设备容量额定电流，并考虑电动机启动时母线电压降不超过5%的原则选择。宜采用铜芯电缆。

室内电缆敷设宜采用电缆沟、电缆桥架、穿管等敷设方式。室外电缆敷设宜采用电缆沟、电缆桥架、电缆排管、直埋等敷设方式。

8.1.12　防雷与接地

8.1.12.1　防雷

1. 雷电及其危害

雷电是大气中带电云块之间或带电云层与地面之间所发生的一种强烈的自然放电现象。雷电形成伴随着巨大的电流和极高的电压，在放电过程中会产生极大的破坏力。

（1）雷电的热效应。雷电放电时产生巨大的热能，可烧毁输电线路，摧毁用电设备，引起火灾和爆炸。

（2）雷电的力效应。雷电产生巨大的力，对电力系统、建筑物等产生机械性破坏。

（3）雷电的闪络放电。雷电产生的高电压会引起电气设备的绝缘损坏，造成高电压窜入，引起触电事故。

2. 防雷措施

用避雷器来限制被保护设备上的浪涌过压幅值，防止线路感应雷及沿线路侵入的过电压对电气设备造成损害。用接闪针、接闪带、引下线和接地系统构成防雷系统，保护建筑物免受雷击引起的火灾事故、机械破坏和人身安全事故。同时为了防止雷电及其他形式的过电压对内部设备、人身造成损坏及伤害，将建（构）筑物和建（构）筑物内系统（带电导体除外）的所有导电性物体互相连接组成一个等电位联结网络，减小他们之间的电位差。

8.1.12.2　接地

电气工程中的地一般指大地，接地是指在系统、装置或设备的给定点与局部地之间做电连接。

1. 功能接地

出于电气安全之外的目的，将系统、装置或设备的一点或多点接地。

（1）系统接地。根据系统运行需要进行的接地，如交流电力系统的中性点接地、直流系统中的电源正极或中点接地等。

（2）信号电路接地。为保证信号具有稳定的基准电位而设置的接地。

216

2. 保护接地

为了电气安全，将系统、装置或设备的一点或多点接地。

（1）电气装置保护接地。电气装置的外露可导电部分、配电装置的金属架构和线路杆塔等，由于绝缘损坏或爬电有可能带电，为防止其危及人身和设备的安全而设置的接地。

（2）作业接地。将已停电的带电部分接地，以便在无电击危险情况下进行作业。

（3）雷电防护接地。为雷电防护装置（接闪杆、接闪线和过电压保护器等）向大地泄放雷电流而设的接地，用以消除或减轻雷电危害人身和损坏设备。

（4）防静电接地。将静电荷导入大地的接地。

8.1.12.3　污水处理厂的防雷保护与接地

污水处理厂的防雷保护考虑防直击雷和防雷电波侵入两种措施。

厂内建（构）筑物按照《建筑物防雷设计规范》（GB 50057—2010）要求，根据建（构）筑物的重要性、使用性质和发生雷击的可能性及后果，确定建筑物的防雷分类，按照分类设置防止大气过电压的防直击雷的防护设施。

防爆区内的建（构）筑物按规范要求的类别考虑防雷，其他构筑物的年预计雷击次数不小于 0.05 时按三类防雷建筑物保护，设置接闪器。充分利用构筑物的钢筋混凝土柱内主钢筋为引下线，利用基础钢筋网作自然接地体，工作接地、保护接地与防雷接地共用接地装置，接地电阻不大于 $\dfrac{2000}{I}$ Ω。

独立变电站工作接地、保护接地与防雷接地共用接地装置，接地电阻不大于 0.5Ω。

35kV（10kV）进线、母排及出线装设避雷器防止过电压。0.4kV 进线处安装防浪涌保护器，以减小雷电波的侵入危害。

电子信息系统应按《建筑物电子信息系统防雷技术规范》（GB 50343—2012）的要求确定雷电防护等级，安装相应的防浪涌保护器，以减小雷电波的侵入危害。

污水处理厂一般采用 TN 制的接地系统。低压配电系统的保护接地与自动化控制系统的工作接地宜采用联合接地方式，接地电阻不大于 1Ω。

各构筑物均做等电位联接，并设置全厂等电位联接。

8.1.13　照明

8.1.13.1　照明设计的一般规定

在照明设计时，应根据视觉要求、工作性质和环境条件，使工作区或空间获得良好的视觉效果、合理的照度和显色性，以及适宜的亮度分布。

在确定照明方案时，应考虑不同使用功能对照明的不同要求，处理好电气照明与天然采光、建设投资及能源消耗与照明效果的关系。

照明设计时，应合理选择光源、灯具及附件、照明方式、控制方式，以降低照明电能消耗指标。

8.1.13.2 照明方式和种类

1. 照明方式

（1）工作场所通常应设置一般照明。一般照明由对称排列的若干灯具组成，以使室内获得较好的亮度分布和照度均匀度。

（2）同一场所内的不同区域有不同照度要求时，采用分区一般照明。

（3）对于部分作业面照度要求较高，只采用一般照明不合理的场所，宜采用混合照明。混合照明由一般照明和局部照明配合使用。

2. 照明种类

（1）工作场所均应设置工作照明。

（2）工作场所下列情况应设置应急照明：

1）正常照明因故障熄灭后，需确保正常工作或活动继续进行的场所，应设置备用照明；

2）正常照明因故障熄灭后，需确保处于潜在危险之中的人员安全的场所，应设置安全照明；

3）正常照明因故障熄灭后，需确保人员安全疏散的出口和通道，应设置疏散照明。

（3）大面积场所宜设置值班照明。

（4）有警戒任务的场所，应根据警戒范围的要求设置警卫照明。

8.1.13.3 污水处理厂照明

污水处理厂的工作场所设置工作照明。

事故状态下需要继续工作的场所（消防控制室、配电室、消防水泵房、防排烟风机房等），设置备用照明。

需要安全撤离人员的场所、安全疏散出口和通道设置疏散照明。

各建筑物室内照明选用高效节能灯具，宜采用节能型荧光灯或 LED 光源；室外照明采用路灯灯具作为厂区各主要道路照明，宜采用高压钠灯或 LED 光源；地上构筑物的室外照明采用泛光灯照明，宜采用高压钠灯或 LED 光源；地下式污水处理厂宜优先采用光导照明等利用自然光的照明装置。

8.1.14 变电站综合自动化系统

8.1.14.1 基本概念

变电站综合自动化系统是将变电站的二次设备经过功能组合和优化设计，利用先进的计算机技术、现代电子技术、通信技术和数字信号处理技术，实现对全变电站的主要电气设备和输（配）电线路的自动控制、自动监视、测量和保护，以及实现与远方各级调度通信的综合性自动化功能。

8.1.14.2 污水处理厂变电站综合自动化系统

变电站综合自动化系统实时监测和控制污水处理厂供配电系统设备的运行，高压变配电设备、低压配电设备、直流设备等的状态。主要包括高压系统的电流、电压，高压断路器的分合状态，本地、远程操作位置，断路器跳闸，开关柜手车位置，接地开关的分合状态，变压器的温度；低压系统的电流、电压、功率因数、有功电量、无功电量，低压断路器的分合状态，本地、远程操作位置，断路器跳闸；直流设备的绝缘监测，故障报警，电压、电流等。

变电站综合自动化系统采用模块化架构，除上述监控功能模块外，还主要包括电能质量分析、能效分析、断路器老化分析等模块，保证配电系统的连续性、安全性，提高能源效率，提供深度的、可持续的电能质量管理。

35kV（10kV）配电设备设置微机综合保护测控单元，以数据通信接口连接变电站综合自动化系统。

低压配电设备设置智能化检测仪表，以数据通信接口连接变电站综合自动化系统。

35kV、10kV 开关柜内断路器、0.4kV 开关柜内重要回路断路器，宜采用智能断路器，以数据通信接口连接变电站综合自动化系统。

35kV、10kV、0.4kV 开关柜在断路器、母排连接处等关键位置宜设置智能化无线测温单元，以无线通信连接至监测终端，最终以数据通信接口连接变电站综合自动化系统。

当项目所在地电力部门有相关要求，应在污水处理厂 35kV（10kV）变电站设置远动装置。远动装置负责本变电站的调度自动化（遥信、遥控、遥测量应根据电力部门要求设置），一般包括监控、通信、电源、配线等功能单元。在变电站内宜设置独立的远动控制室，通过光纤接入上级电力部门。

8.1.15 电气对相关专业的要求

8.1.15.1 防火

变压器室、配电室和电容器室的耐火等级不应低于二级。

变电站防火门的设置应符合下列规定：

（1）变电站位于多层建筑物的二层或更高层时，通向其他相邻房间的门应为甲级防火门，通向过道的门应为乙级防火门；

（2）位于单层建筑物内或多层建筑物的一层时，通向其他相邻房间或过道的门应为乙级防火门；

（3）变电站位于地下层或下面有地下层时，通向其他相邻房间或过道的门应为甲级防火门；

（4）变电站直接通向室外的门应为丙级防火门。

变压器室的通风窗应采用非燃烧材料。

8.1.15.2 建筑

高压配电室窗户的底边距室外地面的高度不应小于 1.8m，当高度小于 1.8m 时，窗户应采用不易破碎的透光材料或加装格栅；低压配电室可设能开启的采光窗。

变压器室、配电室、电容器室的门应向外开启。相邻配电室之间有门时，应采用不燃材料制作的双向弹簧门。

变压器室、配电室、电容器室等房间应设置防止雨、雪和蛇、鼠等小动物从采光窗、通风窗、门、电缆沟等处进入室内的设施。

配电室、电容器室和各辅助房间的内墙表面应抹灰刷白，地面宜采用耐压、耐磨、防滑、易清洁的材料铺装。配电室、变压器室、电容器室的顶棚以及变压器室的内墙面应刷白。

长度大于 7m 的配电室应设两个安全出口，并宜布置在配电室的两端。当配电室的长度大于 60m 时，宜增加一个安全出口，相邻安全出口之间的距离不应大于 40m。

当变电站采用双层布置时，位于楼上的配电室应至少设一个通向室外的平台或通向变电站外部通道的安全出口。

配电装置室的门和变压器室的门的高度和宽度，宜按最大不可拆卸部件尺寸，高度加 0.5m、宽度加 0.3m 确定，其疏散通道门的最小高度宜为 2.0m，最小宽度宜为 750mm。

当变电站设置在建筑物内或地下室时，应设置设备搬运通道。搬运通道的尺寸及地面的承重能力应满足搬运设备的最大不可拆卸部件的要求。当搬运通道为吊装孔或吊装平台时，吊钩、吊装孔或吊装平台的尺寸和吊装荷重应满足吊装最大不可拆卸部件的要求，吊钩与吊装孔的垂直距离应满足吊装最高设备的要求。

变电站、配电室位于室外地坪以下的电缆夹层、电缆沟和电缆室应采取防水、排水措施；位于室外地坪下的电缆进出口和电缆保护管也应采取防水措施。

设置在地下的变电站的顶部位于室外地面或绿化土层下方时，应避免顶部滞水，并应采取避免积水、渗漏的措施。

配电装置的布置宜避开建筑物的变形缝。

8.1.15.3 供暖与通风

变压器室宜采用自然通风，夏季的排风温度不宜高于 45℃，且排风与进风的温差不宜大于 15℃。当自然通风不能满足要求时，应增设机械通风。

配电室宜采用自然通风。

在供暖地区，控制室和值班室应设置供暖装置。配电室内温度低影响电气设备元件和仪表的正常运行时，也应设置供暖装置或采取局部供暖措施。

8.1.15.4 其他

高/低压配电室、变压器室、电容器室、控制室内不应有无关的管道和线路通过。有人值班的独立变电站内宜设置厕所和给水排水设施。在变压器、配电装置和裸导体的正上方不应布置灯具。当在变压器室和配电室内裸导体上方布置灯具时，灯具与裸导体的水平净距不应小于 1.0m，灯具不得采用吊链和软线吊装。

8.1.16 自备电源

1. 自备柴油发电机组

自备柴油发电机组的设计应符合下列规定：

（1）机组宜靠近一级负荷或变电站（所）设置。发电机房可布置于建筑物的首层、地下一层或地下二层，不宜设置在最底层及以下。

（2）发电机间、控制室及配电室不应设在厕所、浴室或其他经常积水场所的正下方或贴邻。

（3）设于地下层的柴油发电机组，其控制屏及其他电气设备宜选择防潮型产品。

2. 机组自动化

柴油发电机组的自动化应符合下列规定：

（1）机组与电力系统电源不应并网运行，并应设置可靠连锁。

（2）选择自启动机组应符合下列要求：

1）当市电中断供电时，单台机组应能自动启动，并应在 30s 内向负荷供电；

2）当市电恢复供电后，应自动切换并延时停机；

3）当连续三次自启动失败，应发出报警信号；

4）应自动控制负荷的投入和切除；

5）应自动控制附属设备及自动转换冷却方式和通风方式。

（3）机组并列运行时，宜采用手动准同期。当两台自启动机组需并车时，应采用自动同期，并应在机组间同期后再向负荷供电。

3. 储油设施

储油设施的设置应符合下列规定：

（1）当燃油来源及运输不便时，宜在建筑物主体外设置不大于 15m³ 的储油罐；

（2）机房内应设置储油间，其总储存量不应超过 8h 的燃油量，并应采取相应的防火措施；

（3）日用燃油箱宜高位布置，出油口宜高于柴油机的高压射油泵；

（4）卸油泵和供油泵可共用，应装设电动和手动各一台，其容量应按最大卸油量或供油量确定。

4. 给水排水、暖通和土建

当设计柴油发电机房时，给水排水、暖通和土建应符合下列规定：

（1）给水排水

1）柴油机的冷却水水质，应符合机组运行技术条件要求。

2）柴油机采用闭式循环冷却系统时，应设置膨胀水箱，其装设位置应高于柴油机冷却水的最高水位。

3）冷却水泵应为一机一泵，当柴油机自带水泵时，宜设一台备用泵。

4）机房内应设有洗手盆和落地洗涤槽。

（2）暖通

1）宜利用自然通风排除发电机间内的余热，当不能满足温度要求时，应设置机械通风装置。

2）当机房设置在建筑的地下层时，应设置防烟、排烟、防潮及补充新风的设施。

3）机房各房间温湿度要求宜符合表8-2的规定。

机房各房间温湿度要求　　　　　　　　　　表8-2

房间名称	冬季		夏季	
	温度（℃）	相对湿度（%）	温度（℃）	相对湿度（%）
机房（就地操作）	15 ~ 30	30 ~ 60	30 ~ 35	40 ~ 75
机房（隔室操作、自动化）	5 ~ 30	30 ~ 60	32 ~ 37	≤ 75
控制及配电室	16 ~ 18	≤ 75	28 ~ 30	≤ 75
值班室	16 ~ 20	≤ 75	≤ 28	≤ 75

4）安装自启动机组的机房，应满足自启动温度要求。

当环境温度达不到启动要求时，应采用局部或整机预热措施。在湿度较高的地区，应考虑防结露措施。

（3）土建

1）机房应有良好的采光和通风。

2）发电机间宜有两个出入口，其中一个应满足搬运机组的需要。门应为甲级防火门，并应采取隔声措施，向外开启；发电机间与控制室、配电室之间的门和观察窗应采取防火、隔声措施，门应为甲级防火门并应开向发电机间。

3）储油间应采用防火墙与发电机间隔开；当必须在防火墙上开门时，应设置能自行关闭的甲级防火门。

4）当机房噪声控制达不到现行国家标准《声环境质量标准》GB 3096 的规定时，应做消声、隔声处理。

5）机组基础应采取减振措施，当机组设置在主体建筑内或地下层时，应防止与建筑产生共振。

6）柴油机基础宜采取防油浸的设施，可设置排油污沟槽，机房内管沟和电缆沟内应有 0.3% 的坡度和排水、排油措施。

7）机房各工作房间的耐火等级与火灾危险性类别应符合表8-3规定。

机房各工作房间耐火等级与火灾危险性类别　　　　　　　表8-3

名称	火灾危险性类别	耐火等级
发电机间	丙	一级

续表

名称	火灾危险性类别	耐火等级
控制与配电室	戊	二级
储油间	丙	一级

8.1.17　传动与控制

根据工艺要求，空气悬浮鼓风机、出水送水泵、加药计量泵、澄清池搅拌机、反应池搅拌机、表面曝气机类设备一般需要调速运行。搅拌机及表曝机属于恒转矩类型机械，所以调速可采用变频调速装置。如果不需要无级调速且调速档不多（双速或三速），可采用变极调速电动机。可调冲程的加药泵可以通过调节冲程和变频相结合实现加药量的调节。

实现调速的闭环控制需要用到的信号主要有流量、压力、溶解氧等，配合仪表包括流量计、压力变送器、溶氧仪等。

8.2　自动化控制系统

8.2.1　原则

污水处理厂的自动化控制系统的功能和设备配置应符合工艺要求、环境要求和管理要求，能够在所在环境中安全、可靠、长期、稳定地运行。

污水处理厂的自动化控制系统应能够监视与控制全部工艺过程及其相关设备运行，能够监视供电系统设备的运行。

污水处理厂的水质、水量检测仪表应满足工艺要求。

8.2.2　控制系统构成

8.2.2.1　基本概念

污水处理厂自动控制系统根据分散控制、集中管理的原则，一般由设备层、控制层、信息层以及将上述部分联系起来的网络等部分构成。

设备层是控制系统的底层设备和网络，包括现场仪表、执行机构、基本控制装置等，功能是采集现场数据，执行设备控制。设备层宜采用数字通信网络、远程 I/O 装置连接设备控制箱和测量仪表。

控制层是控制系统中发起控制的设备和网络，包括控制器、运行检测与控制程序，通过设备层实现过程控制或设备间的协调控制。控制层一般采用分布式结构，设置针对单体或局部控制任务的就地控制站，采用光纤网络将多个就地控制站相互连接，并连接到信息层系统。

信息层是控制系统的顶层设备和网络，进行生产控制、调度和管理。信息层系统一般部署在污水处理厂中央控制室，采用客户机 / 服务器（C/S）体系结构，并设有外部浏

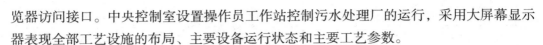

览器访问接口。中央控制室设置操作员工作站控制污水处理厂的运行，采用大屏幕显示器表现全部工艺设施的布局、主要设备运行状态和主要工艺参数。

8.2.2.2　污水处理厂控制系统组成

污水处理厂的控制系统按照上述原则由三级组成：

第一级是设备层，主要包括：现场仪表、各类执行器、电气控制柜、现场控制箱等。主要功能是为控制层提供现场信号并执行控制层发出的控制指令。

第二级是控制层，主要指污水处理厂的各就地控制站。各就地控制站按照工艺单元、工艺流程关联性、I/O 点地理位置集中度等原则设置。

第三级是信息层，布置在中央控制室，主要实现污水处理厂的生产控制、调度和管理。主要包括工程师站、操作员站、服务器等。

8.2.3　控制系统功能

8.2.3.1　就地控制站功能

（1）显示就地设备平面布置图、工艺流程图、高程图、设备运行状态和工艺参数检测数据。

（2）显示相关供配电系统、开关状态。

（3）显示就地设备运行与工艺参数、运行参数的相互关系，提供就地设备自动化运行的控制与保护功能。

（4）可查询设备的详细属性数据，对设备进行手动操作。

（5）显示当前正在报警的设备和报警内容。

（6）设定自动化运行的控制参数。

（7）手动、自动、远程控制方式的转换。

8.2.3.2　中央控制室功能

（1）具有与上级监控中心通信的功能。

（2）能通过操作终端等设备监视和控制生产全过程。

（3）能分别显示各单体的平面布置图、工艺流程图、高程图、设备运行状态和工艺参数检测数据。

（4）能显示供配电系统配置图、开关状态。

（5）能综合显示全部工艺流程、生产过程数据、视频图像、安防报警等信息。

（6）能通过分布的就地控制站对全厂的生产过程进行调节。

（7）具有运行参数统计、数据存储、设备管理、报表等运行管理功能。

（8）具有手动、自动两种控制方式。

（9）具有声光报警装置。

8.2.3.3　自动化控制系统功能

（1）对可能产生有毒、有害、易燃、易爆气体的场所，自动化控制系统具有检测和阈值报警的功能，能启动应急处置系统。

（2）自动化控制系统能对监控对象的运行情况进行在线监测及诊断，并记入相应的数据库；能对设备的管理、维护、保养和故障处理提出建议。

（3）运行参数或设备出现异常时，自动化控制系统应立即响应，发出声和光的报警提示信号。

（4）自动化控制系统宜集成电力监控系统的功能，实现对供配电系统设备的运行监视、控制和管理。

（5）自动化控制系统需要将数据上报至区域监控系统时，数据按下列条件采集、记录和发送，每条数据均应有时间标记：

1）开关量状态变化；

2）模拟量数据变化；

3）阈值报警和恢复。

（6）污水处理厂中央控制系统宜设置与工厂管理信息系统（MIS）的互联。

8.2.4　控制系统硬件配置

8.2.4.1　一般要求

自动化控制系统采用工业级计算机和网络通信设备。

计算机、控制器及其软件系统采用标准的接口和开放的通信协议。

8.2.4.2　控制器

可编程控制器 PLC（简称控制器），是一种用于工业环境的数字式操作的电子系统。系统用可编程的存储器作面向用户指令的内部寄存器，完成规定的功能，如逻辑、顺序、定时、计数、运算等，通过数字或模拟的输入/输出，控制各种类型的机械或过程。

控制器宜采用模块式结构，具有工业以太网、现场总线、远程 I/O 连接、远程通信、自检和故障诊断能力，并能够带电插拔。

控制器具有操作权限和口令保护及远程装载功能，支持梯形图、结构文本语言、顺序功能流程图等多种编程方式，应用程序保存在非挥发性存储器中。

各控制站使用的控制器宜采用同一厂家的产品。

8.2.4.3　操作界面

操作界面宜采用背光彩色防水按压触摸液晶显示屏，具有二级汉字字库，3级密码锁定功能。

8.2.4.4　I/O 设备

控制器的 I/O 接口设备应符合下列规定：

（1）数字信号输入（DI）：24VDC，电流不应大于 50mA；

（2）数字信号输出（DO）：继电器无源常开触点输出，250VAC/2A；

（3）数字信号隔离能力：2000VDC 或 1500VAC；

（4）模拟信号输入（AI）：4 ~ 20mA；

（5）A/D 转换器：12bit，不应小于 100 次／s；

（6）模拟信号输出（AO）：4 ~ 20mA，负载能力不应小于 350Ω；

（7）D/A 转换器：不应小于 12bit；

（8）模拟信号隔离能力：700VDC 或 500VAC。

控制系统应具有 20% 的备用输入、输出端口及完整的配线和连接端子。

鉴于系统防雷性能的要求，输入、输出模块均需具备光电隔离性能。

8.2.4.5　其他

自动化控制系统应采用 UPS 电源，后备电池供电的持续时间应不少于 30min。UPS 电源供电范围应包括下列设备：控制室计算机及其网络系统设备（大屏幕显示设备除外），通信设备，PLC 装置及其接口设备，测量仪表和报警设备。

UPS 应采用在线式，具有自动旁路功能，电池应采用免维护铅酸蓄电池，负荷率应不大于 75%。

UPS 应提供监控信号接口。

大屏幕显示设备宜采用小间距 LED 或窄边距液晶显示屏，显示屏的尺寸及其与控制台的距离应符合人机工程学的要求。

工艺监控工作站应不少于 2 台，所有监控工作站的硬件和软件的配置应相同，功能和监控的对象应可以互换。

电力监控工作站宜专门配备 1 台工作站。

数据管理宜由 2 台服务器组成双机热备。

各控制站及电磁流量计设单独接地系统，接地电阻不大于 1Ω。PLC 等电子设备的功能接地和保护接地电阻不大于 1Ω。

控制站的控制柜电源线路加装过电压保护装置，如电源防雷器和浪涌吸收器等。

厂区电缆沿电缆沟敷设，主干线路可与电力电缆同沟分层加屏蔽敷设。构筑物内部采用穿管或电缆桥架敷设。

8.2.5　数据通信网络

8.2.5.1　工业以太网

污水处理厂各控制站之间宜采用基于工业以太网的通信系统。

工业以太网是基于 IEEE802.3，在以太网基础上衍生出来的一种用于工业环境和标准的通信方式，其与普通以太网的区别主要有两点：一是实时性更高，二是抗干扰能力更强。常用的通信协议包括 Modbus TCP/IP，EtherNET，EtherCat 和 Profinet。

污水处理厂工业以太网宜采用环状结构方式。网络具有冗余功能，当数据检测包检测到网络中某一处信道发生故障时，网络会重构网络拓扑结构，继续维持整个系统的正常工作。

8.2.5.2　工业现场总线

污水处理厂控制站与现场 I/O、现场仪表等之间宜采用工业现场总线通信。

现场总线是一种数字式、串行、多点通信的数据总线，是连接现场智能设备和控制系统的全数字、双向、多点的通信系统。主要解决工业现场的智能化仪器仪表、控制器、执行器等现场设备之间的数字通信，以及这些现场设备和上一级控制系统之间的信息传递。常用的工业现场总线包括 Modbus，Profibus，Devicenet，HART 等。

8.2.6　现场控制站功能

根据污水处理厂的工艺流程和地理分布特点，各控制站在各自范畴内负责工艺参数的采集和设备运行的控制。一般按照工艺流程的关联性设置现场控制站。常规情况下可设置以下工作站，并可根据具体工艺流程、总图布置、测控点规模等进行扩展、合并。

8.2.6.1　预处理控制站

负责污水处理厂的粗格栅及进水泵房、细格栅及旋流沉砂池、初沉池等预处理流程。

检测进水水质（COD、氨氮、总磷、总氮、pH、悬浮物浓度）、液位、流量等参数和设备状态、故障报警等。

8.2.6.2　生化处理控制站

负责污水处理厂的生化池、二沉池、配水井及污泥泵房、鼓风机房等生化处理流程。

检测 ORP、pH、溶解氧、污泥浓度、硝态氮、混合液浓度液位、流量（污水、回流污泥、空气）、温度（污水、空气）、压力（空气）等参数和设备状态、故障报警等。

8.2.6.3　污泥处理控制站

负责污水处理厂的污泥泵房、消化池、污泥浓缩池、污水脱水机房等污泥处理流程。

检测液位、流量、污泥浓度、污泥界面氧、温度、压力等参数和设备状态、故障报警等。

8.2.6.4　加药处理控制站

负责污水处理厂的加药间等工艺单元。

检测液位、流量等参数和设备状态、故障报警等。

8.2.6.5　深度处理控制站

负责污水处理厂的深度处理流程，如高效沉淀池、滤池、臭氧接触池等。

检测液位、流量、污泥界面、浊度、污泥浓度、压力、臭氧浓度、余臭氧浓度等参数和设备状态、故障报警等。

8.2.6.6　消毒处理控制站

负责污水处理厂的消毒间等工艺单元。

检测出水水质（COD、氨氮、总磷、总氮、pH、悬浮物浓度）、液位、流量等参数和设备状态、故障报警等。

8.2.7　中央控制系统功能

8.2.7.1　主要功能概述

中央控制系统设在污水处理厂中央控制室,负责监控污水处理过程和设备运行状况,进行生产控制、调度和管理。

中央控制系统一般包括:

工程师专用计算机,可离线或在线对整个监控系统进行组态、参数修改、开发等。

操作员计算机,可通过工控软件实时监视全厂工艺参数变化、设备运行、故障发生等情况,并进行多种模式操作,同时负责日常报表打印、事故打印和数据记录等。

8.2.7.2　软件系统

中央控制系统是污水处理厂的控制中心,要求其具有完善的监控功能。另外,它还是整个污水处理厂的数据处理中心,生产报表、生产安全日志的产生、维护等都集中在这里,要求监控系统工作稳定、可靠、安全。

1. 操作系统软件

操作系统具有以下特点:

(1)操作系统是通用型、开放式、实时、多任务的操作系统。

(2)具有文件夹管理、文本编辑、网络通信、磁盘备份及重装功能。

(3)具有在线诊断功能,能够对硬件及软件故障进行完整的诊断。

(4)支持数据的中文显示及打印。

2. 组态软件

(1)与控制站能良好衔接且具备开放性,支持工业以太网等标准化协议,画面采用中文显示。操作员(工程师)站通过网络交换机与服务器一起连接到网络,可以读取和写入网络上控制站的任意一个接点和任意数据存储器。

(2)显示和监控功能:存储区的当前值监控和编辑,梯形图上监控和编辑当前值,规定地址当前值的监控。可在观察窗口监控规定的 PLC 中指定的地址,在输出窗口显示编译出错搜索结果、文件读取出错和程序比较结果。

(3)调试功能:强制置位/复位,定时器/计数器设定值更改,数据跟踪和流程图监控,在多个位置进行在线编程,在不同计算机上在线编辑不同的任务。

(4)远程编辑和监控功能:通过被连接的 PLC 访问网络,在远程网络上访问 PLC,或通过交换机访问远程计算机。

(5)维护功能:在存储卡或文件存储器中以文件管理 CPU 单元数据(程序、参数、存储器内容、注释),在计算机和 PLC 的存储卡之间拖放文件,以时间为顺序显示 CPU 单元内的出错历史(包括用户产生的记录),使用口令保护程序。

(6)中央控制系统能够随时监视整个污水处理厂的运行状态、显示各种检测值及参数,采用图形、表格形式显示现行及历史值,可对各种临界提示,错误、越限报警显示和打印报表，并可以通过网络将结果发往其他部门。

（7）运行的数据库管理器可以建构趋势、报表、事件等数据库，可为其他连接网络的装置提供数据服务。

3. 应用软件

（1）集成化、组件化的产品，用来监控自动化设备和过程，采用标准的操作系统，完善的网络功能，可建立工程级或系统级安全措施，支持 ODBC 标准数据库，采用开放性技术。

（2）对象模型外露，用户和其他软件产品可访问接口部分。

（3）支持主要硬件厂商的各种网络驱动程序，支持工业以太网、控制网、串行通信等。

（4）支持高分辨率彩色图形显示器。

（5）为用户提供丰富方便的图形组态、系统组态功能，易于构成各种服务器、图形工作站。

（6）丰富的报警功能、分析报表功能，在线编辑功能、打印功能。实时数据、历史数据分析、综合功能，数据记录保存功能。

（7）易于实现多用户、多任务、多终端。

（8）能够实现冗余功能、在线/离线切换功能，自动/手动切换功能。

8.2.7.3　监控系统

1. 概述

监控系统应具有如下功能：

（1）查看工艺设备的运行状态，浏览各种工艺参数、报警信息。

（2）记录相关参数的变化趋势，记录各种报警、操作、报表等，存储历史记录。

（3）设备远程启/闭控制。

（4）运行参数设置、更改。

（5）数据整理、分析、报表打印。

（6）组态软件、应用程序及 PLC 应用程序的调试、维护及升级。

2. 显示功能

（1）流程图

工艺生产过程状态以工艺流程图方式显示，图像由一系列图例系统组成，并可取出每幅图的局部进行放大，便于分幅、分组展示，流程图上有相关的实时生产过程的动态参数值显示。当动态显示值改变时，设备图形的相应部位也随之改变。

（2）测量值显示

仪表测量值以多种图形式动态显示，有上下设定值，设定值可修改。

仪表测量数据录入系统数据库（ODBC 标准数据库）。

（3）报警显示

过程检测或运转设备出现越限或故障时，流程图上相应的图例及红光闪动，并发出报警声响加以提示。报警声可以通过键盘解除，闪动的红光继续保持，直至该故障消除，闪动才停止。报警对象、内容、时间列表记录并打印。

除流程图上有报警显示外，设若干幅全厂报警一览表，以便全面了解设备运行工况和报警的查询。

报警信号录入系统数据库（ODBC 标准数据库）。

（4）趋势图

实时动态趋势曲线和历史曲线可显示在同一趋势图中，并可在运作画面中随时增加趋势曲线，系统可自动设置数值比例，方便操作员观察比较。

操作员可以自主地选择历史趋势的起点，并能够展开纵轴，即建立缩放功能。

曲线可显示成柱状图或折线图。

具有在线打印功能，操作员可选择任意的历史趋势进行打印操作。

（5）设定值

中央控制系统主机可以通过键盘启动和停止现场控制站的设备，也可由现场控制站 PLC 的人机界面控制该设备的启动和停止。

3. 数据处理和存储功能

数据处理和存储是中央控制系统的主要工作内容之一，存储的数据资料将用于生产调度、预报参考、科学研究之用。

各种报表采用中文报表。

（1）班、日、月、年报表

班报表应以一个班工作时间 8h 为准，一天三班。班报表的形式应包括正确的班次、日期、报表名称、采样点编号、计量单位，以每个采样点的平均值、最小值、最大值、连续计量的累积值，班的处理水量、能耗、单耗或成本，进行打印和存储。

日、月、年报表的形式与班报表形式类同，但报表的时段为日、月、年。报表的存储以月为单位存入磁盘。

（2）图表和曲线

过程变化曲线、参数时序曲线、计量累积曲线、进厂水量、水位变化等过程曲线、能耗曲线、事故报警总表等，应分为日、月时段，并是衔接的，以月为单位存入磁盘。

4. 安全保护

安全策略包括基于用户的安全系统和系统安全性应用程序。

基于用户的安全系统可保护重要的程序、操作显示画面、配方和数据库模块。

系统安全性应用程序包括安全配置和登录两种程序。在安全配置程序中可以设置节点的安全性为允许／不允许、创建用户和组的账号、分配用户使用程序和程序功能的权限、分配用户名和密码、分配安全区名等。一旦节点有安全保护，操作人员必须访问登录程序，输入姓名和密码。在登录后，操作人员才能访问权限允许范围内的内容。

一般操作员：只能查看指定的信息，不能进行任何的输入／输出操作。

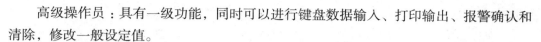

高级操作员：具有一级功能，同时可以进行键盘数据输入、打印输出、报警确认和清除，修改一般设定值。

系统管理员：具有二级功能，同时可进行程序和参数的调整、模拟画面产生和建立动态数据显示连接、数据库配置、报表格式定义及编辑、各种文件检索归档、密级设定和口令赋值、系统管理和优化。

根据操作人员登录及操作过程中输入的姓名、口令，系统可自动记录所有登入登出，进而可以记录每一步操作的操作人员姓名、操作时间、操作内容及操作人员性质，以备随时查验。

8.2.8 仪表

污水处理厂中应用的仪表主要由检测仪表、显示仪表、控制仪表和执行器等组成，实现对工艺变量进行检测、显示、控制、执行等功能，及时监视和控制生产过程，实现污水处理生产过程自动化。

8.2.8.1 仪表的配置和选择

仪表优先选用电子式、智能化仪表，并带有 4～20mA 标准信号输出，信号可通过现场终端及通信网络传送至控制站及中央控制室监控计算机。

仪表的防护等级应符合现行国家标准《外壳防护等级（IP 代码）》（GB/T 4208）的有关规定。

管道安装仪表过程连接的压力等级应满足管道材料等级表的要求。

考虑到污水处理厂工作的环境条件，传感器应尽量选用无隔膜式、非接触式、易清洗式。仪表需安装与之相匹配的支架和附件。

1. 液位和液位差检测

液位检测宜采用超声波液位计（或雷达式液位计）。液位差检测应优先采用超声波液位差计。其工作原理是传感器发射出超声波脉冲信号（或电磁波信号）在被测液体表面反射，返回的信号由传感器接受，从发射超声波脉冲到接收到反射信号所需的时间与传感器到液体表面的距离成正比。

采用非接触式液位检测有困难时，可采用投入式静压液位计或其他具有电信号输出的液位测量装置。静压式液位计的工作原理是液位计在被测液体中受液体静压力，这种静压力与被测液体的高度成正比。

根据液位进行二位式控制时，应采用液位开关。液位开关宜采用浮球式。

2. 流量检测

管道流量检测宜采用电磁流量计，明渠流量检测可采用明渠流量计。电磁流量计的工作原理是利用电磁感应原理，即导电流体经仪表内磁场时产生的感应电势与流量（流速）成比例关系。明渠流量计的工作原理是测量计量槽内流体的液位，根据计量槽流量（流速）与液位的关系公式计算出流量。

计量管段前后的直管段长度应满足流量计产品技术要求。

流量计工作时，传感器及其前后直管段应充满被测介质（满管），并且不应有气泡聚集。

计量管段安装时应配置伸缩节。

3. 压力检测

压力测量宜采用一体化压力变送器。其工作原理是利用被测压力推动弹性元件产生位移或形变，通过转换部件转换成电阻、电感、电容的变化，利用半导体、金属等材料的压阻、压电特性，将测量压力转换成电信号输出。

压力检测的取样点应位于管道的直管部位，取样管与传感器之间应设置截止阀。

4. 温度检测

温度传感器宜采用热电阻。其工作原理是测温元件与被测对象直接接触，依靠传导和对流进行热交换，利用导体或半导体的电阻随温度变化的性质，采用不平衡电桥，将测量温度转换成电信号输出。

5. 溶解氧（DO）检测

溶解氧分析仪宜采用荧光法溶解氧分析仪。其测量原理是在传感器前端覆盖一层荧光物质，该荧光物质会被 LED 光源发出的脉冲蓝光照射时激发，当蓝光脉冲停止后，电子激发态恢复到原态期间会发出红光。荧光物质发射红光的时间与传感器周围的氧含量有关，用光电池检测荧光物质从发射红光到恢复基态所需的时间，即可计算出溶解氧的浓度。

6. 固体悬浮物浓度（SS）检测

固体悬浮物浓度分析仪宜采用散射光测量技术的检测仪。其原理是在探头内部，位于特定角度内置一个 LED 光源，该光源向样品发射特定波长的近红外光，该光束经过样品中悬浮颗粒的散射后，经过与入射光成一定角度的检测器检测，通过计算检测到的信号强度，得到样品的污泥浓度。

7. 氨氮检测

氨氮分析仪宜采用水杨酸分光光度法或气敏电极法测量技术的检测仪。水杨酸分光光度法的原理是在催化剂的作用下，NH_4^+ 在 pH 为 12.6 的碱性介质中，与次氯酸根离子和水杨酸盐离子反应，生成靛酚化合物，呈现出绿色，其颜色改变程度和样品中的 NH_4^+ 浓度成正比，通过测量颜色变化的程度可以计算出样品中 NH_4^+ 的浓度。气敏电极法的测量原理是在样品中加入碱性试剂，使 pH 在 12 左右，水中的铵根离子全部转化为氨气逸出。将逸出的气体转移至氨气敏电极处，电极的一段装有选择性渗透膜，只允许氨分子进入。气敏电极内充满了氯化铵电解液，氨分子穿过选择性渗透膜后与电解液反应，使电解液的 pH 发生变化，通过测量 pH 的变化，计算出氨氮的浓度。

8. 气体流量检测

气体流量计宜采用热扩散气体检测原理的气体流量计。其传感器由两个基准级的热电阻组成，一个测量气体流速，一个测量气体温度变化。当测量气体流量时，测量流速的传感器被加热，随着气体流速的增加，带走更多的热量，流速传感器的温度下降，为

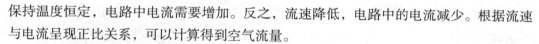

保持温度恒定，电路中电流需要增加。反之，流速降低，电路中的电流减少。根据流速与电流呈现正比关系，可以计算得到空气流量。

9. 酸碱度（pH）检测

pH 检测仪的测量原理是基于电化学的电位分析法，即对插入被测介质中的电极所组成的原电池的电动势进行测量，进而对介质中的某种成分进行检测。pH 计的传感器一般由 pH 玻璃测量电极、参比电极等构成。

10. 氧化还原电位（ORP）检测

氧化还原电位是测量物质氧化或还原状态的一种方法。其测量原理与 pH 检测仪一致，测量电极不同，一般采用惰性金属。

8.2.8.2　仪表电源

现场仪表电源取自各控制站 UPS 配电系统。仪表设独立的保护开关，仪表电源箱、保护箱和端子接线箱可放在现场。

8.2.8.3　电缆敷设

所有仪表变送器至电源或端子箱的电缆采用穿管保护。

平行明敷电缆较多的场所应采用电缆槽、桥架敷设，电缆槽、桥架应根据安装场合选择材质及防腐措施。

8.2.9　控制系统信息安全

8.2.9.1　基本概念

通过采取必要措施，防范对控制系统网络的攻击、侵入、干扰、破坏和非法使用以及意外事故，使网络处于稳定可靠运行的状态，以及保障网络数据的完整性、保密性、可用性。

8.2.9.2　安全保护等级

应根据《信息安全技术 网络安全等级保护定级指南》（GB/T 22240—2020）中对于信息安全保护等级的定级要素，按照处理能力、重要程度等，确定污水处理厂信息安全保护等级，不宜低于二级。

8.2.9.3　安全保护措施

应按照不低于《信息安全技术 网络安全等级保护基本要求》（GB/T 22239—2019）中"7 第二级安全要求"，设置完备的污水处理厂控制系统网络安全保护措施。

8.3　结构专业

8.3.1　结构设计理念和设计原则

8.3.1.1　工程概述、城市概况及自然条件

前期调研过程中，负责人需要了解工程所在地点、城市地形地貌、项目所在地地震

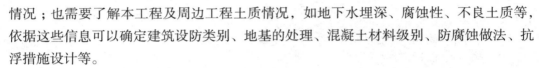

情况；也需要了解本工程及周边工程土质情况，如地下水埋深、腐蚀性、不良土质等，依据这些信息可以确定建筑设防类别、地基的处理、混凝土材料级别、防腐蚀做法、抗浮措施设计等。

8.3.1.2　厂址选择、流程及总图

厂址选择、流程设置、总图布置不仅仅是工艺专业考虑的问题，负责人还需要从结构专业角度考虑厂址及布置情况：根据工艺总平面图及流程图、单体的位置和埋深，分析现状地形情况、厂址周围现状建（构）筑物、道路、管线等，考虑基坑开挖的方式。

至于流程，也需要负责人从结构单体所受荷载、地勘情况等角度通盘考虑，以便在前期阶段合理估计构件的尺寸，使得工程量尽量准确。

8.3.2　结构设计影响因素

8.3.2.1　场地工程地质条件概况

1.厂区地形及周边状况

随着经济的发展，现在污水处理厂的选址也是受到诸多方面因素的限制，往往有些污水处理厂厂址的地势非常复杂，给处理厂的建设带来很大的难度；同时征地范围之外是否开阔、是否有预留用地、场地大小等因素均影响污水处理厂的设计及建设，尤其是对基坑的影响非常大；周边是否有现状构筑物、管线及道路、现状设施等情况，均是作为项目负责人在前期工作中从整个项目、从其他专业设计人员角度出发需要考虑并与项目建设方沟通确认的问题。

2.场地土层分布及土质特征

调查本项目、走访周边项目，确定场地土层分布是否均匀；收集土质参数情况，确认是否存在不良土质。根据工艺流程测算估计基础底板坐落于土层的位置，判断采取天然地基还是需要特殊处理。

3.场地水文地质条件及标准冻结深度

调研及搜集场地地下水的类型，确认是否存在承压水：若存在，基坑开挖时应考虑坑体突涌的风险，重点关注埋深较深的构筑物；搜集水文及地勘资料，了解地下水静止水位、年变幅、抗浮设计水位等，这些关系到构筑物是否需要采取额外措施抗浮还是自重抗浮，重点关注埋深较深、内部较空的构筑物，如生物池、二沉池。了解地下水、地基土对混凝土及钢筋不同环境下的腐蚀性，用以判断环境类别，确定材料的选择，确定是否需要防腐措施，结合水位情况判断防腐蚀措施的范围；调研标准冻结深度，判断基础的埋深，重点关注室外埋深较浅的基础是否满足冻深要求，如设备基础、钢梯基础等。

8.3.2.2　地震参数

调研场地的抗震设防烈度、地震加速度、地震分组、场地类别，以此为依据制定建筑物的抗震等级、构筑物的抗震设防等措施。

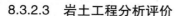

8.3.2.3　岩土工程分析评价

调研搜集拟建场地地质构造、地震地质灾害等资料，判断本场地是否稳定，是否适宜作为建筑场地。

8.3.3　结构设计布置原则

8.3.3.1　总平面布置

工艺总平面图的布置不仅是工艺专业从风向、工艺流程、来水及排水方向、厂外道路衔接、功能分区等方面考虑的结果，也需要考虑结构施工上的可行性与便捷性，尤其对于扩建项目。结构施工的一个重要焦点就是基坑工程，应结合工艺流程图及结构专业的反馈，对不同埋深的单体合理进行平面布置：

（1）埋深较深的单体尽量布置在空旷位置；

（2）与现状建（构）筑物相邻的单体，尽量布置埋深较浅的单体；

（3）埋深相近单体平面布置相近，可以同槽施工以便节约土方开挖和支护费用；

（4）结合地勘，考虑基坑开挖放坡或支护形式，针对不同施工机械考虑预留施工作业面。

8.3.3.2　工艺流程

结构专业对工艺流程图的关注点主要是埋深。除了总平面布置时需要考虑基坑开挖方面的影响，还要结合地勘资料考虑单体的埋深对结构安全性及地基处理的经济性影响：

（1）天然地基较好，不需要特殊处理时，基础底板尽量布置在基础持力层。对于埋深较浅的单体，底板埋深尽量穿过表层杂填土（或素填土），可以减少或避免换填，既方便施工又节约造价。

（2）天然地基较差，地基需要特殊处理（打桩等措施）时，应结合基坑的开挖与单体的抗浮，综合考虑地基处理的安全性和经济性，合理布置单体的埋深。

基坑的危险系数与基坑的开挖深度密切相关，开挖深度大于5m时，需要编制专项方案并应进行专家论证，方案通过后方可实施。单体埋深越大，危险越大，造价也会相应提高。每个工艺单体都是息息相关的，单体高程的设计会影响到整个工艺流程，进而决定了整个项目的基坑方案——不仅土方开挖，甚至支护桩型都会不同，造价差别也较大。因此，在方案可行的前提下，工艺流程设计时应尽可能地考虑单体埋深造成的影响，项目负责人在工艺上采取一些简单的措施，可能就可以大量减少土建施工造价，节约更多建设投资，使方案更加合理。

8.3.3.3　单体设计

作为工艺专业，如果对结构专业缺乏一定的了解，那么提给结构专业的条件，就会有很多导致结构布置不合理的地方。为提高工作效率，工艺专业人员需要了解一些结构单体设计的基本原则。工艺专业在提条件的时候遵循这些基本原则，既解决了结构设计的难度，又避免了工艺条件因为结构布置问题而返工调整，避免专业之间过多反复可能带来的错误。

结构主要受力构件有梁、板、墙、柱。当池顶布置罩棚时，罩棚的柱一般布置在池壁或者隔墙上面，个别较小的可做在梁上，池体顶板一般不能作为柱的支撑构件，工艺设计方案时，可以选择在有隔墙位置设计上部罩棚等结构，使布置更加合理。

设计人员在做构筑物设计时，对于单体内部水力流程，不仅要考虑水力条件，还要从结构的角度初步考虑池壁、隔墙等受力情况，从结构角度考虑预留孔洞的合理性，多专业考虑，有利于工艺方案及整个项目的优化。

8.3.4 结构设计主要内容

污水处理厂内结构设计一般包括建筑物和构筑物两大类。其中，建筑物又分为民用建筑和工业建筑。水厂中绝大部分建筑物为工业建筑；综合楼、管理用房、门卫等个别建筑物要符合民用建筑的一些要求。构筑物主要为钢筋混凝土水池，多为现浇钢筋混凝土结构。

8.3.4.1 建筑单体结构形式

按建筑物使用材料的类型不同，可以分为砖木结构、砖混结构、钢筋混凝土结构和钢结构四大类。

1. 砖木结构

用砖墙、砖柱、木屋架作为主要承重结构的建筑，像大多数农村的屋舍、庙宇等。这种结构建造简单，材料容易准备，费用较低。

2. 砖混结构

砖墙或砖柱、钢筋混凝土楼板和屋顶承重构件作为主要承重结构的建筑，该种结构造价便宜，就地取材，施工难度低，刚度大，但是强度低、自身抗震能力差，高度受到限制，结构自重大，稳定性差，浪费资源，不环保。

3. 钢筋混凝土结构

主要承重构件包括梁、板、柱全部采用钢筋混凝土结构，此结构类型主要用于大型公共建筑、工业建筑和高层住宅。

水厂中绝大部分单体采用此种结构形式。

4. 钢结构

其强度高、塑性及韧性好，适应于高层、大跨度的建筑。如水厂中的脱水机房等为了不影响电动单梁吊车行进轨道而布置的大跨度厂房，可采用钢结构。

8.3.4.2 水池结构特征及受力

污水处理厂污水处理构筑物在结构形式上有圆形、矩形，敞口、有盖，平底、锥底、穹底等。在施工形式上也可采取不开槽的沉井结构。

结构均由板、壳构建组成——单向、双向受力板（含变截面），圆柱壳，圆锥壳，拱壳及其组合壳体等。

结构主要承受的作用为水压力（内部水压力或外部地下水）、土压力、温湿度作用、地面车辆轮压或堆积荷载、流水压力、预加应力（预应力结构）、地基不均匀沉降的影响等。

8.3.4.3　矩形水池结构布置

矩形水池结构布置原则如下：

（1）结构方案的选择应在满足工艺要求的前提下做到布置合理，受力明确。

（2）场地应结合总图布置，选择在地基稳定、土质均匀的地区，避免大量挖填土方。如果总图布置不能调整，则必须妥善处理特殊地基。

（3）结构独立构件的尺寸不宜过大，平面尺寸应尽量控制在不需设置变形缝间距范围内；对超长矩形水池，应根据工艺条件、结构受力情况在适当位置通长设置变形缝，变形缝最大间距应根据表8-4的要求设置。

变形缝最大间距设置要求（mm）　　　　　　表8-4

地基类别			岩 基		土 基	
工作条件			露天	地下式或有保温措施	露天	地下式或有保温措施
结构类别	砌体	砖	30	—	40	—
		石	10	—	15	—
	钢筋混凝土	现浇混凝土	5	8	8	15
		装配式整体	20	30	30	40
		现浇	15	20	20	30

构件划分区段应尽量均匀，对不允许设置变形缝的主要受力构件可采用后浇带、加强带等替代措施，或采用微膨胀混凝土来防止温度应力对超长构件造成的开裂。对于多格水池，可将变形缝设置在隔墙处，采用双墙式作法。

对于超长混凝土构件，宜依次选择变形缝方案、变形缝＋微膨胀混凝土方案、后浇带方案、加强带方案。

变形缝是结构缝的一种，目的是减小温差（早期水化热或使用期季节温差）和体积变化（施工期或使用早期的混凝土收缩）等间接作用效应积累的影响，将混凝土结构分割为较小的单元，避免引起较大的约束应力或开裂。缝宽一般30mm，变形缝详图如图8-1所示。

后浇带是指现浇整体钢筋混凝土结构中，在施工期间保留的临时性温度和收缩变形缝，着重解决钢筋混凝土结构在强度增长过程中温度变化、混凝土收缩等产生的裂缝，以达到释放大部分变形、减小约束力、避免出现贯通裂缝的作用。后浇带详图如图8-2所示。

后浇带宽度一般800～1000mm，钢筋采用搭接接头，后浇带混凝土宜在45d后浇筑。

混凝土要求：混凝土强度等级宜提高一级，并采用补偿收缩混凝土。

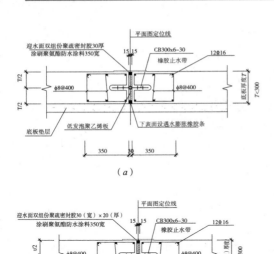

(a)

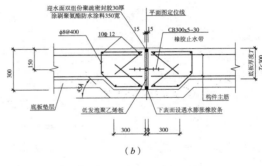

(b)

(c)

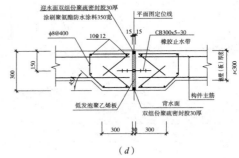

(d)

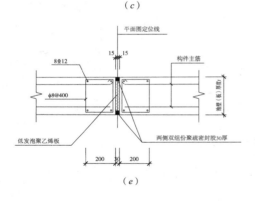

(e)

图 8-1 变形缝

（a）底板变形缝详图（用于底板厚 $T \geq 300$mm）；（b）底板变形缝详图（用于底板厚 $T < 300$mm）；（c）池壁变形缝详图（用于壁厚 $t \geq 300$mm 的水池外池壁）；（d）池壁变形缝详图（用于壁厚 $t < 300$mm 水渠管廊的侧壁、底板）；（e）池壁变形缝详图（用于水池内部导流隔墙）

设置部位：后浇带宜设置在结构受力较小部位，如梁、板的 1/3 跨处。

加强带是采用比主体混凝土高一等级的混凝土，设置在建筑物混凝土收缩应力最大部位，来增加混凝土的密实度，提高连续浇筑混凝土的强度及抗裂、防渗性能的超长混凝土整浇技术。当混凝土结构超长过多，单靠设置后浇带不足以解决混凝土收缩和温度变化问题时，可以考虑采用补偿收缩混凝土，在适当位置设置膨胀加强带。

设置要求：带宽一般 2m，带内增设 10%～15% 的水平温度钢筋，均匀布置在上下层（或内外层）钢筋上，加强带详图如图 8-3 所示。

由加强带及后浇带的做法可知：采用膨胀加强带时，主体混凝土要求全部采用外加剂；而采用后浇带时，仅后浇带部分要求采用补偿收缩混凝土。因此，加强带造价要高于后浇带。

8.3.4.4 圆形水池结构布置

圆形水池具有良好的受力性能，可节约建筑材料，具有施工进度快、抗裂抗渗性能好、易于采用预应力及装配式预应力钢筋混凝土结构等特点。因此，污水处理厂及给水厂中，

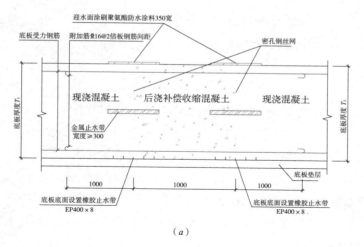

（a）

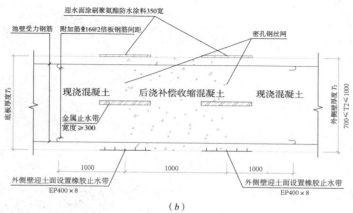

（b）

图 8-2　后浇带

（a）主箱体底板后浇带构造详图；（b）主箱体外侧后浇带构造详图

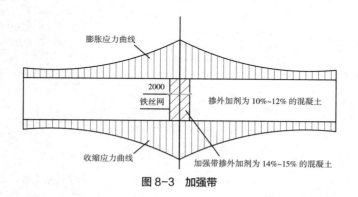

图 8-3　加强带

大容量水池多采用圆形结构。

圆形水池按埋深可分为地下式和地上（面）式，分有盖和敞口水池，按施工方法可分为普通钢筋混凝土、预应力钢筋混凝土和预制拼装预应力钢筋混凝土水池。

结构形式的选择一般应根据地质条件、地下水位标高、当地施工技术、材料供应条件及具体工程中圆形水池的个数等因素综合考虑。一般直径大于 30m、池边高大于 4.5m 的情况，宜选择预应力钢筋混凝土结构。

8.3.5 基坑支护

基坑工程最基本的作用是创造地下工程敞开开挖的施工条件。

基坑开挖必将引起基坑周围地基中地下水位的变化和应力场的改变，导致周围地基中土体的变形，对临近基坑的建筑物、地下构筑物和地下管线等产生影响，影响严重的将危及相邻建筑物、地下构筑物和地下管线的安全和正常使用，必须引起足够的重视。另外，基坑工程施工产生的噪声、粉尘、废弃的泥浆、渣土等也会对周围环境产生影响，大量的土方运输也会对交通产生影响，因此，必须考虑基坑工程的环境效应，在总图布置中要考虑对现状构筑物、管线等的影响。

基坑支护结构的选型应参照《建筑基坑支护技术规程》（JGJ 120—2012）表 3.3.2 选择。各类基坑支护的适用条件如表 8-5 所示。

各类基坑支护的适用条件　　　　　　　　　　　　表8-5

结构类型		适用条件	
		安全等级	基坑深度、环境条件、土类和地下水条件
支挡式结构	锚拉式结构	适用于较深的基坑	1. 排桩适用于可采用降水或截水帷幕的基坑 2. 地下连续墙宜同时用作主体地下结构外墙，可同时用于截水 3. 锚杆不宜用在软土层和高水位的碎石土、砂土层中 4. 当邻近基坑有建筑物地下室、地下构筑物等，锚杆的有效锚固长度不足时，不应采用锚杆 5. 当锚杆施工会造成基坑周边建（构）筑物的损害或违反城市地下空间规划等规定时，不应采用锚杆
	支撑式结构	一级 二级 三级	适用于较深的基坑	
	悬臂式结构		适用于较浅的基坑	
	双排桩		当锚拉式、支撑式和悬臂式结构不适用时，可考虑采用双排桩	
	支护结构与主体结构结合的逆作法		适用于基坑周边环境条件很复杂的深基坑	
土钉墙	单一土钉墙	二级 三级	适用于地下水位以上或降水的非软土基坑，且基坑深度不宜大于 12m	当基坑潜在滑动面内有建筑物、重要地下管线时，不宜采用土钉墙
	预应力锚杆复合土钉墙		适用于地下水位以上或降水的非软土基坑，且基坑深度不宜大于 15m	
	水泥土桩复合土钉墙		用于非软土基坑时，基坑深度不宜大于 12m；用于淤泥质土基坑时，基坑深度不宜大于 6m；不宜用在高水位的碎石土、砂土层中	
	微型桩复合土钉墙		适用于地下水位以上或降水的基坑，用于非软土基坑时，基坑深度不宜大于 12m；用于淤泥质土基坑时，基坑深度不宜大于 6m	

240

续表

结构类型	适用条件		
	安全等级		基坑深度、环境条件、土类和地下水条件
重力式水泥土墙	二级 三级		适用于淤泥质土、淤泥基坑，且基坑深度不宜大于 7m
放坡	三级		1. 施工场地满足放坡条件 2. 放坡与上述支护结构形式结合

注：1. 当基坑不同部位的周边环境条件、土层性状、基坑深度等不同时，可在不同部位分别采用不同的支护形式；
　　2. 支护结构可采用上、下部以不同结构类型组合的形式。

污水处理厂中常用的支护方式有土钉墙、钢板桩、SMW 工法桩、灌注桩等。

8.3.5.1 土钉墙

土钉墙是用于土体开挖时保持基坑侧壁或边坡稳定的一种挡土结构。其基本形式主要由密布于原位土体中的细长杆件——土钉、黏附于土体表面的钢筋混凝土面层及土钉之间的被加固土体组成，是具有自稳能力的原位挡土墙。土钉墙与各种隔水帷幕、微型桩及预应力锚杆（索）等构件结合起来，又可形成复合土钉墙。土钉墙基本形式如图 8-4 所示。

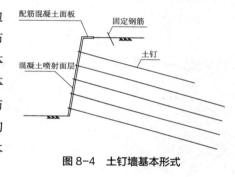

图 8-4　土钉墙基本形式

1. 土钉墙特点

（1）施工设备及工艺简单，对基坑形状适应性强，经济性较好；

（2）坑内无支撑体系，可实现敞开式开挖；

（3）柔性大，有良好的抗震性和延性，破坏前有变形发展过程；

（4）密封性好，完全将土坡表面覆盖，阻止或限制地下水从边坡表面渗出，防止水土流失及雨水、地下水对坑壁的侵蚀；

（5）土钉墙靠群体作用保持坑壁稳定，当某条土钉失效时，周边土钉会分担其荷载；

（6）施工所需场地小，移动灵活，支护结构基本不单独占用场地内的空间；

（7）由于孔径小，与桩等施工工艺相比，穿透卵石、漂石及填石层的能力更强；

（8）边开挖边支护便于信息化施工，能够根据现场监测数据及开挖暴露的地质条件及时调整土钉参数；

（9）需占用坑外地下空间；

（10）土钉施工与土方开挖交叉进行，对现场施工组织要求较高。

2. 土钉墙适用条件

（1）开挖深度小于 12m、周边环境保护要求不高的基坑工程；

（2）地下水位以上或经人工降水后的人工填土、黏性土和弱胶结砂土的基坑支护；

（3）不适用于以下土层：

1）含水丰富的粉细砂、中细砂，及含水丰富且较为松散的中粗砂、砾砂及卵石层等；

2）黏聚力很小、过于干燥的砂层，及相对密度较小的均匀度较好的砂层；

3）有深厚新近填土、淤泥质土、淤泥等软弱土层的地层及膨胀土地层；

4）周边环境敏感，对基坑变形要求较为严格的工程，以及不允许支护结构超越红线或邻近地下建（构）筑物，在可实施范围内土钉长度无法满足要求的工程。

8.3.5.2 复合土钉墙

复合土钉墙主要有土钉墙+预应力锚杆（索）、土钉墙+隔水帷幕及土钉墙+微型桩三种常用形式。

由于复合土钉墙是土钉墙基本形式与其他围护结构的组合，因此土钉墙基本形式的特点和适用条件同样适用于复合土钉墙。

1. 土钉墙+预应力锚杆（索）

与土钉墙基本形式相比，土钉墙+预应力锚索形成的复合土钉墙，如图8-5所示，对基坑稳定性和变形控制更加有利。该围护形式适用于对基坑变形要求相对较高的基坑。

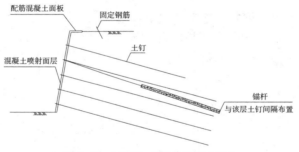

图 8-5　土钉墙+预应力锚杆（索）

2. 土钉墙+隔水帷幕

土钉墙+隔水帷幕（图8-6）的围护形式，是在基坑周边设置封闭的隔水帷幕，可防止坑内降水对坑外环境产生影响。同时隔水帷幕对坑壁土体具有预加固作用，有利于坑壁的稳定和控制基坑变形。该围护形式适用于地下水位丰富、周边环境对降水敏感的工程，以及土质较差、基坑开挖较浅的工程。

3. 土钉墙+微型桩

采用微型桩超前支护可减小基坑变形。该围护形式适用于填土、软塑状黏性土等较软弱土层，需要竖向构件增强整体性、复合体强度及开挖面临时自立性能的工程。土钉墙+微型桩示意图如图8-7所示。

8.3.5.3 灌注桩

灌注桩排桩围护墙是采用连续柱列式排列的灌注桩形成的围护结构。工程中常用的

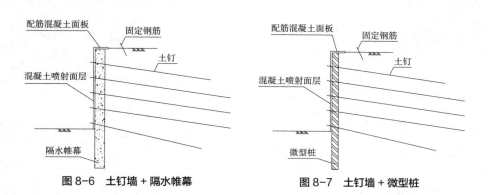

图 8-6　土钉墙 + 隔水帷幕　　　　图 8-7　土钉墙 + 微型桩

灌注桩排桩形式有分离式、双排式和咬合式。

1. 分离式排桩

分离式排桩是工程中灌注桩排桩围护墙最常用的、也是较简单的围护结构形式，如图 8-8 所示。灌注桩排桩外侧可结合工程的地下水控制要求设置相应的隔水帷幕。

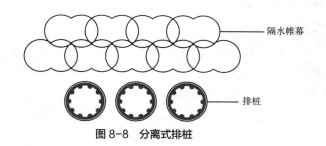

图 8-8　分离式排桩

（1）特点

1）施工工艺简单、工艺成熟、质量易控制、造价经济。

2）噪声小、无振动、无挤土效应，施工时对周边环境影响小。

3）可根据基坑变形控制要求灵活调整围护桩刚度。

4）在基坑开挖阶段仅用作临时围护体，在主体地下室结构平面位置、埋置深度确定后即有条件设计、实施。

5）在有隔水要求的工程中需另行设置隔水帷幕。其隔水帷幕可根据工程的土层情况、周边环境特点、基坑开挖深度以及经济性等要求综合选用。

（2）适用条件

1）软土地层中一般适用于开挖深度不大于 20m 的深基坑工程。

2）地层适用性广，对于从软黏土到粉砂性土、卵砾石、岩层中的基坑均适用。

2. 双排式排桩

为增大排桩的整体抗弯刚度和抗侧移能力，可将桩设置成为前后双排，即双排式排桩，如图 8-9 所示，将前后排桩桩顶的冠梁用横向连梁连接，就形成了双排门架式挡土结构。

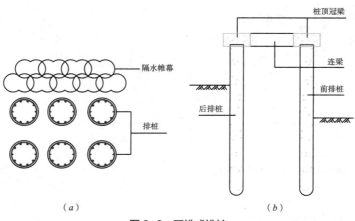

图 8-9　双排式排桩

（a）平面示意图；（b）剖面示意图

（1）特点

1）抗弯刚度大，施工工艺简单、工艺成熟、质量易控制、造价经济。可作为自立式悬臂支护结构，无须设置支撑体系。

2）围护体占用空间大。

3）自身不能隔水，在有隔水要求的工程中需另行设置隔水帷幕。其隔水帷幕可根据工程的土层情况、周边环境特点、基坑开挖深度以及经济性等要求综合选用。

（2）适用条件

适用于场地空间充足、开挖深度较深、变形控制要求较高，且无法内支撑体系的工程。

3.咬合式排桩

有时因场地狭窄等原因，无法同时设置排桩和隔水帷幕时，可采用桩与桩之间咬合的形式，形成可起到止水作用的咬合式排桩围护墙，如图 8-10 所示。咬合式排桩围护墙的先行桩采用素混凝土桩或钢筋混凝土桩，后行桩采用钢筋混凝土桩。

（1）特点

1）受力结构和隔水结构合一，占用空间较小。

2）整体刚度较大，防水性能较好。

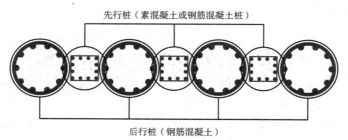

图 8-10　咬合式排桩

3）施工速度快，工程造价低。

4）施工中可干孔作业，无须排放泥浆，机械设备噪声低、振动少，对环境污染小。

5）对成桩垂直度要求较高，施工难度较高。

（2）适用条件

1）适用于淤泥、流砂、地下水富集的软土地区。

2）适用于邻近建（构）筑物对降水、地面沉降较敏感等环境保护要求较高的基坑工程。

8.3.5.4　型钢水泥土搅拌墙（SWM 工法桩）

型钢水泥土搅拌墙是一种在连续套接的三轴水泥土搅拌桩内插入型钢形成的复合挡土隔水结构，如图 8-11 所示。

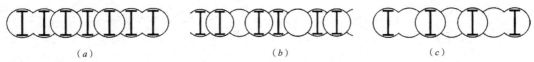

(a) (b) (c)

图 8-11　型钢水泥土搅拌墙平面布置
（a）型钢密插型 ;（b）型钢插二跳一 ;（c）型钢插一跳一

1. 特点

（1）受力结构与隔水帷幕合一，围护体占用空间小。

（2）围护体施工对周围环境影响小。

（3）采用套接一孔施工，实现了相邻桩体完全无缝衔接，墙体防渗性能好。

（4）三轴水泥土搅拌桩施工过程无须回收处理泥浆，且基坑施工完毕后型钢可回收，环保节能。

（5）适用土层范围较广，还可以用于较硬质地层。

（6）工艺简单、成桩速度快，围护体施工工期短。

（7）在地下结构施工完毕后型钢可拔除，实现型钢的重复利用，经济性较好。

（8）仅在基坑开挖阶段用作临时围护体，在主体地下室结构平面位置、埋置深度确定后即有条件设计、实施。

（9）由于型钢拔除后在搅拌桩中留下的孔隙需采取注浆等措施进行回填，特别是邻近变形敏感的建（构）筑物时，对回填质量要求较高。

2. 适用条件

（1）从黏性土到砂性土，从软弱的淤泥和淤泥质土到较硬、较密实的砂性土，甚至在含有砂卵石的地层中经过适当的处理都能够进行施工。

（2）软土地区一般用于开挖深度不大于 13m 的基坑工程。

（3）适用于施工场地狭小，或距离用地红线、建筑物等较近时，采用排桩结合隔水帷幕体系无法满足空间要求的基坑工程。

（4）型钢水泥土搅拌墙的刚度相对较小，变形较大，在对周边环境保护要求较高的工程中，例如基坑紧邻运营中的地铁隧道、历史保护建筑、重要地下管线时，应慎重选用。

（5）当基坑周边环境对地下水位变化较为敏感，搅拌桩桩身范围内大部分为砂（粉）性土等透水性较强的土层时，应慎重选用。

8.3.5.5 钢板桩维护墙

钢板桩是一种带锁口或钳口的热轧（或冷弯）型钢，钢板桩打入后靠锁口或钳口相互连接咬合，形成连续的钢板桩围护墙，用来挡土和挡水，钢板桩围护墙示意图如图 8-12 所示。

图 8-12　钢板桩围护墙

1. 特点

（1）具有轻型、施工快捷的特点。

（2）基坑施工结束后钢板桩可拔除，循环利用，经济性较好。

（3）在防水要求不高的工程中，可采用自身防水。在防水要求高的工程中，可另行设置隔水帷幕。

（4）钢板桩抗侧刚度相对较小，变形较大。

（5）钢板桩打入和拔除对土体扰动较大。钢板桩拔除后需对土体中留下的孔隙进行回填处理。

2. 适用条件

（1）由于其刚度小，变形较大，一般适用于开挖深度不大于 7m，周边环境保护要求不高的基坑工程。

（2）由于钢板桩打入和拔除对周边环境影响较大，邻近对变形敏感建（构）筑物的基坑工程不宜采用。

8.3.6　水池结构地基基础设计

水池作为一种盛水的构筑物，其实质上来说是一种钢筋混凝土的容器，底板通常就作为水池的筏板基础。对于常见的地上式水厂，每个水池上部不会有太多的附属建筑或者特别的设备，因此实际需要的地基承载力较小。对于小构筑物仅需 40 ~ 70kPa 的地基承载力，较大池体所需地基承载力也仅仅 90 ~ 120kPa，通常生物池底板的偏心地反力能达到 150kPa。

由于水池结构对地基要求较低，因此很多地基不需处理均能满足其承载力的要求：

常见较差的土层，如淤泥质土，通常承载力会在 40 ~ 60kPa；普通土层，如粉土类、黏土类、砂土类，承载力往往都在 80kPa 以上。

当存在地基承载力较小不能满足承载要求、地基承载力能满足要求但土层较软容易引起较大沉降、地基主要受力范围内存在软弱下卧层、地基主要受力范围内存在不良地质（如填土、淤泥及淤泥质土、湿陷性土、膨胀土、液化土等）等情况时，通常需要对地基做出处理或者采用桩基础。在城市污水处理项目中常用的地基处理方式有换填、复合地基等，常用桩基形式有预制方桩、预制管桩、混凝土灌注桩等。

因此，项目负责人在前期调研或拿到地勘报告时可根据地层描述、地质剖面图及相关参数大体确定工程是否需要进行地基处理或者确定基础形式。

首先查看池体底板所在标高是什么地层、地层承载力如何、是否存在不良地层；若存在不良地层，再判断不良地层性质、厚度、分布等情况。例如，池体底板下有新近填土，由于此种填土不能作为地基，故需要采取相应的处理措施，通常采用换填或者桩基础：如果基底填土厚度较小（不大于 3m），则优先采用换填处理；若填土较厚，则换填处理难度很大且施工质量不好，故优先采用桩基础。

1. 常用换填方法

换填地基适用于浅层软弱土层或者不均匀土层，对于工程量较大的换填，应按所选用的施工机械、换填材料及场地的土质条件进行现场试验，确定换填垫层压实效果和施工质量控制标准。换填层的厚度应根据置换软弱土的深度以及下卧层的承载力确定，厚度宜为 0.5m ~ 3.0m。常用换填方法如表 8-6 所示。

常用换填方法　　　　表8-6

名称	材料	适用条件	不适用条件
砂石垫层	碎石、卵石、角砾、圆砾、粗砂或石屑，级配良好	—	不得用于湿陷性黄土或膨胀土地基
粉质黏土	不得含有冻土或冻胀土；含碎石时最大粒径不得大于 50mm	用于湿陷性黄土或者膨胀土地基时，土料中不得夹有砖、瓦、石块等	—
灰土	体积配合比常用 2 : 8 或 3 : 7	具有隔水效果，常用于对水敏感的地基	—
矿渣	选用分级矿渣、混合矿渣及原状矿渣等高炉重矿渣	—	对易受酸、碱影响的基础或者地下管网不得采用

2. 常用复合地基

常用的复合地基主要有水泥搅拌桩复合地基、旋喷桩复合地基、CFG 复合地基。常用复合地基及适用条件如表 8-7 所示。

常用复合地基及适用条件 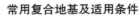 表8-7

名称	做法	适用条件	不适用条件
水泥搅拌桩复合地基	利用水泥作为固化剂，通过特制的搅拌机械，在地基深处将软土和固化剂强制搅拌，利用固化剂和软土之间产生的一系列物理化学反应，使软土硬结成具有整体性、水稳定性和一定强度的地基	正常固结的淤泥、淤泥质土、素填土、黏性土（软塑、可塑）、粉土（稍密、中密）、粉细砂（松散、中密）、中粗砂（松散、稍密）、饱和黄土等	不适用于含大量孤石或者障碍物较多且不易清除的杂填土、欠固结的淤泥和淤泥质土、硬塑及坚硬的黏性土、密实的砂类土、地下水影响成桩质量的土层
旋喷桩复合地基	通过钻杆的旋转、提升，高压水泥浆由水平方向喷嘴喷出，形成喷射流，以此切割土体，并与土拌和形成水泥土竖向增强体复合地基	淤泥、淤泥质土、黏性土（流塑、软塑和可塑）、粉土、砂土、黄土、素填土、碎石土等地基	对含有较多大直径块石、大量植物根茎和高含量的有机质，以及地下水流速较大的工程，应根据现场试验结果确定其适用性
CFG复合地基	由碎石、石屑、砂、粉煤灰掺水泥加水拌和，用各种成桩机械制成的具有一定强度的可变强度桩	黏性土、粉土、砂土和自重固结已完成的素填土地基	对淤泥质土应按地区经验或现场试验确定其适用性

3. 常用桩型

天然地基承载力不能满足结构的荷载要求，或有特殊不良地质时，而且经过处理也无法满足要求的情况下，需采用桩基础。

很多情况下，特别是一些沿海沿湖地区，近地表土层的土质情况很差且有高压缩性，比如淤泥、淤泥质土、暗浜、较厚的杂填土等，这时候常常直接采用桩基础。常用桩型主要有预制管桩、方桩、钻孔灌注桩等。对于预制桩是否方便沉桩是一个桩型选择的重要方面。

（1）预制管桩

特点：预制，挤土或部分挤土，经济，快速。参见国家建筑标准设计图集《预应力混凝土管桩》（10G409）。预制管桩成品如图8-13所示。多用静压法沉桩，高烈度区应慎用。

（2）方桩

特点：预制，挤土或部分挤土，经济，快速。参见国家建筑标准设计图集《预制钢筋混凝土方桩》（04G361）。方桩适用性较广，其成品如图8-14所示。

（3）钻孔灌注桩

特点：现场制作浇筑，非挤土。其施工及内部结构如图8-15所示。

钻孔灌注桩使用性广，基本能使用各种地层，承载力高，但相对预制桩造价较高，施工周期较长。

8.3.7 抗浮设计

当工程所在场地地下水位较浅或者汛期存在地下水水位上升的情况时，需要着重考虑池体的抗浮问题。尤其是近几年，很多地方出现连续强降雨甚至发生洪灾，导致多地

图 8-13　预制管桩成品

图 8-14　预制方桩成品图

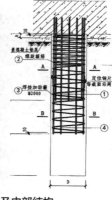
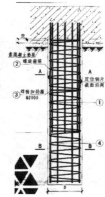

图 8-15　钻孔灌注桩现场施工及内部结构

都出现了地下车库上浮破坏。

工程项目的地勘报告中一般会给出一个明确的抗浮设计水位，设计人员可根据此水位来对池体进行抗浮验算。

目前工程上主要采用的抗浮措施：

（1）配重法：增加池体自重、顶板覆土配重。抗浮稳定安全系数差距不大时，可优先采用配重法来解决抗浮问题；差距较大时增加配重，可能会造成造价的大幅度上涨，经济性较差。

（2）抗浮锚杆：此方法采用较为广泛，经济性较好，同时能解决整体抗浮和局部抗浮的问题。

（3）抗浮桩：当工程同时存在抗浮和地基承载力不足时，优先采用桩基础抗压兼抗拔。

以上一般为设计及施工时采用的抗浮措施，但在工程建设过程及运行过程中，一旦发现池体上浮，应第一时间底板开孔泄水，减轻坑底水对底板的浮力，避免更大的上浮，并及时做好临时支撑加固措施。

池体上浮通常发生在施工期间或者运行期间池体放空时，因此在这两个阶段应加强监测和巡查，对于抗浮不足的池体可采用配重或者增设锚杆的方法来进行加固。

第9章　建设项目前期相关手续

项目负责人的职责不仅仅是做好项目设计及项目组织工作，还有一部分重要的工作内容是配合建设单位办理项目建设过程中的各种手续。

建设项目前期手续办理的主体是业主单位（建设单位），手续办理是国家对项目实现综合管理的主要手段。业主单位必须遵循相关要求完成手续办理工作，整个过程是建设项目逐步实现合法、合规化的唯一途径。设计单位在这一过程中扮演着重要的角色，办理手续需要的很多资料均需要由设计单位协助提供。

审批类前期手续办理的主要类别及主管部门有：

（1）立项（发展和改革部门）；

（2）地震安全评价（地震部门）；

（3）选址（自然资源部门）；

（4）土地预审（自然资源部门）；

（5）环境影响评价（生态环境部门）（目前已不作为咨询成果批复要件）；

（6）控制性详细规划（自然资源部门）；

（7）节能审查（发展和改革部门）；

（8）可行性研究（发展和改革部门）；

（9）占压矿藏评估、地质灾害评价（自然资源部门）；

（10）初步设计（发展和改革部门）；

（11）建设用地规划许可（自然资源部门）；

（12）建设用地报批（自然资源部门）；

（13）建设工程规划许可（自然资源部门）。

主要办理时序如图9-1所示。

9.1　项目建议书（立项）

1. 项目建议书概念

项目建议书是基本建设程序中最初阶段的工作，是对拟建项目的框架性设想，也是政府选择项目和进行可行性研究的依据。

2. 项目建议书主要内容

（1）项目实施的必要性和依据；

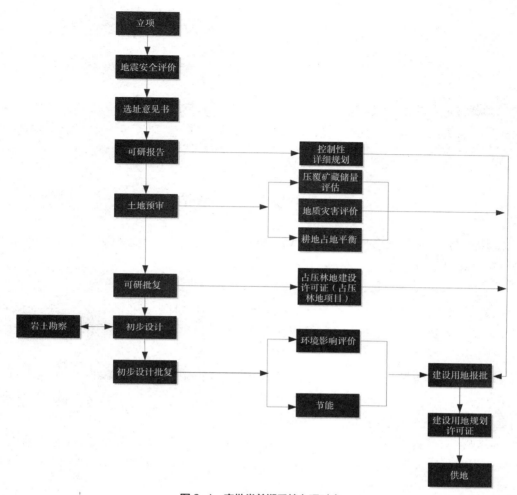

图 9-1 审批类前期手续办理时序

（2）拟建规模、建设方案；

（3）建设主要内容；

（4）建设地点的初步设想情况、资源情况、建设条件、协作关系等初步分析；

（5）投资估算和资金筹措；

（6）项目进度安排；

（7）经济效益和社会效益的估计；

（8）环境影响的初步评价。

3. 项目建议书的审批部门

属市政府投资为主的建设项目需报市投资主管部门审批，属县（市、区）政府投资为主的建设项目由县（市、区）投资主管部门审批。

9.2　地震安全评价

根据《中华人民共和国防震减灾法》规定，新建、改扩建工程应当达到抗震设防要求。

办理选址意见书之前，根据地方自然资源部门要求，建设单位一般需要向当地地震安全主管部门申请办理《建设项目抗震设防要求审批书 / 确认书》，明确抗震设防等级要求。

9.3　建设项目选址意见书

建设项目选址意见书是建设工程在办理规划手续过程中，由城乡规划行政主管部门出具的该建设项目是否符合规划要求的意见。

建设项目选址意见书是项目取得的第一个规划类行政审批文件，是项目可行性的重要支撑，同时也是项目开展后续用地、环保等手续工作的前置条件。建设项目选址意见书中明确的主要内容有：建设项目名称、项目所在区位、拟用地面积、建设单位名称以及所需遵循的事项。

选址意见书按照建设项目审批权限实行分级管理。国家和省有关部门批准、核准、备案的建设项目，由省人民政府自然资源主管部门核发；市、县（区）人民政府有关部门批准、核准、备案的，由同级自然资源部门核发。

选址意见书的有效期为 1 年，在 1 年之内完成可研审批的，其选址意见书继续有效。如果超时的，在期限届满 30 日前向自然资源部门提出申请，经批准可延期 1 次。延期期限不得超过 6 个月。

9.4　建设用地预审

（1）建设用地预审指自然资源部门在建设项目审批、核准、备案阶段，依法对建设项目涉及的土地利用事项进行的审查，为项目的可行性研究提供支撑。

（2）建设用地预审的审批：地方自然资源部门。

（3）自然资源部门出具的建设用地预审是项目可行性研究报告审批的前置条件。

（4）开展建设用地预审的前置条件：

1）立项、核准、备案类文件；

2）选址意见书；

3）项目总平面布置图；

4）项目可行性研究报告；

5）节约集约用地评价报告及专家评审意见（在项目占地面积没有任何依据或依据

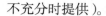

不充分时提供）。

核定污水处理厂建设用地面积的常用文件为《城市生活垃圾处理和给水与污水处理工程项目建设用地指标》（建标〔2005〕157号）。

（5）基本农田原则上不可占压，如确需占压基本农田，则需逐级上报至国务院审批。

（6）建设用地预审的主要审查内容：

1）建设项目用地选址是否符合土地利用总体规划，是否符合土地管理法律法规规定的条件；

2）建设项目是否符合国家供地政策。

选址意见书及土地预审一般会提供工程项目土地测绘成果，有详细的坐标定位。目前坐标系统主要有北京54坐标系、西安80坐标系、2000国家大地坐标系等。

北京54坐标系：是1954年确定的坐标系统，是苏联1942年坐标系的延伸，它的原点不在北京，而是在苏联的普尔科沃。

西安80坐标系：1978年4月在西安召开全国天文大地网平差会议，确定重新定位，建立我国新的坐标系。为此有了1980年国家大地坐标系。该坐标系的大地原点设在我国中部的陕西省泾阳县永乐镇，位于西安市西北方向约60km，故称1980年坐标系，又简称西安大地原点。基准面采用青岛大港验潮站1952～1979年确定的黄海平均海水面（即1985国家高程基准）。

2000国家大地坐标系是我国当前最新的国家大地坐标系，2000国家大地坐标系的原点为包括海洋和大气的整个地球的质量中心；2000国家大地坐标系的 Z 轴由原点指向历元2000.0的地球参考极的方向，该历元的指向由国际时间局给定的历元为1984.0的初始指向推算，定向的时间演化保证相对于地壳不产生残余的全球旋转，X 轴由原点指向格林尼治参考子午线与地球赤道面（历元2000.0）的交点，Y 轴与 Z 轴、X 轴构成右手正交坐标系。是采用广义相对论意义下的尺度。

9.5　环境影响评价

环境影响评价是指对规划和建设项目实施中、实施后可能造成的环境影响进行分析、预测和评估，提出预防或者减轻不良环境影响的对策和措施、进行跟踪监测的方法与制度。环境影响评价的根本目的是鼓励在规划和决策中考虑环境因素，最终达到更具环境相容性的人类活动。

环境影响评价分类管理：编制环境影响报告书、环境影响报告表或环境影响登记表。环境影响评价明确开发建设者的环境责任及规定应采取的行动，可为建设项目的工程设计提出环保要求和建议，可为环境管理者提供对建设项目实施有效管理的科学依据。

环境影响评价的基本内容包括：建设方案的具体内容，建设地点的环境本底状况，项目建设期及建设完成后的运营期可能对环境产生的影响和损害，防止这些影响和损害的对策措施及其经济技术论证。

环境影响评价报告书审批前应至少包含评价公示、公众参与、专家评审等。

目前环境影响评价已经不作为可研审批的前置条件。但无论业主部门，还是设计部门，在项目咨询设计的时候，要充分考虑对环境的影响，避免工程的反复。

9.6 控制性详细规划

控制性详细规划是以城市总体规划或分区规划为依据，确定建设地区的土地使用性质、位置、范围、建筑密度、建筑高度、绿地率、配套设施等控制指标，以及道路和工程管线控制性位置及空间环境控制的规划。

控制性详细规划是自然资源部门做出的行政许可，是在城市总体规划的基础上，对每个地块进行规划管理的重要依据，同时也是建设单位实施设计和建设的重要依据，必须遵循。

控制性详细规划审批前至少应包含专家评审和公示。

一般的退地界距离，各个地方要求不尽相同，设计时要充分考虑这一点。

9.7 节能审查

（1）节能审查的概念：

节能是指根据节能法规、标准，对投资项目的能源利用是否科学合理进行分析评估。

（2）政府投资项目的可行性研究报告审批前，需要取得节能审查机关出具的节能审查意见。

（3）电力消耗量与标准煤的折算（当量值）：1 万 $kW \cdot h$=1.229t 标准煤。

（4）节能项目的审批权限：

1）省发改委审批的节能项目：省级及以上投资主管部门审批或者核准的年综合能源消费量超过 5000t 标准煤（改扩建项目按照建成投产后年综合能源消费增量计算，电力折算系数按照当量值）的固定资产投资项目。

2）市发改委审批的节能项目：年综合能源消费量不足 5000t 标准煤的固定资产投资项目。

（5）不单独进行节能审查的项目：

1）年综合能源消耗量不满 1000t 标准煤，且年电力消耗量不满 500 万 $kW \cdot h$ 的项目；

2）国家发改委公布的不再单独进行节能审查行业目录内的项目。

（6）节能审查报送的主要资料：

1）节能评估报告；

2）真实性承诺函；

3）节能审查申请；

4）可行性研究报告。

（7）节能评价对于设备效率的认定分为三个等级：比较节能，推荐使用；效率不高，不推荐；效率较低，建议淘汰。

9.8 可行性研究

本书第 2.2 节已经详细介绍了可行性研究的定义、作用等内容，本节做进一步总结强调。

（1）可行性研究的概念：

综合论证项目建设的必要性，财务的营利性，经济上的合理性，技术上的先进性、适应性以及建设条件的可能性、可行性，从而为投资决策提供科学依据。

（2）可行性研究的作用：

1）作为建设项目投资决策的依据；

2）作为编制设计文件及组织实施的依据；

3）作为向银行贷款的依据；

4）作为建设单位与各协作单位签订合同和有关协议的依据；

5）作为环保部门、规划部门审批项目的依据；

6）作为施工组织、工程进度安排及竣工验收的依据；

7）作为项目后评价的依据。

（3）可行性研究报告的内容主要包括：

1）总论；

2）工程建设的可行性及必要性；

3）工程方案内容；

4）主要工程量；

5）项目管理及进度计划；

6）环境影响及对策；

7）消防与节能；

8）劳保及安全；

9）投资及财务分析；

10）相关附件。

（4）在申报项目可行性研究报告时，应同时提供的主要资料：

1）有相应资质的咨询单位编制的可行性研究报告；

2）项目建议书批复；

3）选址意见书；

4）项目建设用地预审意见；

5）行业主管部门出具的项目建设审查意见。

9.9 压覆矿产储量评估及地质灾害评估

（1）压覆矿产储量评估的概念：

压覆矿产储量评估是指在当前技术经济条件下，因建设项目或规划项目实施后导致已查明的矿产资源不能开发利用而开展的评估过程。

（2）压覆矿产储量评估是自然资源部门开展项目建设用地审批的前置条件。

（3）压覆矿产储量评估的审批部门为地方自然资源部门。

（4）地质灾害评估的概念：

地质灾害评估是指对地质灾害活动程度及破坏损失情况进行评定，对建设场地的适宜性进行评估。

（5）地质灾害评估是自然资源部门开展项目建设用地审批的前置条件。

9.10 初步设计

（1）初步设计的概念：

初步设计是建设项目前期工作的重要组成部分，初步设计审批是建设项目管理程序的重要环节，批复的初步设计和概算是编制施工图设计、工程招投标和竣工验收的重要依据之一。初步设计是在可行性研究报告基础上的进一步细化。

（2）初步设计的主要内容：

初步设计文件应包括设计说明、图纸、概算和有关部门意见。

（3）申报的初步设计文件投资概算超过可行性研究报告批准投资估算10%，或项目单位、建设性质、建设地点、建设规模、建设内容、技术方案等发生重大变更的，项目单位应当报告原可研报告审批部门，原可研报告审批部门可要求项目单位重新组织编制和报批可行性研究报告，或依据项目单位的申请出具相关变更手续。

（4）设计变更：

初步设计批复后，项目内容较原批复初步设计发生重大变化，项目建设单位应向原初步设计批复部门申请重大设计变更，不再调整可行性研究报告。重大设计变更应按初步设计审批程序在变更工程实施前办理相关手续。设计变更文件原则上应由原初步设计编制单位编制。经原设计单位书面同意，项目单位也可依法选择其他有相应资质的设计单位编制。重大设计变更引起概算变化的，应进行概算调整。

（5）概算调整：

在项目建设过程中，由于价格上涨、政策调整、地质条件发生重大变化和自然灾害等不可抗力因素导致原批复概算不能满足工程实际需要的，应向原初步设计概算批复部门申请概算调整。概算调整文件应由原初步设计概算编制单位编制，经原设计单位书面同意，项目单位可依法选择其他有相应资质的设计（造价）单位承担概算调整文件的编制。

9.11　建设用地规划许可

（1）建设用地规划许可概念：

建设单位在向自然资源管理部门申请征用、供应土地前，经城乡规划行政主管部门确认建设项目位置和范围符合城乡规划的法定凭证，是建设单位用地的法律凭证。

（2）建设用地规划许可证的有效期为 1 年。

（3）建设用地规划许可证延期申请条件：

在期限届满 30 日前向自然资源部门提出申请，经批准可延期 1 次。延期期限不得超过 6 个月。

9.12　耕地占补平衡、建设用地审批、土地证

（1）耕地占补平衡的概念：

是国家为保证耕地保有量而强制实施的行为，是建设项目占用多少耕地，各地人民政府就应至少补充划入相应数量和质量的耕地的行为。占用单位要负责开垦与所占用耕地的数量和质量相当的耕地；没有条件开垦的，应依法缴纳耕地开垦费，专款用于开垦新的耕地。耕地占补平衡是占用耕地单位和个人的法定义务。

（2）建设用地审批单位为省级人民政府。当出现项目占地面积超过 50 公顷、占用耕地面积超过 35 公顷、占用基本农田其中任一种情况时，其建设用地应上报国务院审批。

（3）建设用地需经项目所在地县（区）、市级自然资源部门和政府审查后，上报省级自然资源管理部门和省人民政府进行审批。

（4）项目建设用地经批准后，方可按照地方自然资源管理部门的要求开展土地征收工作。

（5）国有土地使用权分为两类：划拨类、出让类。

（6）根据我国《土地管理法》的规定，土地分为三大类，即农用地、建设用地和未利用地。农用地是指直接用于农业生产的土地，包括耕地、林地、草地、农田水利用地、养殖水面等；建设用地是指建造建筑物、构筑物的土地，包括城乡住宅和公共设施用地、工矿用地、交通水利设施用地、旅游用地、军事设施用地等；未利用地是指农用地和建设用地以外的土地。

9.13　建设工程规划许可

（1）项目取得国有土地使用证后，向项目所在地的自然资源部门申请办理建设工程规划许可证。场站工程在申请时需要准备的主要技术资料：项目总平面布置图，各单体建（构）筑物的平面图、立面图、剖面图。

（2）自然资源部门在审批完成后，建设单位需按照要求开展规划放线工作，对各建（构）筑物拟占地进行现场定界，确定建设位置。

（3）项目实体建设过程中，在各建（构）筑物施工达到设计地面 ±0 标高时，按照要求需委托测绘部门进行验线，已确定项目中各单体建（构）筑物的建设地点是否与已批规划保持一致。

（4）项目建成后，须向自然资源部门申请开展规划核实工作，规划核实的主要目的是确定项目实施范围内各种建（构）筑物的占地面积、建筑面积、建筑高度，以及厂区的绿地率等实际建设内容是否符合已批规划要求。

综上，项目前期手续、批复流程图如图 9-2 所示。

总之，项目办理手续的过程就是项目依法、依规开展建设工作的过程。需要设计人员深度参与并协助提供相应阶段的报批材料。

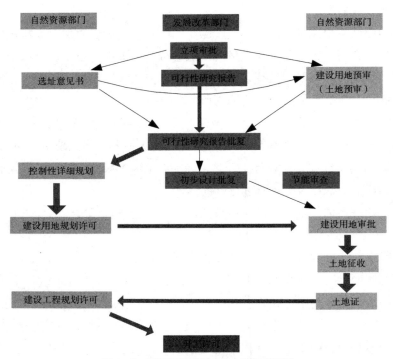

图 9-2　建设项目前期手续、批复流程图

参考文献

［1］陈宪.项目决策分析与评价［M］.5版.北京：机械工业出版社，2012.

［2］陈宪.现代咨询方法与实务［M］.6版.北京：机械工业出版社，2012.

［3］何盛明.财经大词典［M］.北京：中国财政经济出版社，1990.

［4］mdxk75435.对城市排水专项规划编制的粗浅认识［EB］.北京：土木在线论坛，2015.https：//
　　bbs.co188.com/thread-9142747-1-1.html

［5］中华人民共和国住房和城乡建设部.室外排水设计规范：GB 50014—2006（2016 年版）［S］.北
　　京：中国计划出版社，2016.

［6］中华人民共和国住房和城乡建设部.室外排水设计标准：GB 50014—2021［S］.北京：中国计
　　划出版社，2021.

［7］郑兴灿，李亚新.污水除磷脱氮技术［M］.北京：中国建筑工业出版社，1998.

［8］中华人民共和国住房和城乡建设部.污水排入城镇下水道水质标准：GB/T 31962—2015［S］.北
　　京：中国标准出版社，2010.

［9］张晨，李春光.污水处理厂改扩建设计［M］.北京：中国建筑工业出版社，2008.

［10］郑州污水净化有限公司运行管理资料，马头岗污水处理厂应知应会.2011.

［11］李国金，高路令等，马头岗污水处理厂二期工程设计特点及创新总结［J］.中国市政工程，
　　2017，（6）：46-49.

［12］包太，朱可善，刘新荣.国内外城市地下污水处理厂概况浅析［J］.地下空间，2003，23（3）：
　　335-340.

［13］谭学军，唐利，郭东军.地下污水处理厂优势分析与前景展望［J］.地下空间与工程学报，2006，2
　　（8）：1313-1319.

［14］朱峰.国内外地下污水厂发展现状及其启示［J］.城市道桥与防洪，2015，12（12）：62-65

［15］Xia Li, Ruiqi Nan. A bibliometric analysis of eutrophication literatures：An expanding and shifting focus
　　［J］. Environmental Science and Pollution Research，2017，24（20）：17103-17115.

［16］孙世昌，汪翠萍，王凯军.地下式污水处理厂的研究现状及关键问题探讨［J］.给水排水，
　　2016，42（6）：37-41.

［17］施卫娟，李培培.金港地下污水处理厂工程建设及设计特点［J］.中国给水排水，2013，29（18）：
　　81-83.

［18］邱明，杨书平.地下式污水处理厂工程设计探讨与实例［J］.中国给水排水，2015，31（12）：
　　48-51.

［19］温爱东，王海波，李振川，等.大型地下式MBR工艺设计重难点分析［J］.给水排水，2016，42（6）：
　　27-30.

[20]刘绪为，李彤，徐洁，李金河.国内地下式污水处理厂的设计要点［J］.城市环境与城市生态，2014，27（6）：35-38.

[21]李国金，李霞，等.地下式污水处理厂发展历程及工程设计注意要点［J］.城市道桥与防洪，2018，8：161-165.

[22]Xia Li，Lina Hao，Likun Yang，Gujin Li，Ruiqi Nan.Enhanced lake-eutrophication model combined with a fish sub-model using a microcosm experiment［J］.Environmental Science and Pollution Research，2019，26（8）：7550-7565.

[23]中华人民共和国住房和城乡建设部.给水排水用格栅除污机通用技术条件：GB/T 37565—2019［S］.北京：中国标准出版社，2019.

[24]上海市政工程设计研究院.给水排水设计手册：3册［M］.3版.北京：中国建筑工业出版社，2016.

[25]姜乃昌.水泵及水泵站［M］.4版.北京：中国建筑工业出版社，1998.

[26]Xia Li，Yang Li，Guojin Li. A scientometric review of the research on the impacts of climate change on water quality during 1998-2018［J］.Environmental Science and Pollution Research，2019，27（13）：14322-14341.

[27]丁忠浩.废水资源化综合利用技术［M］.北京：国防工业出版社，2007.

[28]李霞，石宇亭，李国金.基于SWMM和低影响开发模式的老城区雨水控制模拟研究［J］.给水排水，2015，51（5）：152-156.

[29]陈珺.未来污水处理工艺发展的若干方向、规律及其应用［J］.给水排水，2018，44（2）：129-141.

[30]李霞，李国金，等.某市城市污水污泥后处置的能耗分析及投资运行比较［J］.中国给水排水，2011，27（4）：15-17.

[31]陈珺.污水一级处理技术发展的新概念与新机遇［J］.给水排水，2020，46（2）：25-30.

[32]Xia Li，Xun Li，Yang Li.Research on reclaimed water from the past to the future：a review［J］.Environment，Development and Sustainability.2021.5.

[33]李霞，李国金，郭淑琴，等.郑州马头岗污水处理厂污泥处理处置方案比选［J］.给水排水，2008，34（09）：51-53.

[34]王舜和，郭淑琴，等.分段进水多级A/O工艺计算与探讨［J］.中国给水排水，2014，30（18）：81-85.

[35]刘长荣，李红，等.分点进水多级A/O污水处理工艺设计计算探讨［J］.给水排水，2011，37（1）：9-13.

[36]李国金，李霞，等.青岛城阳某污水处理厂多级AO工艺的工程应用［J］.中国给水排水，2018，34（8）：40-44.

[37]李国金，李霞，等.高效脱氮除磷多级AO+SBR污水处理反应池及方法.ZL 2016 1 1024024.6［P］，2019-08-16.

[38]李霞，李国金，等.马头岗污水厂一期升级改造工程设计及运行效果分析［J］.中国给水排水，

2012，28（14）：86–89.

［39］李国金，李霞，等.分点进水前置缺氧A2O工艺用于郑州马头岗污水厂［J］.中国给水排水，2018，34（10）：52–56.

［40］尹连庆，张军，等.吸附法深度处理煤制气生化废水的研究［J］.水处理技术，2011，37（11）：104–106.

［41］帅伟，吴艳林，等.焦化废水生物处理尾水的活性炭吸附剂条件优化研究［J］.环境工程学报，2010，6（4）：1201–1207.

［42］李若征，杨宏，等.活性焦对典型煤气化废水的吸附及其影响因素［J］.环境为污染与防治，2016，38（1）：19–22.

［43］李国金，李霞，王万寿，等.活性焦吸附工艺在市政污水深度处理中的应用［J］.给水排水，2018，44（5）：28–30.

［44］李国金，李霞，等.活性焦吸附应用于市政污水深度处理中的系统布置及控制［J］.给水排水，2018，44（6）：20–23.

［45］李国金，李霞，王万寿，等.市政污水处理厂活性焦吸附工艺的工程中试［J］.给水排水，2018，44（S2）：136–140.

［46］靳昕，藤济林，等.新型煤基吸附剂处理鲁奇炉气化废水中试研究［J］.给水排水，2016，42（3）：54–57.

［47］郝志，卢胜涛，等.活性焦吸附预处理精致棉生产废水［J］.环境工程，2013，31卷增刊：76–79.

［48］藤济林，姜艳，等.粉末活性焦强化A/A/O工艺处理煤气化废水的中试研究［J］.环境科学学报，2014，34（5）：1249–1255.

［49］李霞，韩笑，孙莹，等.天津城市分质供水发展策略［J］.中国水利，2014，755（17）：44–45.

［50］魏新庆，王秀朵.多功效UCT处理工艺的工程应用［J］.给水排水，2008，34（3）：45–48.

［51］李国金，李霞，等.马头岗污水处理厂一期工程升级改造工艺选择与分析［J］.给水排水，2011，37（9）：34–37.

［52］周丽颖，凌薇，等.污水厂反硝化外加碳源的选择.北京：中国环境科学学会学术年会论文集，2016.

［53］杨敏，孙永利，等.不同外加碳源的反硝化效能与技术经济分析［J］.给水排水，2010，36（11）：125–128.

［54］李霞，李国金，刘长荣，等.青岛市某污水处理厂MSBR工艺的工程应用［J］.中国市政工程，2010.（05）：26–28.

［55］周丹，周雹.污水脱氮工艺中外部碳源投加量简易计算方法［M］.北京：中国建筑工业出版社，2005.

［56］王昊，沈小红.高原地区某净水厂紫外线/氯消毒连用系统设计探讨［J］.中国给水排水，2018，34（10）：32–36.

［57］周雹.活性污泥工艺简明原理及设计计算［M］.北京：中国建筑工业出版社，2005.

［58］李激，王燕，等．城镇污水处理厂消毒设施运行调研与优化策略［J］．中国给水排水，2020，508
（08）：15-27．

［59］李霞，李国金，等．郑州王新庄污水处理厂污泥消化系统的设计与运行［J］．给水排水，2007，33
（7）：13-16．

［60］中华人民共和国住房和城乡建设部．供配电系统设计规范：GB 50052—2009［S］．北京：中国
计划出版社，2009．

［61］中国航空规划设计研究总院有限公司．工业与民用供配电设计手册［M］．4版．北京：中国电力
出版社，2016．

［62］中华人民共和国住房和城乡建设部．电力装置电测量仪表装置设计规范：GB/T 50063—2017［S］．
北京：中国计划出版社，2017．

［63］贾渭娟．供配电系统［M］．重庆：重庆大学出版社，2016．

［64］住房和城乡建设部工程质量安全监管司．全国民用建筑工程设计技术措施：电气［M］．2009年版．
北京：中国计划出版社，2009．

［65］中华人民共和国住房和城乡建设部．民用建筑电气设计标准：GB 51348—2019［S］．北京：中
国建筑工业出版社，2019．

［66］中国市政工程中南设计研究总院有限公司．给水排水设计手册：第8册［M］．3版．北京：中国
建筑工业出版社，2013．

［67］中华人民共和国住房和城乡建设部．城镇排水系统电气与自动化工程技术标准：CJJ/T 120—
2018［S］．北京：中国建筑工业出版社，2018．